国家社科青年基金项目《新媒介环境下灾害信息传播
与媒体社会责任研究》（17CXW016）成果

新媒介环境下灾害信息传播
与媒体社会责任

高昊 著

人民日报出版社
北京

图书在版编目（CIP）数据

新媒介环境下灾害信息传播与媒体社会责任 / 高昊
著. —北京：人民日报出版社，2023.11
ISBN 978-7-5115-8037-5

Ⅰ. ①新… Ⅱ. ①高… Ⅲ. ①灾害—信息传递—研究
—中国 ②媒体（新闻）—社会责任—研究—中国 Ⅳ.
①X4②G219.2

中国国家版本馆CIP数据核字（2023）第203594号

书　　名：新媒介环境下灾害信息传播与媒体社会责任
XINMEIJIE HUANJINGXIA ZAIHAI XINXI CHUANBO YU MEITI
SHEHUI ZEREN
作　　者：高　昊
出 版 人：刘华新
责任编辑：梁雪云
封面设计：中尚图
出版发行：人民日报出版社
社　　址：北京金台西路2号
邮政编码：100733
发行热线：（010）65369527　65369512　65369509　65369510
邮购热线：（010）65369530
编辑热线：（010）65369526
网　　址：www.peopledailypress.com
经　　销：新华书店
印　　刷：天津中印联印务有限公司
法律顾问：北京科宇律师事务所 010-83622312
开　　本：710mm×1000mm　1/16
字　　数：300千字
印　　张：18.5
印　　次：2024年5月第1版　2024年5月第1次印刷
书　　号：ISBN 978-7-5115-8037-5
定　　价：69.00元

CONTENTS 目录

绪 论 ……………………………………………………………………… 001

    第一节 关于本书的几个基本问题 ………………………………… 001

    第二节 国内外研究现状 …………………………………………… 004

第一章 新媒体环境下灾害信息传播的新格局 ………………………… 043

    第一节 新媒体环境下信息传播的变化 ………………………… 043

    第二节 新媒体环境下灾害信息传播面临的机遇与挑战 ……… 054

应用研究篇 ………………………………………………………………… 064

第二章 网络媒体灾害信息传播与舆论引导责任 …………………… 067

    第一节 突发灾害事件中网络媒体舆论演化的基本规律 ……… 068

    第二节 突发事件中网络媒体舆论引导的风险与模式 ………… 070

    第三节 突发事件中网络媒体的舆论演化与引导操作模型 …… 079

    第四节 研究设计及研究方法 …………………………………… 082

    第五节 突发灾害事件中网络舆论特征及演变：以西昌森林大火事件的微博
        信息传播为例 ……………………………………………… 090

    第六节 灾害事件中网络舆论引导策略及责任探讨 …………… 106

第三章　灾害事件中网络意见及情绪表达与舆论引导 ⋯⋯⋯⋯⋯⋯ 129

第一节　中医参与新冠肺炎治疗的媒体议程设置与公众意见表达 ⋯⋯ 130
第二节　国产新冠疫苗上市前后的公众态度与传统媒体舆论引导 ⋯⋯ 143
第三节　南京疫情中的媒体误导与网络情绪爆发 ⋯⋯⋯⋯⋯⋯⋯⋯ 160

第四章　灾害事件中社交媒体谣言传播及治理研究 ⋯⋯⋯⋯⋯⋯⋯ 181

第一节　灾害事件中社交媒体上的谣言与政务辟谣策略 ⋯⋯⋯⋯⋯ 183
第二节　研究设计 ⋯⋯⋯⋯⋯⋯⋯⋯⋯⋯⋯⋯⋯⋯⋯⋯⋯⋯⋯⋯ 187
第三节　研究发现 ⋯⋯⋯⋯⋯⋯⋯⋯⋯⋯⋯⋯⋯⋯⋯⋯⋯⋯⋯⋯ 193
第四节　主要研究结论 ⋯⋯⋯⋯⋯⋯⋯⋯⋯⋯⋯⋯⋯⋯⋯⋯⋯⋯ 201
第五节　谣言治理：政府如何有效应对突发事件中的信息疫情 ⋯⋯⋯ 205

第五章　新媒体环境下灾害信息传播的新特征及影响因素 ⋯⋯⋯⋯ 209

第一节　应用研究总结：新媒体环境下灾害信息传播呈现出的新特征 ⋯ 209
第二节　新媒体环境下灾害信息传播的核心影响要素 ⋯⋯⋯⋯⋯⋯ 216

第六章　灾害情境下媒体社会责任的理论思考及机制建设的对策与建议 ⋯⋯ 221

第一节　灾害情境下媒体社会责任的理论思考 ⋯⋯⋯⋯⋯⋯⋯⋯ 221
第二节　构建灾害信息传播社会责任机制的对策与建议 ⋯⋯⋯⋯⋯ 227

参考文献 ⋯⋯⋯⋯⋯⋯⋯⋯⋯⋯⋯⋯⋯⋯⋯⋯⋯⋯⋯⋯⋯⋯⋯⋯ 256
后　记 ⋯⋯⋯⋯⋯⋯⋯⋯⋯⋯⋯⋯⋯⋯⋯⋯⋯⋯⋯⋯⋯⋯⋯⋯⋯ 291

绪　论

第一节　关于本书的几个基本问题

一、研究对象

本书基于新媒介环境的变化，以媒体在灾害情境下的社会责任问题为研究对象，考察了我国灾害信息传播格局的变化，基于不同的灾害事件探讨了传统媒体、新媒体在灾害信息传播层面的功能体现，提炼了影响灾害信息传播的因素，并在参考国外经验的基础上，力图探索建立健全灾害事件中信息传播的社会责任体系的路径和策略。

二、研究意义

本书基于新媒介环境，对传统媒体、新媒体在灾害事件中的信息传播进行系统研究，并从媒体在灾害情境下对于社会系统的功能定位的角度，来探讨媒体在灾害事件中的社会责任问题。

（一）学术层面的价值

一是从社会责任视角切入，来考察媒体在灾害事件中的功能发挥及失范行为，并最终回归社会责任理论层面进行探讨，可丰富灾害信息传播研究的视角。

二是从国际视野展开研究，对在灾害信息传播、灾害应急机制建设等方面有经验的美国、日本等国家的情况进行系统梳理，可为我国灾害应急传播机制建设提供借鉴。

三是基于媒介环境的改变，考察传统媒体和新媒体在灾害情境下的各自功能定位及互动关系，可进一步丰富媒介形态及生态发展层面的研究。

（二）应用层面的价值

一是涉及灾害中媒体信息传播的具体实践，总结出来的正向功能与负面影响，对我国媒体灾害信息传播的实践有一定的参考价值。

二是灾害应急传播机制的构建，不只是信息传播层面的问题，而是关乎整个社会系统的重要问题。探寻完善的机制，对于政府决策、社会参与、公民防灾减灾等都有积极的意义。

三是探讨媒体在灾害中的社会责任，有助于厘清我国媒体在新媒介环境中的职责所在，能够起到规范媒体行为的积极作用。

三、研究主要内容

本书主要由以下四部分组成，各部分之间分别承担不同功能，并且互相承接。

第一部分是绪论部分，主要包括基本问题介绍和文献综述。文献综述部分，以灾害社会学、灾害社会信息理论、媒介社会责任论、媒介社会功能论为理论基础，主要以新近灾害信息传播与媒介社会责任相关的研究成果为创新启发点。该部分为本书研究提供了理论基础和框架。

第二部分是背景梳理部分，主要是对新媒介环境下灾害信息传播格局的研究，以灾害社会信息理论为基础，从新媒体环境的现状出发，对灾害情境中新旧两种类型的媒体信息传播的情况和特征，即新媒介环境下的灾害信息传播格局进行归纳。在此基础之上，提出新的灾害信息传播格局中，新旧媒体承担社会责任的必要性和基本方向。

第三部分是应用研究部分，是本书的主体部分。应用研究部分由三个子研究组成，分别选取2020年西昌森林大火、2020年长江流域洪水、2019年开始的新型冠状病毒肺炎为灾害事件背景，研究内容包括：一是新媒体环境下不同传播主体在灾害事件中的功能及在此基础上形成的舆论引导格局；二是从受众层面出发，考察灾害事件中受众的情绪反应，为提升灾害信息传播效果提供一个受众的视角；三是从媒体的失范行为出发，研究了灾害事件中新媒体平台上谣言、不实信息等负面传播行为，并从治理的视角考察了治理的方式及效果。在实证研究的基础上，本书对影响灾害情境下信息传播的影响因素进行了归纳，为后续部分研究提供方向和依据。

第四部分是对策研究及理论思考部分，主要针对灾害情境下媒介社会责任的建构提供策略，依托前面几个部分的研究结果，探讨灾害情境下我国媒体需要承担怎样的社会责任，新旧媒体如何切实承担起相应的社会责任，以发挥在社会灾害应急机制中的作用，从而真正实现灾害信息传播理论所提倡的依靠信息传播来实现防灾、减灾之目的。此外，在研究结论和对策基础之上，回应相关理论，尤其是在灾害情境下对媒介社会责任进行再思考。

四、研究方法

本书主要采取以大数据挖掘技术和分析工具为基础的实证研究方式，选取典型的灾害事件作为背景，具体考察信息传播的内容，从中提炼媒体在灾害信息传播中的功能、特征以及存在的问题。并且，基于比较研究的视角，研究美国、英国、日本及韩国等国家在灾害信息传播机制构建层面的经验，从而为我国灾害信息传播责任体系的构建提供参考。为保证研究的整体性，有关实证研究的具体方法，在具体章节予以详细的呈现。

五、研究创新点

（一）研究问题的创新

灾害信息传播和媒介社会责任虽是老生常谈的问题，但本书从研究问题层面力求创新，主要表现在：一是灾害中媒体的社会责任作为研究的主要问题提出，并围绕责任进行系统的理论层面的建构，能够解决先行研究只关注灾害信息传播本身、未能深入展开社会责任层面研究等不足。二是从媒介在灾害事件中的传播属性差异出发，研究新旧媒体在灾害情境下的社会责任构建角色与功能定位。

（二）研究视角的创新

本书在研究视角方面，试图在前期研究成果之上实现创新：一是从灾害中媒体的信息传播活动入手，研究媒介的社会责任问题，相比较已有成果很少关注某一特定情境下媒介社会责任而言，有所突破。二是不只是停留在信息传播层面开展研究，而是从整个社会系统的角度出发，探讨媒体在灾害社会系统应急、恢复体系中的角色和定位，从而与社会责任更为贴切。三是从国际比较的视角出发，将美国、日本等国家的经验作为参照系，最终为我国构建灾害媒介社会责任体系提供借鉴。

（三）研究方法的创新

在研究方法上，本书主要从两个方面实现创新：一是基于当前先进的大数据挖掘技术，对灾害事件中的媒介传播文本进行提取，使用主题提取、情绪分析、社会网络分析等数据分析工具进行分析。基于海量数据的分析能够确保样本量的科学性；大数据分析工具的引入，对于研究结果的探索和呈现也具有创新性。二是数据分析和文本分析相结合。传统的实证研究往往更偏向于数据的呈现，本书在数据分析的基础上，尽力回归媒介信息文本，在综合量化研究和质化研究的基础上，回答相关研究问题和理论探讨。

第二节　国内外研究现状

一、课题相关的理论综述

（一）灾害社会学及研究路径

1.灾害社会学的起源

1920年，美国社会科学家S.H.普林斯（S.H.Prince）发表了他在哥伦比亚大学攻读社会学博士学位期间的学位论文《灾害与社会变化——基于社会学的视角对哈利法克斯灾害事件的分析》[1]，从灾害和社会解体、社会心理学、社会组织、社会经济、社会剩余及社会变动这几个层面，对1917年发生在哈利法克斯的爆炸事件进行了系统的社会学分析。这是目前学界公认的最早以社

---

① 　S. H. Prince(1920). Catastrophe and social change: Based upon a sociological study of the Halifax disaster (No. 212−214). Columbia University.

会学视角研究灾害的源头。虽说S.H.普林斯在20世纪20年代即已开了灾害社会学研究的先河，但是灾害社会学的研究并未能够立即形成气候。学界普遍认为，灾害社会学研究真正发展起来还是在第二次世界大战之后。转变的契机当数以测定第二次世界大战中对德国和日本空袭效果为目的的"美国战略空袭调查"。①该调查于1944年11月3日启动，直至1946年7月完成最终调查报告书。基于该调查的研究资料，20世纪50年代，美国的灾害研究主要以城市功能分析为中心开始发展。

日本社会学学者秋元律郎将二战后至20世纪70年代的美国灾害社会学研究划分为四个阶段②：第一阶段（20世纪40年代至50年代初期），这一时期主要是以"美国战略空袭调查"为中心，对灾后的城市构造、功能，长期的恢复重建过程以及处于压力状态下个人的心理和行为进行分析。第二阶段（20世纪50年代中期至末期），这一时期的研究主要从恐慌、角色冲突、集体行为、心理不适应现象等方面，对灾害事件中个人的心理反应和行为进行分析，并开始相关理论性的探讨。第三阶段（20世纪60年代），这一时期对灾害的研究对象进行扩充，由原先的单纯自然灾害研究扩展到人为灾害及技术性灾害，而分析的重点则由原先的个人层面转移至组织层面，即灾害中的社区变动和组织应对。1963年，美国俄亥俄州立大学灾害研究中心成立，该中心对受灾社区的深入调查，研究领域向以化学灾害为主的环境破坏相关的技术灾害层面拓展，所探讨的灾害组织应对等诸问题，代表了这一时期灾害研究的动向。第四阶段（20世纪70年代），这一时期的研究对象又有所拓展：研究者开始研究灾害预报和政策层面的应对，以及灾害预报带来的社会、经济层面的影响；将"前"灾害时期纳入灾害的社会过程研究范围内，使得研究的跨度贯穿于由灾害带来的社会变动的整个过程，即从"前"灾害时期到恢复重建完毕，这是这一时期灾害研究的重大成果体现；无论在学术性研究还是在政策性研究方面，都注重从多层面和多视角切入，使得研究视野大为丰富。

继秋元律郎之后，日本学者浦野正树归纳总结了20世纪80年代以后美国

---

① United States Strategic Bombing Survey. (1946). The Effects of Atomic Bombs on Hiroshima and Nagasaki (Vol. 3). US Government Printing Office.
② 秋元律郎. 现代のエスプリ181号都市と災害. 東京：至文堂,1982:222-226.

灾害社会学研究的主要阶段和动态①：20世纪80年代，基于前期积累的成果，美国灾害社会学的研究开始偏向灾害应对的合理控制的理论及实践，可谓对灾害对策体系及防灾系统设计做出巨大贡献的时期；同时，研究者开始深化前期的研究成果，对灾害时期个人行为的理解得以深入，并广泛推广灾害关联组织的信息传递、组织间调整、角色构造、组织活动等作为灾害应对体系基础的相关知识。而进入20世纪90年代以后，灾害社会学研究在理论研究的基础上，为构建完备的灾害应对体制而努力。这一时期的研究更加偏向诸如灾害的行政性应对等实践性更强的组织应对策略，研究成果也多数直接应用于政策制定和防灾体制构建方面，其目的是在灾害发生时能迅速集结所有信息并共享，并将这些信息切实地理解和运用，以便做出合理的判断和选择，从而更好地应对灾害。

2.灾害社会学研究的主要理论路径

可以说，对灾害的研究，涉及社会学乃至社会科学的所有领域。早在1980年，E.L.克兰特利（E.L. Quarantelli）就将灾害社会学研究的主要内容划分为两个部分：一部分研究以社会心理学的视角关注个体尤其是受灾者，另一部分研究以社会学的视角关注组织和社区②。实际上，后来的研究也大致围绕这几个方面。野田隆将灾害社会学的研究划分为社区·社会、个人以及组织三个层面③。田中淳在结合西方和日本灾害社会学研究的基础上，将灾害社会学的研究概括为社会信息理论路径、组织理论路径及社区理论路径三个主要路径④。

一是社会信息理论路径。由研究灾害中的心理状态和行为而生发的信息传递的需求。早期灾害社会学研究，如美军战略空袭调查等，主要是从社会心理学层面关注紧急事态中个人及社区的反应，尤其是对灾害中的恐慌的研究。通过对恐慌的研究，研究者发现灾害中经常出现对待恐慌的不良反应。

① 浦野正樹.災害研究の成立と展開.災害社会学入門.東京：弘文堂,2007:19-20.
② E. L. Quarantelli.Sociology and social psychology of disasters: implications for third world and developing countries.the 9th World Civil Defense Conference in Rabat, Morocco.1980.
③ 野田隆.災害と社会学システム.東京：恒星社厚生閣,1997:2.
④ 田中淳.日本における災害研究の系譜と領域.災害社会学入門.東京：弘文堂,2007:31-32.

于是，研究者开始将研究重心转向"如何传递信息以引导人们在灾害中恰当反应"。如美国的R.H.特纳（R.H.Turner）的《地震预报和公共政策》、日本东京大学新闻研究所灾害与信息研究团队有关地震预报的研究引起很大的反响。该研究路径必须以"信息接受者为合理性的'适应性主体'"为前提。基于该假定，研究者在促成避难等应对行为的要因分析，灾害中信息传播的内容与表现，以及媒介信息传播等方面展开研究并积累了大量成果。

二是组织理论路径。灾害发生后，相关的行政部门和志愿者组织会实施应对措施，开展救援活动。组织理论路径即研究行政部门和志愿者等种种灾害救援组织的各自行动及相互关联状况，其源头也是来自美国。该理论路径下最有名的研究当数以E.L.克兰特利和R.R.丹尼斯（R.R.Dynes）两位研究者为主导的灾害研究中心（DRC）对灾害救援组织的构造及功能分类的分析，并形成DRC类型。DRC类型以组织的构造和组织的活动内容为两个轴，根据灾害发生前和发生后是否有变化将救援组织进行分类，实证分析各组织的特质及相关问题。[①] 在日本，20世纪80年代，东京大学新闻研究所即对长崎暴雨灾害中行政组织间的关联进行研究；1995年，日本阪神大地震中志愿者组织与活动发挥了重要作用，引发日本学界加速对灾害中NPO及志愿者等应急组织的研究。

三是社区理论路径。灾害社会学研究的先驱S.H.普林斯和P.A.索罗金（P.A.Sorokin），都对受灾地区中蕴藏的社会变动有所关注。日本学者也针对日本海中部地震、阪神·淡路大地震等灾害事件，以长期的视角对受灾地区所产生的社会性影响进行了研究。从地震发生到恢复重建的整个过程，不只是灾害源带来的短暂冲击，而是引起受灾地区深刻变化的一系列过程。这一理论路径下所研究的问题显然是社会学领域一直关注的问题；从实践意义而言，这一路径的研究和思考对于解决灾后社会重建等问题有着现实意义。田中淳的分类方法，从内容来看本质上与克兰特利、野田隆是一致的。田中淳所提出的社会信息论的路径，是以社会心理学视角关注灾害中人的心理和行为，从而得出灾害中信息传递的重要性，而信息传递的最终落脚点还是在"人"这一层面。

---

① 田中淳.日本における災害研究の系譜と領域.災害社会学入門.東京：弘文堂,2007:32.

（二）灾害社会信息理论溯源及内涵

信息传播是灾害事件中不可忽视的一个重要环节，灾害中的信息传播状况和规律成为灾害社会学研究者关注的重要领域。同灾害社会学的其他研究领域一样，灾害信息传播的相关研究最早也是起源于美国。从20世纪50年代至今，灾害社会学研究已经形成较为完善的信息理论路径。

1.西方灾害社会信息理论的起源和发展

灾害社会学研究的先驱者E.L.克兰特利总结分析了早期（20世纪50年代至60年代末）灾害社会学领域有关信息传播尤其是大众媒介相关的研究，认为早期的研究关注大众媒介的警报功能多于大众媒介自身的运作过程[1]。例如，1966年，DRC考察了1965年广播电台在北印第安纳龙卷风中的灾害警报作用[2]；斯托林斯[3]（Stallings）研究了1966年美国托皮卡（Topeka）龙卷风中广播电台如何传播美国气象局的信息；安德生[4]（Anderson）对1964年新奥尔良市海啸及1965年夏威夷希洛地震中大众媒体如何向普通市民传递警报进行了研究。上述研究肯定了大众媒介在灾害中的警报传递功能，但是研究视角只是局限于警报本身，而忽视了大众媒介的组织运作及非警报类信息传播的研究。这一时期的NORC以及DRC对灾害中大众媒介的传播研究也有所缺失。截至20世纪60年代末，仅有3例研究直接涉及灾害中的媒介传播[5]。

E.L.克兰特利认为，早期研究者忽视灾害中大众传播研究的原因主要在于[6]：一是研究者没有认识到大众媒介在灾害中的双重作用，即事件的报道者和防灾救灾的主要组织者，甚至有人认为大众媒介充其量只是一个不完全可信的二手信息源。二是与当时的大众传播研究本身有关联，20世纪60年代除了市场和社会调查等量化研究，其他的社会科学研究方法并没有广泛地应用

---

[1] Quarantelli, E. L. (1987). The social science study of disasters and mass communications.

[2] Brouillette, J. R. (1966). A tornado warning system: Its functioning on Palm Sunday in Indiana.

[3] Stallings, R. (1967). A description and analysis of the warning systems in the topeka, kansas tornado of june 8, 1966. Ohio State Univ Columbus Disaster Research Center.

[4] Anderson, W. A. (1970). Tsunami warning in Crescent City, California and Hilo, Hawaii. Human Ecology, 7, 116–124.

[5] Quarantelli, E. L. (1987). The social science study of disasters and mass communications.

[6] Quarantelli, E. L. (1987). The social science study of disasters and mass communications.

到大众传播研究中。三是受经费限制，早期的政府性研究资助对该领域兴趣不大，难以将研究基金投入灾害的大众传播研究；再者，政府性研究资助机构更多地认为大众媒介是报道者而非灾害应急的参与者。这一时期，除了美国以外，加拿大、日本及法国也开展了相关研究。但是总体而言都受到美国的研究的影响，总体特征与美国的研究类似。

进入20世纪70年代以后，灾害社会学研究开始重视灾害中的大众传播行为。1980年，克瑞普斯（Kreps）[1]、拉尔森（Larson）[2]回顾了美国20世纪70年代以前的相关研究，从其列举的文献数量来看，已经超过前期的研究成果；从文献的内容来看，这一时期灾害中的大众传播研究的范围较前期有所拓展，非警报类的信息传播、大众媒介组织运作以及媒介在灾害中的功能等方面的研究得以开展。作为当时灾害社会学的研究重镇，DRC在这一时期也开始关注灾害与大众传媒相关领域的研究。1986年，DRC出版报告《大众媒介和灾害：资料目录》[3]，报告中收录了DRC有关灾害与大众媒介的26个不同的研究以及29种不同的出版物。单就DRC的研究成果而言，截至20世纪60年代末仅有1项成果，70年代有12项，进入80年代后共有13项。可以看出，从量化的角度而言，70年代以后相关的研究数量有大幅度增长。

然而从整个灾害社会学研究的范围来看，这一领域的研究仍然处于相对弱势的地位。E.L.克兰特利结合克瑞普斯和拉尔森所列举的相关文献、DRC的研究成果以及美国以外其他国家的研究成果，预估世界范围内灾害与大众媒介直接相关的研究成果不超过50项。而从灾害社会学研究的大范围来看，截至1979年底，仅仅是DRC已经对353次不同类型的灾害进行研究，其研究成果就达到1080项[4]。E.L.克兰特利一并指出[5]，从当时的研究成果来看，灾害与大

① Kreps, G. A. (1980). Research needs and policy issues on mass media disaster reporting. In Disasters and the mass media, 35−74.

② Larson, J. F. (1980). A review of the state of the art in mass media disaster reporting. Disasters and the mass media, 75−126.

③ Frideman,B.D.Lockwood, L.Snowden and D.Zeidler.Mass Media and Disaster: Annotated Bibliography. Newark, Delaware:Disaster Research Center, University of Delaware.1986.

④ Quarantelli, E. L. (1984). Inventory of the Disaster Field Studies in the Social and Behavioral Sciences 1919−1979.

⑤ Quarantelli, E. L. (1987). The social science study of disasters and mass communications.

众媒介的研究中一些领域仍未被涉及，如灾害中国际通讯社研究、全国性媒体研究、有线广播电视研究、杂志研究等方面的研究成果甚少；而且从DRC的研究成果来看，对一般纸媒的研究超过对广播电视媒体的研究，但对私人广播电视台的研究要超过对私人报纸的研究。

从研究方法来看，E.L.克兰特利①所列举的研究中，采用内容分析法和深度访谈法对灾害中媒介传播行为进行研究的占多数，一些研究在此基础上对不同媒体之间进行比较研究。从研究视角来看，这些研究多是针对某一灾害事件中大众传播的传播活动和行为的经验主义的研究。他认为，除了经验主义研究，虽说灾害中大众媒体运作相关的理论成果也在增长，但是总体而言尚未形成一定气候。1980年，美国国家研究委员会成立了"灾害和大众媒体研究小组"，出版《灾害与大众媒体》②（ *Disasters and The Mass Media* ）一书，分成"前期美国灾害报道回顾""国际视野""全国和地方视角""灾害警报、灾害救援和大众媒介""媒体灾害报道：正面性和负面性""研究需求和应用"这六个部分，系统地对大众媒介在灾害报道中的作用进行了研究。这一研究被认为是在"灾害与大众媒介"领域理论性研究的尝试，其中，克瑞普斯③提出了一些相关研究问题和政策性议题，他提出的主要研究问题是确定在灾害的每个阶段到底发生了什么事情，他认为研究者需要评价大众媒体灾害报道的真实性，媒体传播的公开信息和教育节目所达到的程度，灾害报道所带来的公众感知、态度和行为等方面的效果；而在政策性议题方面，他建议研究在传播灾害预防和警报、公共教育方面的媒介责任，以及这些作用的障碍。拉尔森认为，现有的关于大众媒体和灾害方面的认识多是基于专业性媒体、在政府部门和志愿者组织中工作的个人、经历过灾害的人们的第一手经验。

---

① Quarantelli, E. L. (1987). The social science study of disasters and mass communications.

② National Research Council (US), Committee on Disasters, the Mass Media Staff, National Research Council (US). Committee on Disasters, & the Mass Media. (1980). Disasters and the Mass Media: Proceedings of the Committee on Disasters and the Mass Media Workshop, February 1979. National Academy of Sciences.

③ Kreps, G. A. (1980). Research needs and policy issues on mass media disaster reporting. In Disasters and the mass media (pp. 35−74).

只有相当少的研究可以被认为是社会科学研究。[1]他从传播学的线性传播模型和系统理论出发，对灾害中的大众媒体信息传播进行了理论建构，其目的是打破以往经验主义研究的束缚，为后来的灾害与大众媒介研究提供一个理论性的示范。

20世纪70年代至80年代的灾害中的大众传播研究，尽管仍有一定缺憾，但是总体而言，这一时期的研究已形成一定规模，为后续研究打下了坚实的基础。究其原因，从美国而言，当归功于美国国家科学学会于1978年成立灾害与大众媒体专业委员会，专门研究灾害中大众媒体的功能和作用，而且委员会于1980年公开出版的研究报告《灾害与大众媒体》成为该领域具有里程碑意义的研究成果。另一原因在于专业灾害研究机构DRC的推动，以克兰特利为首的灾害社会学家从20世纪70年代起即将灾害中的大众传播活动与运作作为重要的研究对象，在一定程度上起到了引领性作用；DRC的另一贡献在于，其研究范围不只是停留在美国国内，世界其他国家灾害事件中的大众传播行为也成为其研究对象，比如1989年、1990年和1993年，DRC公布三次与日本研究者合作的研究成果，对美国和日本不同灾害事件中大众传播活动进行了比较研究。

事实上，从20世纪90年代以后的文献来看，以DRC公布的与大众传播相关的研究成果为例，无论从数量还是研究方法和视角来看，都未能大幅度超越前期的研究。研究者还是惯用针对某一次或某几次灾害事件中大众媒介的传播状况进行研究，而且多是使用内容分析和深度访谈的研究方法，而在理论性建构方面仍存在一定的研究空间。

2.东方灾害社会信息理论的起源和发展

在亚洲，灾害社会信息理论在日本发展得较为成熟，已经成为日本灾害社会学研究的重要理论路径。如E.L.克兰特利[2]所言，灾害中的大众传播研究后来成为日本灾害社会学研究的一个关注焦点。无疑，早期日本灾害社会信息传播研究也受到美国的影响，但是与美国由社会学研究者最早关注灾害信

---

[1]　Larson, J. F. (1980). A review of the state of the art in mass media disaster reporting. Disasters and the mass media, 75-126.

[2]　Quarantelli, E. L. (1987). The social science study of disasters and mass communications.

息传播活动不同，在日本最初关注这一领域的是大众传播研究学者。

1978年6月15日，日本颁布《大规模地震对策特别措施法》，该法与之前颁布的《水防法》（1949年）、《气象业务法》（1952年）、《灾害对策基本法》（1961年）共同构成日本灾害应急对策的基本法律体系。而《大规模地震对策特别措施法》中首次明确地将"警戒宣言"制度化，规定内阁总理大臣在接到气象厅长官有关地震预报信息的报告后，确认需要紧急实施地震防灾应急对策时，经由内阁同意，须发布地震灾害相关的警戒宣言，并必须执行一系列相关措施。这一法律的出台，带来了一个课题，即如何有效发挥警戒宣言的功效，其中涉及警戒宣言的发布时机和方式、警戒宣言的传达方式和途径、警戒宣言可能带来的负面效果等一系列问题。这就使得灾害中的信息发布和传播成为社会和学界关心的热点问题。同年，伊豆大岛近海地震中，出现余震信息恐慌和混淆地震震级和震度等导致社会混乱的现象，这使得人们更加关注"灾害中如何正确传播信息"这一问题。

在这样的背景下，东京大学新闻研究所成立了"灾害与信息"研究小组，由冈部庆三牵头开始灾害与信息传播相关的研究。"灾害与信息"研究小组早期的研究议题主要集中在"地震信息的传达与居民反应""灾害警报与居民的应对""'警戒宣言'误报与居民反应"等方面，即主要研究地震预报、灾害警报、警戒宣言以及灾害相关信息的传播和接受过程等领域。以冈部庆三为首的研究团队逐渐形成了日本灾害社会学的重要流派，即以大众传播理论为视角，对灾害信息传播与接受过程展开研究的灾害社会信息传播流派，成为日本灾害社会学研究的三大流派之一。冈部庆三的后继研究者田崎笃郎和广井修等人延续其研究思路，继续开展灾害社会信息传播领域的研究，已经形成相对成熟的理论体系，成为日本灾害社会学研究的重要路径。

3.灾害社会信息理论研究的主要内容

（1）灾害社会信息理论的研究对象

灾害信息理论以减灾，即减轻受害作为目标，专注于从信息论的视角开展研究。从信息的生产过程、传播过程、接受过程、表现及效果的总体出发，探寻最有效的应对策略。具体而言，为了保护人们的生命和财产，维持社会正常秩序，研究如何将警报、避难劝告、防灾对策的实施情况、风险信息等与灾害相关的种种信息有效发挥[①]。也就是说，灾害信息研究的理论出发点是包括大众传播理论在内的信息相关的理论；其主要是研究灾害中信息生产、传受，信息的表现方式及产生的效果；其研究是在探寻灾害中信息传播最有效方略的基础上，有效发挥灾害相关的各种信息作用，以达到减轻由灾害带来的种种受害和损失的目的。

（2）灾害社会信息理论的研究目标和主要视角

田中淳认为，灾害信息理论的终极研究目标是可能遭受灾害损失的所有主体，共享经过科学评价的有关灾害危险性及应对状况的信息，通过采取适当的应对行动，减少已经发生灾害的损失[②]。基于灾害信息理论的这一研究目标，结合灾害信息传播相关的研究成果，归纳灾害信息理论研究的主要视角如下[③]。

一是灾害中信息的有效传播。在灾害情境下，处于不同危险程度环境中的人们和其他关注灾害发展状况的人们，如何采取及时、有效的应对措施，需要建立在可靠的相关信息基础之上。而如何将灾害相关的信息简单、有效地传播至灾害相关的所有人，是灾害信息理论研究的基本命题。

二是灾害情境下信息传播过程的常态化。从信息传播的角度而言，信息传播涉及信息生产、传播以及接收这一过程。然而，这一过程中的三个要素并不是相互独立的：所生产出的信息依赖于传播手段与途径，而接收的难易程度又取决于信息内容；同样，受信息传播手段与途径的局限，往往需要信息接收者提升理解能力以适应信息传播的内容。尤其是在灾害情境下，信息传播的三个要素都有可能与常态不同，如何实现三者之间的平衡，使得整个传播过程相对常态化，是灾害信息理论一直探讨的问题。

三是灾害中的信息共享。灾害发生后，原先社会系统的运行秩序被打破，处于社会系统中的各个机构需要采取相应的应对行为。为了提升社会系统整体运行的效率，则需要加强机构之间的合作，互相了解各自所采取的对策信息，实现信息共享。然而，在灾害情境下，各机构所出台的灾害对策信息往

---

① 田中淳.災害情報論の布置と視座.災害情報論入門.東京：弘文堂,2008:18.
② 田中淳.災害情報論の布置と視座.災害情報論入門.東京：弘文堂,2008:20-23.
③ 田中淳.災害情報論の布置と視座.災害情報論入門.東京：弘文堂,2008:20-23.

往是根据实际情况应急产生的，加上地域、信息传播范围、更新时间等方面的差异，不同机构之间的信息共享存在一定的难度。如何构建灾害情境下社会系统之间合理、顺畅的信息共享机制，也是灾害信息理论研究的重要课题。

四是灾害中的心理与行为研究。灾害中人们的心理反应与具体行为表现是关乎灾害信息是否有效传播的重要因素。在日常防灾时期，忽略防灾相关信息与制度，不采取相应防范措施的人们不在少数；在灾害发生后，即便发出避难劝告信息，也不采取或不按要求采取避难行动的情况也不少见。因此，基于对人们在灾害乃至防灾阶段的心理过程和行为研究，对灾害时期、防灾阶段的信息发布与传播提供具体建议，是灾害信息理论研究的重要使命。

五是灾害信息传播效果研究。从灾害中的信息传播实践来看，由于信息传播不当而导致的二次伤害行为不在少数。也就是说，灾害中传播的信息并非都能给人们在灾害中的行为带来正面的引导。这不仅仅是信息传播本身的问题，而且涉及传播伦理问题。如何发挥灾害信息传播的正向功能、减轻灾害带来的负面影响，是灾害信息传播理论无法回避的视角。

（三）媒介社会责任理论

1.企业社会责任

从宏观的时代背景看，媒介社会责任理论的出现，是对发端于20世纪初美国企业社会责任（Corporate Social Responsibility）运动的积极响应。20世纪30年代，美国一批具有探索精神的理论工作者基于经验观察和对企业日益巨型化所产生的社会问题的关注，首次提出了另一种挑战传统企业角色或目标定位的理论——企业的社会责任理论。这一理论的基本精神，是强调在现代社会中，企业不应仅仅作为谋求股东利润最大化的工具，而应被视为最大限度顾及和实现包括股东在内的所有利益相关者利益的组织或制度安排，企业的权利来源于企业所有利益相关者的委托，而非只是植根于股东的授予，企业的经营者应对企业的所有利益相关者负责，而不仅仅限于对股东负责。因此，所谓企业的社会责任，就是指在谋求股东利润最大化之外所负有的维护和增进社会利益的义务。

从20世纪60年代开始，关于企业社会责任的问题引起了热烈讨论。卡罗尔于1979年提出了一个企业社会责任概念框架，该框架包含四个层次的企业

社会责任，即经济责任、法律责任、伦理责任和慈善责任。①伍德发展了卡
罗尔的模型，增加了社会责任行为，即企业对社会责任的反应与绩效。伍德
还将社会责任模型与股东、社会、环境和管理结合在一起进行研究与分析。
2004年，贝塔斯与维登堡提出区域模型，有效地整合了社区期望与企业社会
责任策略。该模型强调股东需分担责任，并在社区水平上为公司提供发现问
题的工具。

2006年发布的ISO26000国际标准扩大了应该履行社会责任的对象范
围，将企业社会责任（CSR）推广到任何形式组织的社会责任（SR），这是
ISO26000最重要的意义之一。在大众语境下，组织社会责任往往是指组织应
该承担的诸如经济责任、法律责任、道德责任等。而在ISO26000标准的语境
中，首先，社会责任是指一种意愿（Willingness），强调组织愿意就其决策和
活动对社会和环境的影响承担责任；其次，社会责任是指组织行为的性质，
通过透明和合乎道德的行为表明对社会负责任的组织行为，即行为不但要以
遵守法律义务为底线，遵守适用的法律并与国际行为规范相一致，而且必须
要超越法律义务，最大限度地贡献于可持续发展；最后，社会责任是指组织
融合社会责任的运作模式，即通过什么样的运作模式确保组织行为对社会负
责任，包括要以促进可持续发展为目的，以遵守适用法律和国际行为规范及
考虑利益相关方的期望为原则，以覆盖组织全部决策和活动及全面融入组织
为路径，以在自身及影响范围内的活动与关系中得到践行为验证。ISO26000
国际标准为传媒应用社会责任标准体系提供了理论解释与实践应用的有力
依据。

2.媒介社会责任

如果将媒体组织视为自主经营者，媒体的社会责任研究也是广义的企业
社会责任研究的一个组成部分。媒介社会责任起源于西方，脱胎于传统的西
方报刊自由主义理论，是继自由主义理论之后出现的一种传媒规范理论。20
世纪初，西方国家媒介日益走向集中和垄断，社会各界对媒体的批评日渐增
长，新闻自由遭到大众质疑，针对这一现状，关心新闻自由的人士在深入研

---

① Carroll A.(2000).Ethical challenges for business in the new millennium:corporate social
responsibility and models of managements morality.Business ethics quarterly,33-42.

究的基础上提出这一理论主张。该理论强调大众传播媒介是可以问责的，媒介必须要对社会及公众负责。1923年，美国报纸主编协会制定《报业法规》，提出报纸的责任问题。1947年，美国新闻自由委员会出版了一份长达133页的研究报告《一个自由而负责的新闻界》，在其中明确提出了媒介社会责任的概念，标志着社会责任理论的正式提出。报告分六个部分详细地探讨这一理论：问题与原则，对媒体的要求，传播革命，当前媒体的表现，自律及应对方法，新闻自由的原则概述，并且从政府、公众和媒介三个方面提出了要求和建议，值得一提的是在其中，委员会更加强调新闻界的自律。[①]

1956年，塞伯特、彼德森、施拉姆三位教授出版了《新闻出版的四种理论》一书，系统地阐述了社会责任理论的基本观点。该书将媒体同社会的关系整合成四种理论模式，即集权主义理论、自由主义理论、社会责任理论和苏联模式。其中由彼德森教授撰写关于媒介社会责任理论的部分，这一部分着重从两个方面来阐述社会责任理论，"一是社会责任理论和传统的报刊自由主义理论的关系；二是社会责任理论与大众传媒的现实表现和现实态度的关系"。该书通过理论介绍、理论根源、报业环境背景、责任的新意义、相关法规和要点详解这几大部分，系统地阐述了社会责任理论的基本观点：允许新闻自由，而不受政府的干涉，但是自由是伴随着义务的，媒体应履行其不受干涉而服务于公众的义务，并应进行自我调节。唯有对社会承担义务，负有责任的自由才是有实效的积极的自由，所以报刊应对社会承担责任，并以社会责任作为报刊业务政策的基础。[②]1957年，施拉姆在其《大众传播的责任》一书中再次为"媒介社会责任论"正名。

由此完整的社会责任理论在哈钦斯报告与其后彼德森等发表的《新闻出版的四种理论》中得以形成，并迅速成为西方传媒的重要理论。媒介社会责任作为一种新理论植根于新闻业中，被大量的著作、文章、演说、课堂、学术论题和博士学位论文等论述。美国的新闻自由史从报刊的自由至上主义理论开始转向报刊的社会责任理论。

---

① 美国新闻自由委员会.一个自由而负责的新闻界[M].展江,等译.北京:中国人民大学出版社,2004.

② 威尔伯·施拉姆,等.报刊的四种理论[M].中国人民大学新闻系,译.北京:新华出版社,1980.

随着时代的发展，现代大众传媒社会责任理论的原则和内容包括：一是大众传播的公共性要求媒介机构必须对社会和观众承担及履行一定的责任和义务。二是媒介的新闻报道和信息传播应该符合真实性、客观性和公正性的标准，并满足公众的知情需求。三是媒介必须遵守现行的法律和各种规章制度，维护公共利益，维护国家安全和社会稳定。四是媒介必须履行社会公共文化使命，从事高品位的传播。[①]

改革开放后，随着文化体制及新闻改革的深入，我国大众传播业市场化程度大大加深。媒介投资主体开始多元化，出现了一大批主要依靠市场化运作的媒体，大众传播业中事业化与商业化的矛盾也日益凸显。正是在这一社会背景下，媒介的社会责任才成为一个热门话题。因此，我们所谓的媒介的社会责任，也不外乎就是媒介在谋求自身经济利益之外所负有的维护和增进社会利益的义务。

（四）媒介社会功能论

1.媒介社会功能论的内涵

社会学的功能主义理论为媒介研究提供了一个功能主义的分析框架。社会学对"功能"的解释和研究主要为，从整个社会系统的角度来考察某一成员系统在整体系统中所发挥的作用，以及与其他成员系统之间的相互联系和作用方式。基于此，麦奎尔认为媒介功能理论的基本假设是，尽管大众传播可能会带来潜在的功能失调（扰乱性或有害的）后果，但其主要功能是倾向于促进社会整合、延续及维持社会秩序的。[②]

最早开始用功能主义理论对大众传播在社会中的功能进行明确阐释的是拉斯韦尔。拉斯韦尔在1948年发表的论文《社会传播的结构与功能》中，归纳了大众传播在社会中的主要功能：一是监视环境；二是使社会构成要素之间相互协调以适应环境；三是传承社会文化遗产。[③]拉斯韦尔的这一媒介功能论为大众传播研究提供了一种新的理论研究路径，也被后来的研究者广泛

---

① 王娟.论社会责任视角下的媒介公信力 [J]. 中共长春市委党校学报,2006(06):35-37.

② McQuail, D. (2010). McQuail's mass communication theory. Sage publications,64.

③ Lasswell, H. D. (1948). The structure and function of communication in society. The communication of ideas, 37(1), 136-139.

使用。

1957年，威尔伯·施拉姆归纳了大众传播在社会中的几项功能：一是如同古代信使般地帮助人们守望地平线；二是帮助人们回应出现在水平线上的挑战和机会，并在相应的社会行为中使舆论一致；三是帮助人们向社会新成员传播社会文化；四是娱乐大众；五是帮助人们销售商品以保证经济系统健康地运转。[①]施拉姆这一有关媒介功能论断的发展之处在于增加了大众传播的"娱乐"和"商品销售"功能，这两项大众传播功能在新媒介环境下的今天仍然发挥着重要的作用。

赖特总结了大众传播功能主义分析的四种类型，将拉斯韦尔归纳的媒介功能论纳入第四种类型，并在其基础上增加了"娱乐"功能，"是指大众传播意在使用其可能有效的所有方式来博得大众的欢乐"[②]。他同时将拉斯韦尔认为的"协调功能"看成"解释与规约"，将传承文化及娱乐功能看成媒介社会化的过程。[③]赖特的大众传播功能论最大的意义在于将大众传播中可能使用功能论视角进行分析的部分进行梳理，突破了之前的研究者过度依赖生物学的分析路径的局限，将大众传播从社会系统的内部解放出来，从社会变迁、制度分析、媒介传播特质以及媒介在社会系统中的基础性作用等层面进行分析，更能体现大众传播的社会性意义。

1982年，威尔伯·施拉姆在拉斯韦尔、赖特、博尔丁等人研究成果的基础上，将大众传播的社会功能细分为政治功能、经济功能及一般社会功能三个方面。施拉姆进一步分析，每个功能都存在内外两个方面。对于现行研究者采取多元视角分析大众传播的社会功能，施拉姆认为与单因素分析法相比更不能令人满意，其论述的范畴并不够清晰，并且对娱乐功能方面的分析表现出一致的忽视[④]。

日本学者竹内郁郎从社会学的视角，对大众传播的社会功能进行了总结。

---

① Schramm, W. (1957). Responsibility in mass communication. Harper：32-34.

② Charles R. Wright , Functional Analysis and Mass Communication, The Public Opinion Quarterly, Vol.24,No.4,p.609.

③ Wright, C. R. (1960). Functional analysis and mass communication. Public opinion quarterly, 24(4), 605-620.

④ Porter, W. E. (1982). Men, women, messages, and media: Understanding human communication. Harper & Row.

他沿用莫顿有关功能（Function）的定义，提出大众传播有四大社会功能：一是函数意义上的大众传播过程中的功能，主要体现在关于大众传播过程的各种模式中，具体而言，如何从具体现象中确定其外延，如何选择模式中构成要素的变量及其变量之间的关系以及如何公式化，其中充分体现了函数的意味；二是作为媒介特征意义上的功能，基于不同媒体特有的机械性、物理性等属性，大众传播方式呈现不同的特点，这一特点有时候会被称为媒介功能；三是大众传播的社会性使命，即人们对大众传播的期待，或是大众传播应承担的使命，也被称为大众传播功能；四是作为大众传播活动的功能，具体是指大众传媒在现实中所进行的各种传播活动，被称为大众传播的功能①。他认为，作为大众传播活动的功能与作为大众期待的使命这一功能紧密相连，大众传播活动是使命得以实现的具体体现。竹内郁郎对大众传播社会功能的分析与赖特所界定的社会功能有所类似，他们都是从社会学的视角将大众传播置于相对宏观的社会系统层面来考虑其功能的。

麦奎尔对前人的研究进行了系统的归纳和总结，将大众传播的社会功能分为信息、联系、持续、娱乐、动员五个方面。具体而言，信息功能主要体现在给大众提供社会及世界所发生的事件及状况，显示权力关系和促成创新、适应和进步；联系功能主要体现在诠释与评论事件及信息的意义，支持既有的权威与规范、社会化、协调相互独立的活动、达成共识、设定优先次序并明确相关的位置；持续功能主要体现在表达主流文化、认可亚文化及新文化的发展上，维持并促进共同的价值；娱乐功能主要体现在提供给大众娱乐、消遣及放松的途径，缓解社会紧张感；动员功能主要体现在宣传政治、战争、经济发展、工作及宗教领域中的社会目的的活动②。麦奎尔的归纳基本上是对前人大众传播的社会功能研究的概括和总结，同时他也指出这样的归纳并不能完全涵盖大众传播的社会功能，而且所列出的功能之间还存在交叉的情况。他认为还需要考虑媒介自身及媒介个体使用者的观点，媒介功能还能够或多或少地指代媒介的客观工作任务，或指代媒介使用者眼中的动机与获得的利益③。

---

① 竹内郁郎.マスコミュニケーションの社会理論.東京大学出版会.1990:60-68.
② McQuail, D. (2010). McQuail's mass communication theory. Sage publications:98-99.
③ McQuail, D. (2010). McQuail's mass communication theory. Sage publications:98-99.

2.灾害情境下的媒介功能

本书研究的是新媒体环境下灾害信息传播与媒介社会责任。媒介社会责任的发挥需要通过媒介功能得以实现，因此，需要探究新媒体环境下媒体如何发挥其功能，尤其是社会性功能。作为传播学的重要理论范式，虽然在一定程度上存在缺陷，但是仍能够为本课题提供一个功能主义的研究视角和理论框架。从某种意义上而言，灾害是社会非正常状态的一种体现。按照现有的媒介功能理论，可以分析在社会非正常状态下媒介功能是否能够正常发挥。

大畑裕嗣、三上俊治认为，灾害时期，大众媒介应当发挥以下功能：一是迅速提供与受害及灾害原因性质等相关的正确、可靠的信息，帮助处于危急状态中的人们认知正确的情况，即环境监视功能；二是促使人们采取合适的应对行为，即行动指示功能；三是缓和人们心理层面的不安，防止恐慌的发生，即缓解不安功能；四是根据所传递的详细受害情况，从外部获得对受灾地及受害者的援助，即资源动员功能；五是通过评论及宣传（Press Campaign）探讨灾害的原因，提出灾害防止对策，即舆论形成功能[①]。可以看出，大畑裕嗣、三上俊治按照既有的媒介（大众传播）的社会功能理论框架对灾害中媒介功能进行了界定，将大众传播放置于灾害这样一个特殊环境中进行功能上的对应。毫无疑问，基于基础信息传播的环境监视功能在灾害中显得格外重要，非常态下的社会脆弱性更容易凸显，更容易造成环境的改变；提供及时可信的信息是为了让人们采取更合理的灾害应对行为，这可以归结为媒介的联系、协调功能；灾害除了会带来物理性的变化外，对于人们的心理也会产生一定的冲击，一方面大众媒体可以通过信息更新的方式来缓解紧张和不安情绪，另一方面可以通过专业的心理干预行为对人们进行心理调适，这一功能的发挥与前行研究者笔下的娱乐功能所能达到的情绪缓解和释放在某种程度上是一致的，但是娱乐功能中使人达到愉悦的状态在灾害的情境下似乎难以适用，因此不能完全对应到媒介的娱乐功能层面；通过媒介的相关信息传递获取外界的援助，以及通过评论及宣传等方式形成舆论，都是为了达到某种社会性的目的，从本质而言都属于媒介的动员功能。

---

① 大畑裕嗣，三上俊治．関東大震災下の「朝鮮人」報道と論調（上）．東京大学新聞研究所紀要，35，1986:36-37.

二、课题相关的研究综述

（一）核心概念界定：何谓灾害？

1.灾害社会学视野下的"灾害"

关于灾害的概念界定，本书参照罗纳德的划分方法。罗纳德梳理了近80年来有关灾害概念的研究，并从研究者定义的不同角度将前期灾害概念研究分为经典灾害社会学研究、自然风险源视角和灾害社会现象说三个方面[①]。

其一，经典灾害社会学研究视角下的灾害。经典灾害社会学研究，是指早期开展的灾害社会学研究，这些研究奠定了经典灾害社会学研究的基础。这一时期，有三位学者明确对灾害概念进行界定：华莱士认为，灾害"是一种处境，不只是一种冲击，更是一种'中断为缓解某种紧张情绪的正常有效情绪，并带来紧张情绪戏剧性高涨'的威胁"；刘易斯指出，灾害"打乱正常的社会秩序，导致物理性的破坏和死亡，从而使得人们必须放弃常规的期望加以应对"；穆尔认为灾害"使得人们养成新的行为模式""生命的损失是其基本元素"[②]。上述的概念界定主要从灾害带来的影响方面对灾害进行阐述，并没有明确指出灾害的本质特征。直到1962年，福瑞茨在此基础上对灾害做出明确的界定："灾害是一个具有时间和空间特征的事件，对社会或社会其他分支造成威胁与实质损失，从而导致社会结构失序、社会成员基本生存支持系统的功能中断。"[③]福瑞茨对灾害的界定同样强调了灾害的负面影响，但是显得更为清晰，即在明确灾害是"事件"的同时，加以"时间和空间"的限制，并将灾害的侵害范围扩大至整个社会机构。这一概念被称为经典界定，后来的研究者进行概念界定时，都或多或少受其影响。例如，克瑞普斯在福瑞茨的定义基础上提出，灾害是"可在时间与空间层面观察到的事件，会导致社会或其较大的次级单位（社区、地区）产生实质性的损害或损失，破坏其正

① Andersson, W. A., Kennedy, P. A., & Ressler, E. (2007). Handbook of disaster research (Vol. 643). H. Rodríguez, E. L. Quarantelli, & R. R. Dynes (Eds.). New York: Springer.

② Andersson, W. A., Kennedy, P. A., & Ressler, E. (2007). Handbook of disaster research (Vol. 643). H. Rodríguez, E. L. Quarantelli, & R. R. Dynes (Eds.). New York: Springer.

③ Merton, R., & Nisbet, R.A. (1962). Contemporary social problems : an introduction to the sociology of deviant behavior and social disorganization. American Sociological Review, 27, 116.

常运作的秩序。所有这些事件的起因和后果都是由社会结构、社会及其次级单位发展的程度决定的"。①经典灾害社会学研究者将灾害首先定义为"事件"，认为主要源自自然系统的物理性灾害事件会对既有的环境及社会系统产生侵害。

其二，自然风险源视角下的灾害。自然风险源视角由地理学家吉尔伯特·怀特创立并发展起来，最早从这一视角研究灾害的大多是地理学家，因而受地理学科的影响较大。在这一视角下，灾害被认为是根源于社会性行为（或非行为），且这些行为限制了对适应极端环境的选项选择②。如约翰·奥利弗将灾害定义为"环境过程的一部分，这一过程大于预期的频率和幅度，并使得人类因其带来的重大损害而陷入困境"③；苏珊·凯特、菲利普·奥基夫、本·威斯纳等人对灾害的界定则接近地理学家的定义，他们将灾害定义为"极端的物理事件与人类社会的脆弱性之间的相互作用"④。也就是说，自然风险源视角下的灾害是自然环境与社会环境相互作用的结果。自然风险源视角对灾害的认知，从以结果为导向的灾害认知转向了灾害社会因素的考察，直接开启了以脆弱性（Vulnerability）和恢复力（Resilience）概念为基础的相关研究的大门，并进一步深化了对灾害本质的认识。从这一视角研究灾害的最大意义在于，打破了经典灾害研究中危害源自自然的观念，强调通过社会因素来寻找灾害的根源。

其三，灾害社会现象说。除了经典灾害研究和自然危险源视角下的灾害研究以外，还有一批研究者将包括社会变动在内的社会现象作为定义灾害的主要特征。最早从这一视角进行灾害定义的当数巴顿，他认为灾害是一种集群压力，"当一个社会系统无法满足其社会成员维系其所期待的正常生活时，

---

① Kreps, G. A. (1984). Sociological inquiry and disaster research. Annual review of sociology, 309−330.

② Tierney, K. J. (2007). From the margins to the mainstream? Disaster research at the crossroads. Annu. Rev. Sociol., 33, 503−525.

③ Andersson, W. A., Kennedy, P. A., & Ressler, E. (2007). Handbook of disaster research (Vol. 643). H. Rodríguez, E. L. Quarantelli, & R. R. Dynes (Eds.). New York: Springer.

④ Andersson, W. A., Kennedy, P. A., & Ressler, E. (2007). Handbook of disaster research (Vol. 643). H. Rodríguez, E. L. Quarantelli, & R. R. Dynes (Eds.). New York: Springer.

便容易爆发集群压力"①。克兰特利从以下特征来定义灾害："突发的场合；严重扰乱集结的社会单元秩序；为应对干扰而采取计划外的行动；在指定的时间和空间内产生意想不到的生活经历；将有价值的社会现象置于危险状态。"②他随后又强调，灾害的脆弱性体现在社会结构和社会系统的漏洞中。克兰特利的这一概念界定体现了强烈的社会性特征：脆弱性由社会系统中的关系建构，灾害基于社会变动的范畴。③凯·埃里克森也认为，灾害损失及灾害发生原因都是被"社会定义"的④。卢塞尔·丹尼斯认为，灾害作为一种打破常态的场合，会导致社区付出更大的努力去保护、救济一些社会性资源⑤。罗森塔尔将灾害定义为社会性场合，与视为"贯穿于整个社会时间的激进变化"的社会变革相关。⑥这一视角下，研究者认为灾害作为一种社会中断，既源自社会结构，又可以通过社会结构层面的操作对灾害造成的损失进行补救，强调灾害这一现象与社会关系的深刻关联。

2.中国语境下的"灾害"

在中国语境中，学界对灾害概念界定的关注较少，而多着眼于灾害的分类。李永善认为灾害主要来源于"天、地、生"三个系统，将灾害系统的一级灾害系列分为天文灾害系、地球灾害系、生物灾害系⑦。卜风贤进一步提出了灾型、灾类、灾种三级灾害分类体系⑧。而史培军借鉴国外对灾害系统的认识成果，认为必须从系统论的观点理解灾害形成过程，提出灾害系统由孕灾

---

① Barton, A. H. (1969). Communities in disaster:A sociological analysis of collective stress situations (1st ed.). Garden City, NY: Doubleday.

② Quarantelli, E. L., & Perry, R. W. (2005). A social science research agenda for the disasters of the 21st century: Theoretical, methodological and empirical issues and their professional implementation. What is a disaster, 325, 396.

③ Andersson, W. A., Kennedy, P. A., & Ressler, E. (2007). Handbook of disaster research (Vol. 643). H. Rodr í guez, E. L. Quarantelli, & R. R. Dynes (Eds.). New York: Springer.

④ Erikson, K. (1976). Everything in its path. Simon and Schuster.

⑤ Dynes.R.R., Coming to Terms with Community Disaster, http://udspace.udel.edu/handle/19716/137,1997.

⑥ Rosenthal, U. (2005). Future disasters, future definitions. In What is a Disaster? (pp. 165–178). Routledge.

⑦ 李永善. 灾害系统与灾害学探讨 [J]. 灾害学,1986(01):7–11.

⑧ 卜风贤. 灾害分类体系研究 [J]. 灾害学,1996(01):6–10.

环境、致灾因子、承灾体共同组成，并认为灾害系统的类型是由致灾因子决定的，由此提出了致灾因子的成因（动力）分类体系[①]。杨达源、间国年等人开始着眼于概念的界定，认为自然灾害是指那些主要受自然力操纵，且人对其无法控制情况下发生的并使人类社会遭受一定损害的事件[②]。黄崇福总结了自然灾害的各种定义，提出自然灾害是以自然因素为主导造成人类生命、财产、社会功能和生态环境等损害的事件或现象[③]。上述学者对灾害的界定更接近于西方经典灾害社会学视角中对灾害的定义。2012年10月12日，由民政部国家减灾中心、中国气象局政策法规司、国家海洋局海洋环境预报中心起草，国家质量监督检验检疫总局、中国国家标准化管理委员会发布的《自然灾害分类与代码》首次以国家标准的形式对灾害进行界定，定义其为"由自然因素造成人类生命、财产、社会功能和生态环境等损害的事件或现象"[④]，该定义同样类似于经典灾害社会学中的灾害定义。而中国国家地震局地质研究所学者赵阿兴、马宗晋则考虑到了社会的作用，认为自然灾害是自然变异与社会相互作用的现象，其度量的标志是自然变异强度与社会防御能力的矛盾比，即自然灾害对社会财富造成的损失。自然灾害造成的损失不仅与自然变异的强度有关，而且极大地依赖于当时社会的经济发展水平、人口分布密度和活动范围[⑤]。

3.本书对"灾害"的界定

本书研究的是新媒体环境下灾害信息传播与媒介社会责任，主要关注的是灾害中的信息传播活动，属于社会科学研究的范畴。在灾害事件中，媒介首先要将与"导致社会结构失序、社会成员基本生存支持系统的功能中断"相关的信息传播出去。因此，本书首先认同经典灾害社会学研究视野中的灾害定义，研究媒介在其中的信息传播行为。其次，媒介作为社会系统中的一个分支单元，其信息传播行为对社会系统的灾害应对、已破坏的社会系统恢复有着重要的作用，是对社会"脆弱性"的一种弥补。所以，本书也需要将灾害作为一个社会现象进行考察，研究媒介在这一社会现象中的功能发挥

---

① 史培军.再论灾害研究的理论与实践 [J].自然灾害学报,1996(04):8-19.
② 杨达源,间国年.自然灾害学 [M].北京:测绘出版社,1993.
③ 黄崇福.自然灾害基本定义的探讨 [J].自然灾害学报,2009,18(05):41-50.
④ 张宝军,马玉玲,李仪.我国自然灾害分类的标准化 [J].自然灾害学报,2013,22(05):8-12.
⑤ 赵阿兴,马宗晋.自然灾害损失评估指标体系的研究 [J].自然灾害学报,1993(03):1-7.

情况。

　　从灾害的具体分类来看，从广泛的意义而言，一般可以分为人为灾害与自然灾害两大类型[①]。由于人为灾害的复杂性以及自然灾害的广泛性，本书拟将"灾害"界定在自然灾害层面。就自然灾害而言，由民政部国家减灾中心、中国气象局政策法规司、国家海洋局海洋环境预报中心起草，国家质量监督检验检疫总局、中国国家标准化管理委员会发布的《自然灾害分类与代码》，将自然灾害划分为气象水文灾害、地质地震灾害、海洋灾害、生物灾害和生态环境灾害五类[②]。根据具体实施时间，本书所选的灾害事件为2020年西昌森林火灾、2020年长江流域洪水、2019年开始的新型冠状病毒肺炎，依据《自然灾害分类与代码》的分类标准，分别属于生物灾害中的森林/草原灾害、气象水文灾害中的洪涝灾害以及生物灾害中的疫病灾害[③]。

（二）国内外媒介社会责任理论相关研究

1.国外媒介社会责任理论研究

　　自媒介社会责任理论诞生以来，从初期的饱受抨击到后来的被普遍接受，其影响力逐渐显现。随着时间的推移与社会的发展，这一理论的内涵也不断丰富，学界对于该理论的研究也逐渐深入，具体体现在以下几个方面。

　　第一，从受众角度出发，研究传媒责任与自由之间的关系。麦奎尔认为媒体的行为必须考虑到公众利益。媒体需要考虑的主要公共利益标准包括出版自由，媒体所有权多元化、信息、文化和意见的多样性，对民主政治制度的支持，对公共秩序和国家安全的支持、普适性，向公众传播的信息和文化的质量，尊重人权和避免对个人和社会造成伤害[④]。哈钦斯领导的自由委员会于1947年发表的《一个自由而负责的新闻界》报告，以及西奥多·彼德森的《传媒的四种理论》是对传媒的社会责任进行系统阐述的著作。书中论述了传媒的威权主义、传媒的自由至上主义、传媒的社会责任和传媒的苏联共产主

[①]　周利敏.西方灾害社会学新论[M].北京:社会科学文献出版社,2015.

[②]　国家质量监督检验检疫总局,中国国家标准化管理委员会.自然灾害分类与代码[M].北京:中国标准出版社,2012.

[③]　国家质量监督检验检疫总局,中国国家标准化管理委员会.自然灾害分类与代码[M].北京:中国标准出版社,2012.

[④]　McQuail, D. (2005). McQuail's Mass Communication Theory. Vistaar Publications.

义四种理论。Yoo Hyae Huh指出媒体不独立于政府和资本，就无法履行对公共利益的监督义务。言论自由是社会每个成员共同享有的权利，不应该被媒体垄断。媒体不应该垄断言论自由，这是讨论媒体责任的一个关键因素[①]。

第二，从媒介功能出发，研究媒体在灾害事件应对、传承和营造社会文化以及维护社会秩序等方面的功能和作用。Emad Bataineh以海地、日本和美国加州为例，承认了社交媒体在自然灾害和危机对应中发挥着越来越重要的作用，是作为救灾组织可以使用的信息传播者，并指出社交媒体和社会责任是相互关联的。社会责任是一个道德框架，在这个框架中，一个实体，无论是一个组织还是个人，都有义务为整个社会的利益而行动。维持社会平衡是每个人必须履行的义务，它还可以定义个人行为如何影响整个社会，社会责任可以是被动的，通过避免从事对社会有害的行为，或积极/主动地通过执行直接推进社会目标的活动[②]。也有学者以批判的眼光审视传媒在承担社会责任方面的失职，论述传媒的负面功能，尼尔·波兹曼在《娱乐至死》一书中提出：电视是表达娱乐的工具，在此种媒介上，一切话语都以娱乐的方式呈现并逐渐成为一种精神文化产品，而其他文化内容都甘愿依附于娱乐，其最终结果是我们无声无息地成为一种娱乐至死的物种[③]。道格拉斯·凯尔纳在其著作《媒体奇观——当代美国社会文化透视》中通过分析企业、个人和政府以大众传媒为渠道制造的一个个商业、体育、影视和政治方面的耸人听闻事件，向读者揭示了当代美国社会所蕴含的矛盾和危机，分析了传媒信息表层下的文化内涵，并提出了自己的忧思和警示[④]。Soumya Dutta则指出印度媒体因无视社会责任而受到许多批评，媒体领域的危险商业行为已经影响了印度民主的结构，传媒行业的大型工业集团已经威胁到多元观点的存在。为了解决对印度民主的威胁，媒体机构的自我监管机制必须足够强大，以便在异常情况

---

① Huh, Y.H. (2008). Social Responsibility of the Media: The Italian Media under Berlusconi. Mediterranean review, 1(2), 11−37.

② Emad, B., Zakaria, M. (2021). From social responsibility to social media responsibility: recommendations for integrating social media into organizations. 19th International Conference e-Society 2021, 329−333.

③ 尼尔·波兹曼. 娱乐至死 [M]. 章燕，吴燕莚，译. 桂林：广西师范大学出版社，2009.

④ 道格拉斯·凯尔纳. 媒体奇观——当代美国社会文化透视 [M]. 史安斌，译. 北京：清华大学出版社，2003.

发生时及时制止[①]。

第三，研究传媒责任体系的构建。美国编辑人协会制订的《报业信条》中指出："报纸有争取读者、吸引读者的权利，然而这种权利，必须以为公众利益考虑为范围。若报纸利用读者的爱戴，实施自私自利的企图，谋求不正当的目的，实在有负于这种崇高的信任。"[②]将"责任"列在报业信条的第一条足以看出责任对传媒生存与发展的重要性。法国学者克劳德·贝特朗的《媒体职业道德规范与责任体系》一书对传媒责任体系的类型做了分类，认为传媒责任体系可以按其来源划分为内部的、外部的与传媒和公众合作的责任体系。[③] Eun-Kyoung Han等考察了报业企业社会责任的影响因素，并采用报业企业社会责任指数对企业社会责任进行了评价。该研究以问卷调查的方式进行，结果显示，仲裁性、实质性、文化活动是报纸企业社会责任的影响因素。[④]Chan Goo Lee开发出一种衡量媒体行业企业社会责任的工具，从商品和服务角度衡量媒体公司企业社会责任，提出了一种具有可信度、公平性和有用性三个主要结构的测量方法，其中公平性是最核心的要素。[⑤]

2.国内媒介社会责任理论研究

我国的媒介社会责任研究相较于西方来说起步较晚，20世纪80年代，国内学者开始意识到媒介社会责任的重要性。特别是在1980年彼德森等的著作以《报刊的四种理论》为书名翻译成中文后，国内学者开始重视媒介社会责任研究，逐步形成一些研究重心。

其一，对社会责任理论本身的讨论。关于社会责任理论最核心的思想，陈力丹的观点最具有代表性，他认为权利和责任应相统一，这是社会责任论

---

① Soumya, D. (2011). Social responsibility of media and indian democracy. Global Media Journal, 216422046.

② ASNE Statement of Principles.https://www.unm.edu/~pubboard/ASNE%20Statement%20of%20Principles.pdf.

③ 克劳德－让·贝特朗.媒体职业道德规范与责任体系[M].宋建新,译.北京：商务印书馆，2006.

④ Han, E K., Lee, DH., Khang, H. (2008). Influential Factors of the Social Responsibility of Newspaper Corporations in South Korea. Journal of business ethics, 82(3), 667-680.

⑤ Lee, C. G., Sung, J., Kim, J. K., et al. (2016). Corporate social responsibility of the media: Instrument development and validation. Information development, 32(3), 554-565.

的核心观点。将新闻自由视为一种权利的同时，也意味着应承担责任和义务。他认为该理论摆脱了自由权利天赋的影子，将新闻自由带回到对道德权利认识的起点上，重新加以审视。①严晓青指出媒介社会责任理论起源于西方，在我国的政治制度和意识形态下，呈现出特异性。②因此在讨论关于媒介与政府的关系时，周翼虎认为新闻媒介是协助中央政府推动改革的重要工具，我国的新闻媒介既是政府的喉舌又是人民的喉舌，具有二重性，所以研究我国的媒介社会责任就不能抛开这一具有中国特色的国情。③樊昌志、夏赞君则更进一步，从政府、公民、媒体三者之间的关系入手来进行研究。他们认为，当政府、公民、媒体之间形成一种互相宽容的关系的时候，传媒就可以忠实地履行其社会责任。④除了媒介应负有责任之外，朱清河认为媒介社会责任的实现绝不能仅靠媒体一家，必须通过大众媒介、公众和政府三方的共同努力。公众也有了解与监督大众媒介是否满足了社会需要的义务和责任，政府也有积极促进新闻自由的义务和责任。⑤具体到实际应用，吴小坤认为算法作为热搜的底层逻辑，很难做到绝对客观，因此需要政府、媒体和公众共同合作的社会责任调适以避免"搜索偏见"继续加深。⑥新闻传播领域研究将媒介问责概念引入媒介责任的分析框架中。张宏莹认为，问责被视为与责任相关的概念，责任是一个理论概念，而问责才是与实践相关的概念。⑦

　　其二，研究某个具体传播环境的社会责任问题，表现为某一传播环境特征与媒体社会责任之间的关系，通过将媒介社会责任置于不同环境，对不同问题或不同现象的研究来说明媒介社会责任的重要性。新媒体环境的到来导致了传播环境的结构性变革，使得学者重新思考新环境下媒介社会责任的重要意义。钱珺、文飞指出泛娱乐化时代，电视媒体的文化品质明显下滑，媒体社会责任缺失，理应从市场定位、受众定位和内容定位分别体现协调关系

①　陈力丹.自由主义理论和社会责任论 [J].当代传播,2003(03):4-5.
②　严晓青.媒介社会责任研究:现状、困境与展望 [J].当代传播,2010(02):38-41.
③　周翼虎.媒体的转型动力学:新时期新闻媒介的社会责任 [J].青年记者,2008(16):14-17.
④　樊昌志,夏赞君.重新审视和厘清媒介"社会责任"——解读《一个自由而负责的新闻界》[J].新闻记者,2006(12):79-81.
⑤　朱清河.媒介"社会责任"的解构与重构 [J].新闻大学,2013(01):16-22.
⑥　吴小坤.热搜的底层逻辑与社会责任调适 [J].人民论坛,2020(28):107-109.
⑦　张宏莹.浅析西方媒介问责机制 [J].新闻战线,2012(12):80-82.

责任、文化传承责任和教育大众责任。① 祝振强强调融媒体时代传统主流媒体在转型过程中，警惕商业化和娱乐化对社会责任感与社会担当的蚕食，强化媒介社会责任是大势所趋。② 陈明欣认为如今已经进入信息化时代，信息失控成为该时代最显著的特征，究其原因则是媒介社会责任的淡化，因此必须最大限度地强化媒介的社会责任，唤醒受众的主体意识。③ 除了研究媒介社会责任缺失造成的负面影响之外，还有学者指出媒介社会责任随着媒介环境的变迁而发生新变化。孙佳路指出面对媒介环境更为复杂的全媒体时代，媒介需要重新理解媒体社会责任，筑牢政治忠诚、凝聚社会共识、加强对外传播、推进技术革新将成为媒体探索未来始终需要坚守的主要责任。④

其三，研究某个特定媒介的社会责任状况，如通过对报纸、广播、电视、网络等媒体的社会责任研究，来发现问题、分析问题，并提出相关对策和措施。许多学者认为特定媒介承担的社会责任根据环境产生新变化。操瑞青认为新环境下，广播媒介的突破可以从传播活动的内外两方面来实现。就广播的内在传播活动来说，应当针对广播从业人员、媒介接收渠道、广播内容制作和受众对象细分四个层面逐个突破；就广播作为一种独立的外在社会组织来说，要加快建立应急广播系统并广泛参与社会公益活动⑤。针对电视媒介，不少学者指出在市场的作用下，我国电视媒体过度追逐经济效益而造成不可忽视的负面影响，而电视本身承担着重要的传播功能，因此必须重视媒介社会责任的履行。侯永斌认为电视媒介是群众的媒体，应当为群众办实事，广泛关注群众关心的问题⑥。李红艳、曹文露的研究佐证了这一观点，指出电视媒介应当以真实、客观、平等的选择视角，关注信息弱势群体，以大众媒介的力量改变他们的社会身份和群体形象，从而实现大众媒介社会责任的一种

① 钱珺，文飞．泛娱乐化时代媒介社会责任的重塑——以《职来职往》为例 [J]．现代传播（中国传媒大学学报），2012,34(08):80-83.
② 祝振强．融媒体时代主流媒体的社会责任担当 [J]．兰州大学学报（社会科学版），2019,47(04):17-21.
③ 陈明欣．信息化的负面效应与媒介社会责任的强化 [J]．编辑之友，2004(03):67-70.
④ 孙佳路．全媒体时代媒体践行社会责任的路径探析 [J]．传媒，2022(18):88-90.
⑤ 操瑞青．全媒体时代广播的社会责任承担 [J]．中国广播，2014(06):25-28.
⑥ 侯永斌．浅谈电视媒体的社会责任 [J]．新闻传播，2015,251(02):90.

建构[①]。除了传统媒介，技术的飞速发展带来新兴媒介的诞生，新兴媒介也必须承担归属于媒介的社会责任[②]。于建华、赵宇认为新兴媒体具有独有的社会责任特点，政治、法律和经济责任是网络直播的必尽责任，文化和道德责任是应尽责任，公益责任是愿尽责任。而网络直播履行社会责任的保障，则需要从平台自律、政府监管、主播与用户素质提升三个层面进行努力[③]。包圆圆对网络直播行业社会责任治理做出了补充，指出网络直播行业可以科学利用最新技术，兼顾技术力量和人文价值的双重视角，提升网络直播的社会治理能力[④]。

（三）灾害事件中媒介功能的相关研究

国内外学者关于灾害事件中媒体功能的相关研究，大多聚焦于不同媒体在自然或人为灾害事件中的具体实践，如火灾、雪灾、暴风雨、流行性疾病等。学者邓建国指出，危机中的信息需求可分为三类，分别是关于危机的一般信息需求、关于危机的个人信息需求和关于如何消除危机的信息需求。根据不同的信息需求，可以使用不同的危机传播媒介[⑤]。基于此，现有研究主要围绕传统媒体和社会化媒体两种媒介形式展开。

1.传统媒体在灾害事件中的媒体功能

由于灾害事件往往具有突发性和持续性的双重特征[⑥]，传统媒体在灾害事件的报道中往往承担着及时精准报道情况、聚焦舆论热点事件、及时回应社会关切的基本作用。国内学者对于灾害事件中媒体功能的相关研究，主要聚焦于不同层级主流媒体的成功探索和创新尝试。严三九、王虎等人认为媒体在灾害报道中应当承担起从危机处理中的状态评估、信息传递、利益相关者

---

① 李红艳，曹文露.浅析社会变迁中大众媒介的社会责任——以《中国农民工》中农民工电视形象塑造为例 [J].电视研究,2011,258(05):48-50.
② 陈鹏.岂因祸福避趋之——兼论电视媒介的社会责任 [J].传媒,2010,129(04):37-39.
③ 于建华，赵宇.网络直播的社会责任研究 [J].中州学刊,2020(12):167-172.
④ 包圆圆.新冠疫情下网络直播行业社会责任治理研究 [J].中国广播电视学刊,2020(07):92-95.
⑤ 邓建国.美国灾害和危机新闻报道中新媒体的应用 [J].国际新闻界,2008(04):86-90.
⑥ 朱辛未.灾害类事件新媒体直播报道探究——以央视新闻客户端抗洪报道为例 [J].青年记者,2021(09):34-35.

的调节，到危机恢复期的形象塑造的主导角色①。何建华、张民基于南亚和中国媒体在一系列重大突发性灾害事件报道中的实践经验，指出媒体应承担起开展舆论引导、传递情感关怀、介入救援行动、引导社会重建的责任②。

与此同时，随着媒体融合进程的逐渐深入，传统媒体的呈现形式日益多元、传播渠道及其功能得以拓展。陈晓洋结合中央广播电视总台在新冠疫情中的融媒体报道情况，进一步梳理出媒体在舆论引导、信息传递、对外传播等方面的作用③。此外，国外学者的相关研究则主要关注的是传统媒体在灾害事件中的信息传播作用。Utz等人认为在危机情况下，传统媒体仍是重要的信息来源。与社交媒体相比，人们普遍认为传统媒体的可信性更高④。

2.社会化媒体在灾害事件中的媒体功能

随着媒介技术的不断发展，社会化媒体成为灾害事件中的重要传播渠道。相关研究在国外开展的时间较早且成果较为丰富。这一领域的研究起步于2006年前后，起初的研究重点为个人博客，从2010年开始，研究重点转向脸书（Facebook）、推特（Twitter）、微博等平台⑤。Macias等人通过对博客在"卡特里娜"飓风期间的作用进行研究，发现其具有沟通、政治、信息、援助、情绪表达和维护社会意识的功能⑥。Alexander则将社交媒体在灾害等紧急事件中发挥的作用概括为七个方面，分别是感知公众舆论、情况监测、扩大应急响应与管理、众包与协作开发、创造社会凝聚力、助推慈善事业以及加强研

① 严三九，王虎.危机事件中的信息公开与媒体报道策略分析——以5·12汶川特大地震灾害报道为例 [J].新闻记者,2008(06):15-20.

② 何建华，张民.突发性灾害报道与媒体责任——中国与南亚国家广播电视论坛综述 [J].新闻记者,2009(08):57-60.

③ 陈晓洋.发挥主流媒体应对突发公共灾害事件的积极作用——以总台新冠肺炎疫情报道为例 [J].电视研究,2020(03):38-40.

④ Utz, Sonja; Schultz, Friederike; Glocka, Sandra(2013). Crisis communication online: How medium, crisis type and emotions affected public reactions in the Fukushima Daiichi nuclear disaster. Public Relations Review, 39(1), 40-46.

⑤ 宗乾进，沈洪洲.社会化媒体在自然灾害中的运用——基于研究主题和研究方法两个层面的分析 [J].信息资源管理学报,2016,6(02):29-40.

⑥ Wendy Macias; Karen Hilyard; Vicki Freimuth. (2009). Blog Functions as Risk and Crisis Communication During Hurricane Katrina, 15(1), 1-31.

究[①]。Panos 等人指出推特在向公众进行信息传播的过程中，能够切实起到提供官方实时信息、鼓励防护行为、提高认知和引导大众关注缓解行动的作用[②]。

国内该领域的研究相对较少且多为对社会化媒体某一具体功能的量化分析。如马莹雪、赵吉昌研究了微博平台在台风及暴雨灾害不同阶段的网络舆情特征及其演变模式[③]；李春雷、马思泳对台风"山竹"登陆广东期间青少年在社交媒体平台的泛娱乐化信息传播现象进行了研究，进而为媒体的风险认知和情绪表达功能提供有效参考[④]。

综上所述，国外关于灾害信息中媒体功能的相关研究较为丰富，研究对象主要集中于推特等社交媒体平台。国内研究相对较少且大多是从宏观视角展开，集中关注不同层级主流媒体的灾害事件报道。相关学者普遍认为，在灾害事件中，媒体功能主要体现在信息传播、风险感知、情感表达、社会动员等多个方面，为灾害应急预防、响应、恢复等提供有效帮助。

（四）灾害事件中的媒体失范行为研究

自古以来，灾害事件一直存在，它在人类社会发展的进程中时有发生。灾害就是如地震、火灾、水灾、旱灾、空难、疫病等一切对自然生态环境、人类社会物质和精神文明建设，尤其是对人们的生命财产等造成危害的天然事件和社会事件[⑤]。近年来，灾难与媒体之间的关系受到日益增长的学术关注，产生了广泛的研究领域[⑥]。媒体对于灾害事件的新闻报道也牵动着许多人的心。随着互联网技术的发展，信息传播的速度和广度都有了极大的提升，这为灾害事件发生后媒体报道、救援信息的发布、灾害防治工作的开展等活动带来

① Alexander, D.E. (2014). Social Media in Disaster Risk Reduction and Crisis Management. Sci Eng Ethics 20, 717–733.

② Panagiotopoulos, P., et al., Social media in emergency management: Twitter as a tool for communicating risks to the public, Technol. Forecast. Soc. Change (2016).

③ 马莹雪,赵吉昌.自然灾害期间微博平台的舆情特征及演变——以台风和暴雨数据为例 [J].数据分析与知识发现,2021,5(06):66–79.

④ 李春雷,马思泳.社交媒体对青年群体灾害信息泛娱乐化传播的影响研究——基于台风"山竹"的实地调研 [J].现代传播（中国传媒大学学报）,2021,43(05):138–144.

⑤ 王磊.我国灾害新闻报道中的媒体失范现象探析 [D].南京师范大学,2010.

⑥ Joye, S. (2014). Media and disasters: Demarcating an emerging and interdisciplinary area of research. Sociology Compass, 8(8), 993–1003.

了便利。人们希望通过媒体对灾害事件的报道，能够尽可能地了解有关灾害情况的真实信息，从而预防灾害或助力抗灾救灾。但媒体在履行其义务时亦会由于不同的原因出现媒体失范行为，例如2020年南方洪灾时，"鄱阳发布"的公众号文章《洪灾也不是一个彻头彻脑的坏东西》；鄂州洪水中的观音阁被媒体称为"水上阁楼"并配以"优美"的音乐做成风景视频；等等。现就灾害事件中媒体失范行为的相关研究作出回顾与综述。

1.媒体失范

"失范"这一概念最早由法国社会学家涂尔干提出，指社会行为规范处于非常模糊不清或基本失效的一种社会状态，牛光夏认为媒体失范即媒体背离自身应尽职责和义务的非规范行为[①]。唐庆文、陈璇从媒介伦理视角认为传播失范包含两层含义：一方面指媒介组织在传播行为中对传播文本中的人或者物以及普通受众在道德范畴内的利益侵害与否，另一方面指传播者在搜集资料的过程中涉及的道德问题[②]。

2.媒体失范的原因

对于媒体失范现象的原因，不同学者也做出了自己的研究与分析。通过对抗震救灾报道中的媒体失范行为进行研究，廖继红认为低俗之风在传媒界的抬头、个别媒体从业者道德素养低下及社会责任意识淡薄、自我意识膨胀、避难救灾知识与心理常识的缺乏等原因导致了媒体报道中出现道德失范行为[③]。从伦理生成与控制机制视角出发，王卉认为错误的商业伦理观与错误的新闻伦理观这样的观念偏差定会导致行为失范，但纵使观念正确，道德自律性差、商业压力与群体压力以及媒介组织结构与运作等因素也可能导致媒体行为的失范[④]。从角色扮演角度，周俊认为我国的新闻规范体系中强调新闻媒体喉舌的角色，但在实践中却有限地默许新闻媒体的市场竞争主体的角色期

---

① 牛光夏.媒体天职与媒体失范 [J].青年记者,2009(03):46-48.
② 唐庆文,陈璇.传播失范与媒介伦理的表现方式及其解决之道 [J].媒体时代,2011(12):38-41.
③ 廖继红.灾难报道媒体道德"失范"及对策——以5·12大地震抗震救灾报道为例 [J].中国广播,2008(09):32-33.
④ 王卉.中国新闻传媒伦理失范成因与对策 [J].西南民族大学学报(人文社科版),2009,30(11):128-132.

望，这使得媒体忽视了其作为社会公器的角色期望，导致格局模糊，影响了新闻媒体及其从业者的角色领悟状态，从而容易产生失范行为①。新媒体时代下，童天玄认为媒体失范有内外两部分原因，内部原因包括从业者职业道德缺失及行业内部机制不顺，外部原因包括法律法规的不完善及受众监督的缺位②。严三九、刘峰认为新媒体的传媒特征本身、法律法规缺失导致的平台监管不力、现实世界中伦理问题在新媒体平台的投射与影响、市场经济发展利益诉求的影响以及新媒体技术发展不平衡、不完善是新媒体平台中的媒体伦理失范现象出现的原因③。新媒体环境下，鱼震海认为网络媒体的自我约束力不强、利益驱动导致网络媒体公信力下降、多元化与草根的传播主体弱化了信息把关是网络媒体失范行为出现的原因④。网络媒体的失范行为从马克思主义传播观视角出发，曾内圣、蔡薇、吴晗认为错误的商业价值观、错误的新闻职业素养、实际情况的影响、媒体生产能力水平受限及用户心理倒逼等原因导致了媒体行为失范⑤。通过对危机传播中失语、煽情和媒介暴力等失范行为的研究，周少四认为媒介管理体制、媒介经营模式及媒介从业人员是导致媒体失范的根源⑥。

3. 灾害事件中媒体失范的行为表现

失声、失言、失实、失范、失伦，这是刘飞锋通过自己十余年的记者生涯的经历，提出的媒体在灾害新闻的采写报道方面还存在的一些缺失。失声即该说的话不说，失言即说了不该说的话，失实即为了新闻而新闻导致新闻失实，失范即媒体做了不该做的事儿，失伦则指媒体违背常理常情甚至可能

① 周俊. 试析新闻失范行为中的角色期望与角色领悟 [J]. 国际新闻界, 2008(12):51-55.

② 童天玄. 新媒体时代下媒体失范现象研究 [J]. 新闻前哨, 2017(07):20-23.

③ 严三九, 刘峰. 试论新媒体时代的传媒伦理失范现象、原因和对策 [J]. 新闻记者, 2014(03):25-29.

④ 鱼震海. 基于新媒体环境下网络媒体失范行为的分析研究 [J]. 现代情报, 2013,33(08):172-174+177.

⑤ 曾内圣, 蔡薇, 吴晗. 基于马克思主义传播观的媒介伦理失范现象及对策研究 [J]. 中国新通信, 2021,23(08):134-136.

⑥ 周少四. 危机传播中的媒介伦理 [J]. 湖南社会科学, 2016(05):181-184.

造成二次伤害① 。其总结的"五失"现象在其他学者近些年来针对媒体灾害报道具体案例的研究中亦有所体现。

通过批判性话语分析，以英国媒体为例，Solman Paul、Lesley Henderson 发现西方媒体对发展中国家和发达国家洪水报道的侧重点存在差异，其将英国的洪水描述为例外，而认为印度的洪水是正常的，这揭示了西方主导的全球媒体如何继续强调发达国家和发展中国家之间的差异而非相似性② 。

灾害事件中以令人感动为特点的暖新闻可能并不暖。黄月琴发现在灾难事件中，感动模式成为灾难报道的主流范式。一方面，媒体较多采用抒情感慨的方式取代或"弥补"其在剖析梳理、事实呈现方面的缺陷，以"心灵鸡汤"掩盖其新闻生产能力不足的窘境；另一方面，通过征用国家修辞，进行灾难美学对应和情感动员，并试图进行网络空间规驯③ 。类似地，王敏亦对新冠疫情相关报道中有关"暖新闻"的伦理失范进行研究，揭示了"暖新闻"背后寒意的一面，如这些报道缺乏对普通人的人道关怀、过度消费了女性英雄形象、忽略了公众潜在的负面情绪④ 。

以具体事例为背景，在天津"8·12"爆炸事故发生后，周亚琼、邝凯丽在对2015年媒体失范报道进行梳理时，发现在天津爆炸事件中部分本地媒体由于其专业性不足存在失声现象⑤ 。周少四亦认为爆炸事故发生后，很多外地媒体连夜赶往现场抢发报道，而天津本地媒体则行动迟缓。他认为媒介失语，剥夺了公众知情权，降低了媒介公信力，弱化乃至摒弃了媒介监视环境与协调社会的功能，直接损害了公众的利益，加剧了危机的破坏程度和负面影响⑥ 。

① 刘飞锋.是什么在遮蔽常识——媒体灾害报道"五失"现象析 [J].青年记者,2012(27):9-11.

② Solman, P., & Henderson, L. (2019). Flood disasters in the United Kingdom and India: A critical discourse analysis of media reporting. Journalism, 20(12), 1648-1664.

③ 黄月琴."心灵鸡汤"与灾难叙事的情感规驯——传媒的社交网络实践批判 [J].武汉大学学报 (人文科学版),2016,69(05):114-118.

④ 王敏.重大灾难事件中"暖新闻"伦理失范研究——以"新冠"肺炎相关报道为例 [J].今传媒,2020,28(05):16-18.

⑤ 周亚琼,邝凯丽.2015 年媒体失范报道盘点及反思 [J].青年记者,2016(03):32-33.

⑥ 周少四.危机传播中的媒介伦理 [J].湖南社会科学,2016(05):181-184.

　　媒体在"5·12"汶川地震中的表现也呈现出一些失范行为。唐远清从新闻伦理角度进行反思，他发现不少媒体的"真情报道"诱导幸存者、遇难者家属回忆痛苦；一些媒体在现场采访报道中"添乱"，集中采访某位幸存者、遇难者家属、救援人员，以及采访报道形式不够人性化[①]。皮传荣反思并指出了这次地震报道的问题，首先新闻娱乐化阴影犹存，如渲染"猪坚强"以娱乐受众；其次媒体报道的议程设置受长期养成的习惯思维左右；最后媒体人文关怀有待进一步提升[②]。廖继红（2008）总结了媒体对此次地震的四个道德失范现象，一是部分记者过度采访对灾区群众造成二次伤害；二是部分记者对自己的表情、动作、服饰等非语言符号不加注意，带来负面影响；三是个别媒体无视新闻道德底线，用低俗化的手法"娱乐"灾难报道，引起公众不满；四是个别媒体片面追求感官效应，忽视媒体社会责任[③]。

　　另外，通过对《人民日报》《河南日报》关于河南特大暴雨的报道进行内容分析，李建伟、付盛凯发现我国媒体面对突发性自然灾害的报道存在共性问题，即在灾难信息的报道中缺少对灾难所造成的人员死伤和财产损失详细、直接的表述，而将重点放在抗灾工作的进展与救援成果上，着重强调政府与社会团结一致抢险救灾的积极行为，正面肯定和宣传政府对灾难的高度重视和迅速救援[④]。郭怡雷梳理了纸媒时代我国灾害报道的三个问题，即信息公开不到位，时有瞒报现象发生、官方信息滞后，议程设置能力弱、灾害舆情监管力度不够[⑤]。

　　4.避免灾害事件中媒体失范的路径

　　灾害新闻做得不好可能会造成伤害，但做得好，它可以成为公共灾害规

① 唐远清.汶川地震报道中的新闻伦理反思[J].当代传播,2008(04):47-48.
② 皮传荣.汶川地震媒体报道之反思[J].西南民族大学学报(人文社科版),2008(08):149-152.
③ 廖继红.灾难报道媒体道德"失范"及对策——以5·12大地震抗震救灾报道为例[J].中国广播,2008(09):32-33.
④ 李建伟,付盛凯.框架理论视角下中央与地方媒体自然灾害报道对比分析——以《人民日报》《河南日报》对河南特大暴雨报道为例[J].新闻爱好者,2022(08):25-27.
⑤ 郭怡雷.智媒时代我国灾害报道的问题及应对[J].青年记者,2018(05):27-28.

划、管理、响应和恢复的重要工具①。在认识到媒体失范发生的原因及灾害事件中媒体失范的表现后，不少学者针对这一问题提出自己的引导、解决策略。

一些学者通过研究他国在灾害报道中的表现，提出我国避免媒体失范的策略。例如蒋晓丽、王亿本通过对《纽约时报》关于其他国家灾难报道的内容的话语分析，认为其在协调新闻传播的高度、深度以及情感温度的关系以增强相关报道的影响力、公信力和亲和力方面的经验值得中国媒体思考借鉴②。陈力丹通过关注日本媒体的灾难报道对我国的媒体作出反省，避免正面煽情是我国媒体首先要做到的；其次，新闻的本源是事实，因此也不能因为感人就把传闻当作新闻；同时对于赈灾，其认为不应当做报道，因为这带有宣传性质，是一种变相广告③。刘文蓉从新闻伦理角度出发，通过借鉴日本NHK的灾难性新闻报道，提出媒体首先应当节制情感，客观公正地报道；其次应当尊重被访者，做到以人为本；最后要追求信息发布的平衡，在传达信息的基础上稳定社会情绪④。

还有学者通过对我国的媒体灾害报道事例进行研究，总结我国媒体在灾害报道中的优缺点进而指出避免媒体失范的策略。例如，胡舜文、吴晓晖以台州广播电视台为例，认为城市广播电视作为地方性主流媒体，在灾害中应当展现自己的责任与担当，可以通过全媒体直播等传播方式，提供全方位的媒体资讯服务，引导舆论，安抚民众，实现媒体的功用与作为⑤。韦嘉通过对"北京7·21特大自然灾害"的新闻报道进行思考，认为媒体在灾害事件中应当承担主动引导舆论、传递情感关怀、介入救援行动、引导社会重建这四项责任。随后其提出四点建议：首先，在灾害潜伏期应当加强预防性报道；其次，在灾害突发期联合新媒体，实现信息的立体传播，最大限度地实现信息覆盖；

①　Houston, J. B., Schraedley, M. K., Worley, M. E., Reed, K., & Saidi, J. (2019). Disaster journalism: fostering citizen and community disaster mitigation, preparedness, response, recovery, and resilience across the disaster cycle. Disasters, 43(3), 591–611.

②　蒋晓丽，王亿本.《纽约时报》对他国灾难报道的话语分析——基于最近四次地震报道的思考 [J]. 国际新闻界,2011,33(09):65–70.

③　陈力丹.日本媒体的灾难报道让我们反省 [J]. 青年记者,2011(10):41–42.

④　刘文蓉.灾难报道新闻伦理问题初探 [J]. 青年记者,2011(24):55–57.

⑤　胡舜文,吴晓晖.城市台在重大自然灾害事件中的担当作为——以台州广播电视台台风"利奇马"报道为例 [J]. 中国广播电视学刊,2019(12):18–19+25.

再次，借助地图索引功能，第一时间锁定事发地、记者连线地图；最后，应当建立记者采访反馈机制①。廖继红通过研究"5·12"大地震中媒体报道，指出了避免媒体失范的四条出路：首先，加强社会责任意识和道德自律是避免媒体道德失范的根本出路；其次，媒体应把人文关怀贯穿于灾难报道的始终，学会通过"节制性采访"表达对受灾群众的关爱；再次，媒体应学会开拓思维，在灾难报道的高度与深度上做文章；最后，媒体可以用体验式采访增强灾难报道的感人力量②。

站在自媒体和智媒时代的背景下，受"继善成性""天人合一"等哲学思想的启示，蔡梦虹认为建构自媒体和智媒化时代的媒介伦理、减少媒体失范需要从人性、技术以及法制三个层面同时着手，以破解当前"技术裹挟人"的困局③。李华认为自媒体参与式新闻使失范现象增多了，为此需要加强自媒体参与式新闻传播道德规范建设，倡导参与式新闻传播主体自律，提高传播者的素质和加强媒介素养教育以规范自媒体参与式新闻传播失范行为④。郭怡雷提出了智媒时代我国媒体的灾害报道可以遵循的四点策略：首先可以利用虚拟现实、人工智能等智能化手段增强灾害报道的真实性；其次要引入自动化新闻，增强灾害报道的时效性；再次要加强深度报道，坚持以人为本；最后需要建立健全我国的自然灾害应急报道制度⑤。

另外，亦有学者从新闻伦理视角出发，例如赵璞认为媒体在面对灾害事件时，报道采写和编辑首先应当遵循"社会人"与"职业人"的角色统一，其次在自由报道基础上遵循不伤害、不侵权原则⑥。

上述策略多从媒体自身出发，但孙培杰认为治理媒体失范首先是要建章立制，通过完善媒体新闻制度，施加外力以遏制媒体失范；其次要加大媒体

---

① 韦嘉. 对于自然灾害，媒体应该做些什么？——关于"北京7·21特大自然灾害"新闻报道的思考 [J]. 新闻与写作, 2012(12):50-52.

② 廖继红. 灾难报道媒体道德"失范"及对策——以5·12大地震抗震救灾报道为例 [J]. 中国广播, 2008(09):32-33.

③ 蔡梦虹. 技术化时代信息传播失范与媒介伦理建构 [J]. 青年记者, 2019(32):22-24.

④ 李华. 失范参与式新闻的传播路径及启示 [J]. 青年记者, 2020(14):28-29.

⑤ 郭怡雷. 智媒时代我国灾害报道的问题及应对 [J]. 青年记者, 2018(05):27-28.

⑥ 赵璞. 新闻伦理视角下的突发灾难报道——对内地和香港新闻人地震报道反思的再思考 [J]. 青年记者, 2009(17):11-14.

失范的成本，由此消除从业人员的侥幸心理；最后要加强对从业人员的道德规范教育和社会责任感培养①。毕竟作为媒体从业人员的新闻工作者在灾害发生之前和期间的信息提供上发挥着关键作用，他们报道灾害的方法会对受灾者产生深远影响②。

（五）灾害事件中的媒介社会责任建构

1.灾害事件中的媒介规制

传播学者和应急管理人员已经认识到大众媒体在灾难发生之前、期间和之后作为传播风险信息和应急信息的关键渠道的能力③。在重大灾害事件中，媒介作为社会建构的力量对社会秩序恢复、社会情感整合、社会意义重构发挥着重要的作用④。大众媒介则在构建公民问责议题、共建公共环保领域、提升公民环保素养等方面发挥了积极作用⑤。

在众多媒介中，电视媒介被称为"第一媒介"。其凭借画面、声音、文字相结合的多媒体传播手段成为人们了解新闻、增长知识、分享娱乐的信息载体。灾害事件发生后，电视媒介及时传递灾害信息，积极引导社会舆论，在灾害救助中发挥了重要作用⑥。与此同时，通过对成都电台在地震灾害发生后所发挥的特殊作用的研究可知，我们还应该重新审视与定位广播等传统媒体在公共危机应对体系中的重要地位，统合各种信息传媒的技术优势，构筑一个坚强的且反应迅速的危机应对公共传播系统⑦。

此外，社交媒体在灾害管理中也成为必不可少的角色，因为它通过报道

① 孙培杰.媒体失范的表现及对策 [J].青年记者,2012(29):4-5.

② Ewart, J., & McLean, H. (2019). Best practice approaches for reporting disasters. Journalism, 20(12), 1573-1592.

③ Lowrey, W., Evans, W., Gower, K. K., Robinson, J. A., Ginter, P. M., McCormick, L. C., & Abdolrasulnia, M. (2007). Effective media communication of disasters: pressing problems and recommendations.BMC Public Health,7(1), 1-8.

④ 王松.重大灾害事件中的媒介动员 [J].青年记者,2020(26):19-20.

⑤ 张梅珍,曹欣怡.大众媒介参与生态环境治理的实现机制——以自然灾害报道为例 [J].青年记者,2018(05):25-26.

⑥ 徐占品,刘聪伟.电视媒介灾害信息传播考察 [J].重庆社会科学,2014(10):89-96.

⑦ 刘平.社会抚慰、社会组织与社会动员：广播电台在地震灾害中发挥的特殊功能与启示——以成都人民广播电台为例 [J].新闻界,2008(04):124-126.

与灾害事件相关的事件来使公众对灾害进行监测[①]。社交媒体为个人和政府机构提供了广播和接收关键信息的方式[②③]，同时还为用户提供了一个寻求社会和情感支持的地方，提供了帮助和帮助的信号提示[④⑤⑥]。例如，2008年，田纳西河谷的居民从推特了解到，540万立方吨的煤灰泄漏到田纳西河及其支流，当地新闻网络未对此进行报道[⑦⑧]。随着媒介技术的发展，要想做好灾害信息的传播工作，还需要通过媒介整合构建灾害信息传播的新平台，完成信息的发布和反馈，实现政府与公众的良性互动，进而提高信息传播的效度[⑨]。灾害信息传播中的媒介融合有利于避免灾害信息传播资源的浪费，有利于满足受众对灾害信息的特殊需求，有利于最大限度地整合各种灾害救助力量[⑩]。

① Phengsuwan, J., Shah, T., Thekkummal, N. B., Wen, Z., Sun, R., Pullarkatt, D., ... & Ranjan, R. (2021). Use of social media data in disaster management: a survey.Future Internet,13(2), 46.

② Lai, C. H., Chib, A., & Ling, R. (2018). Digital disparities and vulnerability: mobile phone use, information behaviour, and disaster preparedness in Southeast Asia.Disasters,42(4), 734–760.

③ Lachlan, K. A., Spence, P. R., Lin, X., Najarian, K., & Del Greco, M. (2016). Social media and crisis management: CERC, search strategies, and Twitter content.Computers in Human Behavior,54, 647–652.

④ Pang, N., & Ng, J. (2016). Twittering the Little India Riot: Audience responses, information behavior and the use of emotive cues.Computers in Human Behavior,54, 607–619.

⑤ Comfort, L., Wisner, B., Cutter, S., Pulwarty, R., Hewitt, K., Oliver-Smith, A., ... & Krimgold, F. (1999). Reframing disaster policy: the global evolution of vulnerable communities.Global Environmental Change Part B: Environmental Hazards,1(1), 39–44.

⑥ Bai, H., & Yu, G. (2016). A Weibo-based approach to disaster informatics: incidents monitor in post-disaster situation via Weibo text negative sentiment analysis.Natural Hazards,83(2), 1177–1196.

⑦ Sutton, J. N. (2010, May). Twittering Tennessee: Distributed networks and collaboration following a technological disaster. In ISCRAM.

⑧ Sutton, J., Spiro, E., Butts, C., Fitzhugh, S., Johnson, B., & Greczek, M. (2013). Tweeting the spill: Online informal communications, social networks, and conversational microstructures during the Deepwater Horizon oilspill.International Journal of Information Systems for Crisis Response and Management (IJISCRAM),5(1), 58–76.

⑨ 刘晓岚,刘颖,徐占品.媒介整合:构建灾害信息传播新平台[J].新闻爱好者,2010(09):41–42.

⑩ 徐占品,刘聪伟,朱宏.灾害信息传播中的媒介融合[J].新闻爱好者,2015(06):34–39.

2.灾害事件中的伦理

灾害伦理学就是对灾害前预防性治理、灾害中救助性治理、灾害后重建性治理进行系统的伦理检讨，包括伦理引导、伦理规训和伦理安排①。通过对灾害涉及的伦理问题进行研究能够对灾害管理制度的发展和完善起到促进作用②，同时有利于建立防灾、抗灾、救灾的道德制约机制，引导人们树立防灾、抗灾、救灾的道德观念，为政府和救灾指挥部门制定决策时提供有益的理论参考③。

灾害时期，正常的道德关系被破坏，原有的道德规范失调，灾害救助的道德冲突愈加突出，对灾害救助提出了更大的道德选择难题④。由于灾害的潜在性、突发性和急剧性等特点⑤，使得人类的心理产生巨变，从而形成了灾害心理，引发人们在灾害发生期间一系列的道德或不道德行为⑥。特别是当灾害的巨大破坏力与人类自身的脆弱性形成鲜明反差时，人性中的弱点就更容易暴露出来⑦。

3.灾害事件中的媒介社会责任

随着全球化的不断推进，生产力的快速增长使现代社会的发展进入一个不可预知的风险叠加时代⑧。进入21世纪以来，重大灾害的发生频率显著增强，传播范围更广，影响力不断提升⑨。在发生重大自然灾害时，媒体的重要社会责任之一，就是即时、迅速、真实地报道灾害实情，传播救援等相关信息⑩。此外，媒体在灾害来临之前还可以进行灾害预警和疏散、对于公众灾害自救

① 刘雪松,王晓琼.汶川地震的启示——灾害伦理学 [M]. 北京:科学出版社,2009.
② 刘雪松,王晓琼.灾害伦理文化对灾害管理制度的评价研究 [J].自然灾害学报,2009,18(06):9-13.
③ 张怀承.灾害伦理学论纲 [J].伦理学研究,2013(06):55-59.
④ 田野.论灾害救助的道德 [J].吉首大学学报(社会科学版),2021,42(05):69-75.
⑤ 杨达源,闾国年.自然灾害学 [M].北京:测绘出版社,1993:15.
⑥ 王子平.灾害社会学 [M].长沙:湖南人民出版社,1998.
⑦ 钱俊君,艾有福.保天心以立人极——灾害的伦理救助 [M].海口:海南出版社,2006.
⑧ [德]乌尔里希·贝克著.风险社会 [M].何博闻,译.南京:译林出版社,2004:15.
⑨ 李玉恒,武文豪,刘彦随.近百年全球重大灾害演化及对人类社会弹性能力建设的启示 [J].中国科学院院刊,2020,35(03):345-352.
⑩ 程晔,张殿元.波特图式视域下的媒体社会责任再考——中日灾害报道比较研究 [J].当代传播,2013(06):49-51+64.

意识的教育和培养等工作①。媒体在整个灾难管理生命周期中，始终充当有价值信息的传递者②。

当下，大众传播行为"失范""失规"现象的屡禁不止，使媒介社会责任问题日益凸显出来③。在中国，随着社会经济的发展，媒介产业化的加速，媒介影响力日益增强，对于媒介社会责任的研究与治理极为迫切④。治理媒介社会责任必须正视媒介在促进阶层合理流动、缓解阶层对立中的作用，这样才能保证媒介运行与社会运行之间的良性互动⑤。此外，促进社会和谐发展，建设和谐社会，保障人民的知情权、参与权、表达权、监督权，也需要媒介承担社会责任⑥。因此，担当媒介责任可以从真实、准确地传递信息以及把媒介道义与受众的利益结合起来着手⑦。媒介只有恪守操守，坚持"社会责任至上"的传播理念，把握正确的舆论导向，才能构建起对社会、对受众负责任的话语空间，才能构建导向正确、积极健康的舆论氛围⑧。

---

①　Rattien, S. (1990). The role of the media in hazard mitigation and disaster management. Disasters,14(1), 36-45.

②　Perez-Lugo, M. (2004). Media uses in disaster situations: A new focus on the impact phase. Sociological inquiry,74(2), 210-225.

③　朱清河.媒介"社会责任"的解构与重构 [J].新闻大学,2013(01):16-22.

④　严晓青.媒介社会责任研究：现状、困境与展望 [J].当代传播,2010(02):38-41.

⑤　许永.阶层分化与媒介责任 [J].南开学报,2006(02):63-68.

⑥　童兵.保障"四权"和新闻媒体的社会责任——十七大报告学习笔记 [J].新闻记者,2008(02):4-6.

⑦　郑亚楠.社会品质与媒介责任——增强舆论影响力之我见 [J].现代传播,2002(05):38-39.

⑧　马文波，刘贺.从媒介伦理的视角谈大众传播媒介的社会影响与社会责任 [J].电影文学,2012(20):11-12.

第一章　新媒体环境下
灾害信息传播的新格局

第一节　新媒体环境下信息传播的变化

一、技术：信息传播主体及渠道的多元化

媒体是信息传播的载体，从传统媒体到新媒体，从大众传播到群体传播，伴随着媒介技术的创新性、结构性变革，媒介形态和媒介格局也在不断更新和演进。人类社会的媒介发展史大致经历了口语时代、文字时代、印刷时代、电子时代、数字时代几个阶段，如今随着5G技术、人工智能、大数据、区块链等新兴科技的不断发展，人类社会正在迈入智能传播时代[①]。新媒体技术经过多年的发展，不仅加快了信息传播的速度，扩展了信息传播的渠道，而且改变了最初传统媒体构建的单向度的传播格局，实现了传播格局的多元化与平民化。

最初，随着互联网的产生与应用，基于Web1.0网络技术的信息传播格局逐渐形成[②]，在这一阶段，电子邮件、新闻组，门户网站等媒介技术日趋成熟，逐渐成为信息传播的主要工具，提高了信息传播的便捷性和即时性。同时网

[①] 龙小农，陈林茜.媒体融合的本质与驱动范式的选择 [J].现代出版,2021,134(04):39-47.

[②] 罗贤春，庞进京，袁冰洁.媒介环境变迁中的政务信息传播模式演进 [J].图书馆学研究,2017(02):95-101.

络媒介利用数字化传播渠道，构建了双向的传播空间，实现了用户的平等对话，改变了大众媒体时代自上而下的单向传播模式。21世纪初期，基于Web2.0技术的兴起，自传播机制逐渐形成，这一阶段以博客为代表的网络技术促成了以民众为基础的自下而上的自传播范式[①]。随着移动互联网的不断发展以及移动应用的快速普及，以微博、微信为代表的社交媒体逐渐成为公众获取信息的来源和社交工具，大众传播时期的传播主体身份局限被进一步打破，用户生产内容（UGC）大量产出，信息生产和传播的门槛不断降低，信息传播渠道愈加多样化。目前的主流观点认为，如今互联网的发展正处于Web 2.0阶段，人们通过互联网传递实时信息，进行即时沟通，人和人之间的关系通过互联网得以构建和联结。换句话说，Web2.0塑造出一个关系时代，互联网不再仅仅是单纯的信息传输渠道，而是逐渐演变成虚拟化的人际网络[②]。

新媒介技术的发展加快了传播权力的分散，促进了信息传播格局的多元化发展。在传统媒体主导信息传播的时代，大众媒介是珍贵稀缺的社会资源，媒介技术赋权产生的作用有限，公众的媒介接近权和媒介使用权难以实现[③]。一方面，传统媒体主导着传播格局，通过议程设置塑造"拟态环境"，可以影响受众对于特定议题的认知。由于缺乏足够的信息传播渠道，普通公众的信源选择有限，受众只能单方面接受来自大众媒体的信息灌输。另一方面，由于大众媒体掌握议程设置权，受众缺乏传播话语权，属于沉默的大多数。面对大众媒体的信息传播，公众只能沉默、被动地接受，传统媒体和公众之间缺乏信息反馈的渠道，整个社会的信息传播格局比较单一。而随着互联网等新兴的媒介技术不断发展，媒介赋权普通公众参与信息传播的作用得到强化，媒介传播渠道逐渐丰富，面对海量的信息，受众可以自主选择信息来源，拥有了更多的信源选择。甚至在计算机算法的加持下，互联网的应用程序开始将受众的需求置于信息分发的逻辑首位，用户需求和信息的匹配度不断提高，

①　方兴东,严峰,钟祥铭.大众传播的终结与数字传播的崛起——从大教堂到大集市的传播范式转变历程考察[J].现代传播(中国传媒大学学报),2020,42(07):132-146.

②　方凌智,沈煌南.技术和文明的变迁——元宇宙的概念研究[J].产业经济评论,2022,48(01):5-19.

③　蒋俏蕾,刘入豪,邱乾.技术赋权下老年人媒介生活的新特征——以老年人智能手机使用为例[J].新闻与写作,2021,441(03):5-13.

个体可以基于自身兴趣爱好和社会关系建构个性化的信息环境。

回溯整个社会的信息传播格局的变化，可以总结出伴随着传播话语权的不断下放，更多不同身份的个体加入信息的传播和扩散过程，过去传统大众媒体垄断信息传播的局面被打破，传播权力不断被分散，去中心化的发展趋势越发明显，传播格局更加平民化、多元化。与此同时，伴随着个体传播意识的不断觉醒以及信息传播渠道的不断扩展，公众在信息选择方面拥有更多的自主权，传统信息传播格局中的信息传播者和接受者的角色界限进一步模糊，传受一体化的趋势越来越明显①。传播格局的改变离不开媒介技术的创新发展，回溯媒介的发展历程，可以发现媒介技术的更新不是孤立的、排他的，而是在不断的发展过程中进行着创新性融合。在技术融合的影响之下，信息传播模式也呈现出融合式发展，虽然新媒体改变了传统媒体构建的单一的传播模式，促进了多元化传播格局的产生与发展，但是新媒体没有简单取代传统媒体以及传统媒体确立的信息传播模式，而是在媒介融合的发展理念下，与传统媒体实现了多元共存②③。特别是在智媒语境下，随着人工智能技术不断应用于传媒领域，"人工智能+媒体"不断推动着媒介融合向纵深处发展，共同推动信息传播朝着智能化的方向发展。

二、认知：后真相时代的特征显现

新媒体技术的发展赋权公众积极参与信息传播，话语权的不断下放改变了传统自上而下的单向度传播模式。在去中心化的多元传播格局下，人人都是行走的麦克风，可以参与公共事件的传播与讨论，传播内容越发多元化。在此过程中，虽然传播的民主化得到了有效提升，但主流媒体的议程设置能力转移，传统把关人角色不断弱化，导致信息把关标准逐渐降低。加之网络空间缺少共守的价值理念和共循的伦理规范④，不实信息和有害信息也拥有了

---

① 罗贤春，庞进京，袁冰洁.媒介环境变迁中的政务信息传播模式演进[J].图书馆学研究,2017(02):95-101.

② 方兴东，严峰，钟祥铭.大众传播的终结与数字传播的崛起——从大教堂到大集市的传播范式转变历程考察[J].现代传播（中国传媒大学学报）,2020,42(07):132-146.

③ 向玉琼.从媒体演进看政策过程中的信息生产[J].学海,2019(01):163-170.

④ 项赠.后真相时代网络空间的伦理失范与秩序重建[J].社会科学,2022(02):70-76.

一定的传播渠道空间，特别是在以信息过载与信息碎片化为特点的后真相时代，情感先于事实的公众舆论特征常常放大舆情的负面效应①。理性、正确、优质的内容则可能被边缘化，主流价值的话语权反而被削弱，造成受众认知的偏差，产生不良的社会效应。

"后真相"（Post-truth）一词最早由美国学者史蒂夫·特西奇（Steve Tesich）提出，后真相描述了扭曲现象，操纵公众舆论走向的行为。2004年，美国学者拉尔夫·凯斯（Ralph Keyes）首次在《后真相时代：现代生活的虚假和欺骗》一书中完整地提出"后真相"概念，用于描述一种介于真实和谎言之间的"第三类陈词"②。2016年，在英国脱欧和美国大选期间，部分政客借助社交媒体左右事实真相，而民众对于政见的态度并不以事实为根据，而是以个人立场和情感做出判断，这使得"后真相"一词受到了广泛关注③。此后，"后真相"一词被牛津词典选为2016年度词语，用来表示"客观事实在形塑舆论方面影响较小，诉诸情感和煽动个人信仰更容易对民意产生较大影响"的一种典型社会状态④，从而正式宣告了"后真相"时代的来临⑤。由于后真相的概念传播与政治选举存在密切联系，因此后真相也被视为一种政治手段和权力结构，这一词语也常常和"后真相政治"相关联。"后真相"语境的形塑一方面是受到了英美政治文化的影响，另一方面也是传播形态发生变化的结果之一⑥。在多元传播格局下，传播主体的身份多样，在观察到的事实、思考的方式、持有的价值观等方面存在显著差异，因此不同的传播主体在真相判断和传播上存在"仁者见仁，智者见智"的分歧，而公众面对海量庞杂的信息，信息选择的全面性、客观性往往难以保证。

① 侯艳辉，孟帆，王家坤，管敏，张昊.后真相时代考虑信息熵的网民观点演化与舆情研判引导研究 [J].情报杂志,2022,41(07):116-123+150.
② 郭明飞，许科龙波."后真相时代"的价值共识困境与消解路径 [J].思想政治教育研究,2021,37(01):54-61.
③ 蒋璀玢，魏晓文."后真相"引发的价值共识困境与应对[J].思想教育研究,2018(12):56-60.
④ 陈力丹，王敏.2017年中国新闻传播学研究的十个新鲜话题[J].当代传播,2018,198(01):9-14.
⑤ 蒋璀玢，魏晓文."后真相"引发的价值共识困境与应对[J].思想教育研究,2018(12):56-60.
⑥ 陈力丹，王敏.2017年中国新闻传播学研究的十个新鲜话题[J].当代传播,2018,198(01):9-14.

后真相既不是客观存在的真相，也不是完全脱离现实的假象，而是在真相的基础上受到个人情感和个人信仰的诉求影响的"第三种现实"①。在后真相时代，事实变得可有可无，人们更愿意凭借感觉与情绪判断事实真相。当前，"后真相"效应的形成受到多方因素的影响，首先，信息互联网的应用赋权了多元主体参与信息传播，信息来源日益丰富，超越了时空限制，话语权不断下放，多元主体都可以出现在追求和判断"真相"的舆论场之中。这增强了信息过载的趋势，也加剧了信息碎片化的状况。海量的信息使得对于真相的判断复杂化，传统上对于事实的单一化、垄断化判断，正在被主体多元化的认知和表达所取代，而事实本身渐渐失去了主导社会共识的力量②。其次，社交媒体日益成为公众获取信息，讨论社会事务的重要途径之一，社会舆论的主体实现了从主流媒体、政治机构到普通民众的转变，传播结构也从"纵向化"转为"扁平化"形式。但是，"人人都有麦克风"的时代也是"众声喧哗"的时代，人们可以随意地对信息进行拼接，演绎和扭曲真相③，在人人都可参与传播的情况下，部分网络媒体基于眼球经济和商业利益的考量，以基于事实又偏离事实的传播技巧，故意营造出一种介于真实与虚假之间的第三种现实，以迎合受众的情绪感知，进而实现点击率和浏览量的提高。再者，在智能传播时代，在计算机算法的助推下，媒体平台可以描摹用户画像，根据用户的兴趣与喜好来匹配和分发信息，创造出一种近乎虚构的量身定制的现实。而这种"过滤气泡"（filter bubble）或者"回声室"（echo chamber）现象，容易导致人们偏听偏信，只接收符合自己既有认知观念和政治立场的信息，只相信自己原本相信的内容。不同价值观的群体之间难以达成共识，导致矛盾更难弥合，群体对立更加激化④。同时，从受众的角度来看，部分民众在网络传播时代存在道德相对主义的错觉。他们不关心客观事实和新闻报道，更喜欢浏览带有强烈主观色彩的新闻信息，即便信息内容与真相不符，在道德相

①　江作苏，黄欣欣.第三种现实："后真相时代"的媒介伦理悖论 [J].当代传播，2017(04):52-53+96.

②　李德顺，孙美堂，陈阳，李世伟，韩功华，阴昭晖."后真相"问题笔谈 [J].中国政法大学学报，2020,78(04):106-130.

③　蒋璀玢，魏晓文."后真相"引发的价值共识困境与应对 [J].思想教育研究，2018(12):56-60.

④　张涛.后真相时代深度伪造的法律风险及其规制 [J].电子政务，2020,208(04):91-101.

对主义思潮的影响下，他们仍然倾向于坚持错误的既定观点，进行道德评判，这进一步加剧了后真相的蔓延[①]。

聚焦于当下的信息传播现实，中国的网络舆论场已经出现了"后真相"的特征，表现为"成见在前、事实在后，情绪在前、客观在后，话语在前、真相在后，态度在前、认知在后"[②]。在中国的社会语境中，"后真相"一词的语义产生了变化，泛化为一系列有意或无意遮蔽事实与真相的社会现象，如虚假新闻、信息泛滥等。其中存在两个方面，一是指媒体基于自身利益需求，有选择性地发布信息以迎合受众的情绪；二是指普通公众基于个人情感及价值立场，有选择性地接受事实。伴随着社交网络的发展，大众获得了对真相的解释权，通过主观裁剪或者故意漠视，人们可以随意歪曲和编造事实，"后真相"处于伦理道德的灰色地带，对主流价值观念造成直接的冲击和挑战[③]。智能传播的发展促使"后真相"一词在我国引起广泛关注，后真相是多元舆论与意识形态纷争产生的结果，社交网络既是"后真相"时代信息传播的主要载体与渠道，也是主流价值共识达成的重要空间。处于后真相时代中，感性化的谣言和谎言可以借助网络技术，经由互联网平台广泛传播。在流量及利益优先，群众情绪极化的情况下，掩蔽事实真相，破坏网络传播秩序，阻碍主流价值的传播以及正确的舆论引导[④]。

有学者总结了后真相在中国社会中得以发展的现实基础，主要包括三个方面：第一，社会结构转型所引发的深层矛盾为"后真相"的萌发提供了现实土壤，随着我国的全面深化改革逐渐进入深水区，诸多深层次、根本性的难题不断涌现。当游离于主流社会价值体系之外的价值诉求没有得到及时的疏解和回应时，在非理性的思维模式之下，部分群体的负面情绪往往很容易被激发，忽略事实的指责和声讨常常会出现，引发对主流价值共识的抵触和逆反。第二，后现代主义思潮为"后真相"的滋生蔓延提供了思想温床，"后真相"的兴起与深层次的大众心理与精神文化息息相关，后现代主义思潮在

①　庞金友. 网络时代"后真相"政治的动因、逻辑与应对 [J]. 探索 ,2018(03):77–84.

②　张华. "后真相"时代的中国新闻业 [J]. 新闻大学 ,2017(03):28–33+61+147–148.

③　蒋璀玢,魏晓文. "后真相"引发的价值共识困境与应对 [J].思想教育研究,2018(12):56–60.

④　郭明飞,许科龙波. "后真相时代"的价值共识困境与消解路径 [J]. 思想政治教育研究 ,2021,37(01):54–61.

侵蚀社会意识形态的过程中，一定程度上推动了"后真相"的发生。首先，后现代主义思潮批判"理性"思维，其标榜的"去中心化"和"反权威性"挑战了理性主义确立的价值原则；其次，后现代主义思潮主张世界是偶然的、多维的，主张多元自由的价值诉求，拒绝单一的价值诉求；最后，后现代主义推崇"解构"文化，鼓励采用"只解构、不建构"的思维去打碎、颠覆和消解一切。在后现代主义思潮的影响下，社会大众的价值依归成为一大难题。社会大众基于个体情感和既有认知，随意地在网络空间就特定事件发声，以草根话语挑战和反抗权威话语冲击精英文化，并对社会主流价值体系构成威胁，最终使自己陷入价值虚无的困境。第三，网络技术的全民性应用助推"后真相"的急速发展。首先，网络空间为社会大众提供了相对隐秘的交流空间，相对匿名性在一定程度上强化了心理安全感，无政府主义、自由主义侵蚀着人们的既有价值观念，社会价值共识不断被挑战、被解构。其次，网络的跨时空性为存有相同观点和价值诉求的群体提供了聚集条件。在传统的社会交往条件下，游离于主流价值之外的利益诉求通常处于分散的状态，往往难以形成一定规模的社会影响力。而网络技术的全民性应用使得原来处于离散状态的价值诉求可以迅速汇聚、发酵，进而形成某种集体情绪，并在一定条件下发展为特定的集体行动，挑战既有的主流价值[①]。

后真相的危害在于，后真相的内容并非建立在事实真相的基础之上，而是大多建立在修辞和感知的基础上。通过扭曲现实真相，操纵受众的信仰和情感，对公众舆论和社会态度进行有意识的引导，后真相的传播者可以满足自身特定的利益需求。在"后真相"时代，事实真相被模糊、歪曲或掩盖，情感和信仰的说服力和影响力超过基于证据的论据，其结果是真理和谎言之间的区别变得越来越模糊[②]，社会共识不断被打破，主流价值体系不断被解构。学界普遍认为，"后真相"现象是网络技术发展和社会互动的阶段性产物[③]，在新媒体环境下，技术赋权公众进入舆论场，就公共事件展开讨论，表明自身立场。但是公众往往不具有辨识真相的专业能力和媒介素养，在面对多元化

① 蒋璀玢,魏晓文."后真相"引发的价值共识困境与应对[J].思想教育研究,2018(12):56-60.

② 陈文胜.嵌入与引领:智能算法时代的主流价值观构建[J].学术界,2021,274(03):88-97.

③ 刘鹏,王坤."后真相"时代网络空间主流意识形态安全面临的挑战与应对[J].福建论坛(人文社会科学版),2022(04):35-43.

的海量信息时往往不重视寻找事实真相，反而容易被虚假信息所挟持，当这些网民依据主观情绪和信念而非客观真相进行事实和价值观判断时，他们通常会对公共事件做出非理性和情绪化的解读①。一些社交媒体和自媒体为了获取注意力经济，会放大和渲染符合受众情绪的阶段性事实，加之大数据与机器算法引导的智能信息生产与分发模式，很可能会产生更多的情绪激化。在非理性、情绪化的互联网媒介引导下，用户极易在围观事件发展的过程中被情绪裹挟，丧失理性分析的能力，助推网络流言的传播，导致网络流言的进一步放大②。

三、社会：媒介化社会的形成

在人类社会的传播发展进程中，传播媒介用于指代传递信息的一切静态或动态的物体和物体排列，既包括报纸、期刊、广播、电视等传统大众媒体，也包括互联网络、移动网络等新兴媒介。一般而言，人们习惯于将互联网和信息高速公路为主体的新兴媒介称为"第四媒体"，将移动网络（如手机）称为"第五媒体"③。媒介技术的更迭发展不是排他的，新技术总是从旧技术的危机和问题中萌芽，当今的媒介融合也是新旧媒介技术的融合式创新。伴随互联网和现代数字技术的发展，多种媒介逐渐整合并渗透到现代生活的各个方面，在社会文化的发展变化中扮演着越来越重要的角色，麦克卢汉的"媒介即讯息"理论即指出媒介技术的发展对人类社会的巨大影响④。

媒介和传播方式的变化与文化和社会的变革息息相关，传播媒介对于人类社会文化发展的重要性日益凸显。在传统的"媒介研究"中，媒介常常被视为与社会、文化相分离的一种"中介性"要素，信息的重要性被放大，而媒介本身对个体和社会制度的影响则被忽略。而随着网络社会的到来，社会形态发生了重要变化，以互联网为代表的网络技术已经渗透到社会和个体生

① 罗强强，孔祥瑜.后真相时代民族地区网络舆情及治理路径研究 [J].西北民族研究,2022(02):63-71.
② 彭翠，赵乐群.后真相视域下网络流言的治理对策探究 [J].未来传播,2022,29(01):56-62.
③ 童兵.媒介化社会新闻传媒的使用与管理 [J].新闻爱好者,2012,417(21):1-3.
④ 朱庆好.媒介形态变化及其文化意义迁移——兼评麦克卢汉的"媒介即讯息"观 [J].新闻知识,2014(06):18-19+22.

活的方方面面。一方面，媒介作为独立的社会机构，可以介入甚至影响其他社会机构的日常交往，对在地互动以及社会结构产生决定性的影响；另一方面，媒介掌握一定程度的交往资源分配的权力，为获取资源，非媒介的社会机构往往需要依据媒介逻辑调整社会行动[1]。在这一背景之下，媒介技术本身的发展对社会文化变革的影响得到了更多的关注。新媒介技术为社会发展开辟出新的行动方式和交往关系[2]，而媒介遍布于社会之中，则构成了社会实践，成为文化和社会的组成部分。在这层意义上，媒介化既表现为媒介传播在时间、空间和社会上的不断扩展，即人们越来越习惯于通过媒介进行交流；也表现为媒介化传播在更高层次的组织复杂性中产生社会和文化差异[3]。

当今媒介化的发展趋势主要表现为以互联网为代表的新媒介的快速发展，中国互联网络信息中心（CNNIC）发布的第50次《中国互联网络发展状况统计报告》显示，截至2022年6月，我国的网民规模为10.51亿，互联网普及率达到74.4%，表现为网民规模持续提升，互联网应用不断发展的态势。媒介技术与日常生活的边界正逐渐消失，媒介化行为逐渐渗透到公众的日常生活中，与日常生活不断融合，个体之间的生活以及社交互动也越来越依赖媒介，媒介化行为逐渐成为人们的一种日常生活方式。就媒介与社会的融合前景而言，媒体融合的发展进程是技术融合、符号融合、人媒融合，最终实现媒介与社会的融合。就媒体融合发展的态势而言，媒体融合的趋势除了受到技术自身的发展驱动之外，社会的价值取向和人类的个体意愿在媒介融合过程中的作用也十分重要。媒介融合实质上是为满足新传播格局下的多元信息需求，旨在增强信息时代的社会管理能力，进一步提高社会运行效率，最终完成社会结构的再造。因而有学者认为，媒介融合的本质特征是人与人融合、人与社会融合、媒介与媒介融合。特别是在智能传播时代，技术、市场、组织条件等都汇入媒介融合的逻辑中，媒体融合发展的本质和趋势越发呈现出媒介与社会的一体同构。换句话说，媒介融合的最终会呈现出媒介即社会、

---

[1]　戴宇辰. 媒介化研究：一种新的传播研究范式 [J]. 安徽大学学报（哲学社会科学版），2018,42(02):147-156.

[2]　喻国明，耿晓梦. "深度媒介化"：媒介业的生态格局、价值重心与核心资源 [J]. 新闻与传播研究，2021,28(12):76-91+127-128.

[3]　Couldry, N., & Hepp, A. (2018).The mediated construction of reality. John Wiley & Sons.

社会即媒介的形态①。

"媒介化"描述了媒介技术发展与社会变迁之间的全景式关系②，也反映了媒介构造社会的长期过程。媒介化的概念反映出媒介、传播的变化与文化、社会的变化之间相互依存和互动的关系。由于词义的相似性，媒介化（mediatization）常与中介化（mediation）混为一谈，但媒介化理论的奠基人安德烈亚斯认为中介化只关注媒介传播过程的某一时刻，媒介化则侧重于描述与媒介、传播相关的长期变革关系。在"媒介化"理论中，媒介不仅是传播的中介工具，还具有建构社会制度和人的行为的力量③。数字媒介对社会发展的影响在于其带来的传播革命正根本性地重构社会关系与社会形态，使得整个社会的业态与架构置于新的传播机制和模式之下④。因而，作用于人类社会形态的媒介形式的意义远胜于其内容，媒介不仅可以推动文化形态朝着现实化、社会化的方向发展，媒介本身还可以塑造出多个行动场域和社会场域。媒介化除了对媒介本身的功能存在影响之外，还会深刻作用于社会个体、社会文化以及社会治理等社会系统要素。例如，媒介化逻辑作用于社会个体，改变了社会个体的生存方式和生活习惯；媒介化逻辑作用于社会文化，改变了社会文化的生成逻辑与表现形态；媒介化逻辑作用于治理结构，推动国家治理措施的更新⑤。在此意义上，理解媒介化、媒介融合的过程及影响，需要立足于更广阔的社会领域进行探究。

在媒介的发展和渗透之下，社会不断经历建构和重构，逐渐形成了被媒介包围甚至支配的"媒介化社会"⑥。特别是在媒介融合的发展趋势之下，不同媒介之间的壁垒被打破，信息生产与传播的平台不断被拓宽，进一步加速了

① 龙小农，陈林茜. 媒体融合的本质与驱动范式的选择 [J]. 现代出版,2021,134(04):39-47.
② 喻国明，耿晓梦. "深度媒介化"：媒介业的生态格局、价值重心与核心资源 [J]. 新闻与传播研究,2021,28(12):76-91+127-128.
③ 蒋俏蕾，刘入豪，邱乾. 技术赋权下老年人媒介生活的新特征——以老年人智能手机使用为例 [J]. 新闻与写作,2021,441(03):5-13.
④ 喻国明，耿晓梦. "深度媒介化"：媒介业的生态格局、价值重心与核心资源 [J]. 新闻与传播研究,2021,28(12):76-91+127-128.
⑤ 姜琳琳，孙宇. 超越媒介：探究新阶段媒介融合问题的三重视野 [J]. 当代传播,2022,223(02):58-61.
⑥ 张晓锋. 论媒介化社会形成的三重逻辑 [J]. 现代传播 (中国传媒大学学报),2010(07):15-18.

社会媒介化以及媒介化社会的建构与形成①。尽管媒介化社会已经成为一种社会现实，但目前学界对于媒介化社会的概念仍有不同的看法。例如，师曾志、仁增卓玛认为媒介化社会是随着以网络技术为中心的传播媒介在中国得到爆炸式发展而兴起的一种社会形态②，而通常人们习惯于将第四媒体和第五媒体高度普及的社会称为"媒介化社会"③。张晓锋指出媒介化社会得以形成的三大逻辑：首先，媒介融合为社会的不断媒介化提供了可能性，为媒介化社会的形成提供了技术支撑力；其次，受众对信息的需求甚至依赖构成了媒介化社会的主体牵引力，是媒介化社会形成的必要性前提；最后，现代社会信息环境的不断"环境化"体现了媒介化社会的媒体影响力和建构性，是媒介化社会的必然结果④。在这层意义上，媒介化社会也指代了一个全部社会生活、社会事件和社会关系都可以在媒介上展露的社会⑤。

随着媒介化社会逐渐成为现实，目前传播学等相关研究已经开始将媒介化社会视作一个宏观的社会背景，用于研究信息传播、媒介使用等内容。媒介化社会的重要特征体现在媒介影响力对社会的全方位渗透。在媒介化社会中，媒介与日常生活高度融合，媒介不再仅仅是提供信息或娱乐消遣的中介性工具，而是逐渐发展为一个完整的体验环境。一方面，在新一轮的技术浪潮中，"媒介"与"非媒介"之间的界限逐渐淡化和模糊，很有可能在未来彻底消失。一个万物皆媒的泛媒化时代正在悄然到来⑥。如今计算机和智能手机普及率不断提高，成为随处可见的媒介甚至成为日常生活的必需品，集成了多种功能的媒介日趋强大复杂，不断推陈出新，可以覆盖越来越多的日常化应用场景。例如，微信不仅可以聊天，还可以实现在线购物、移动支付等功能。得益于物联网的使用，普通家具可以连接互联网实现智能化，这也促使

① 刘颖悟，汪丽．媒介融合的四大影响 [J]．传媒，2012(09):72-74.
② 师曾志，仁增卓玛．生命传播与老龄化社会健康认知 [J]．现代传播（中国传媒大学学报），2019,41(02):20-24.
③ 童兵．媒介化社会新闻传媒的使用与管理 [J]．新闻爱好者，2012,417(21):1-3.
④ 张晓锋．论媒介化社会形成的三重逻辑 [J]．现代传播（中国传媒大学学报），2010,168(07):15-18.
⑤ 张业安．青少年运动健康传播模式：理论框架、变量关系及效果评估 [J]．成都体育学院学报，2018,44(02):24-30.
⑥ 彭兰．万物皆媒——新一轮技术驱动的泛媒化趋势 [J]．编辑之友，2016,235(03):5-10.

越来越多的物体成为媒介，并广泛存在于人们的生活空间之中。媒介化社会中，媒介出现泛化趋势，万物皆媒成为媒介发展的客观潮流。另一方面，随着5G、移动互联网、物联网、大数据、可穿戴设备、虚拟现实技术等新一代技术的发展和日趋成熟，越来越多的智能媒介走进公众生活的同时，各个智能媒介与身体的融合度也不断提高。尤其是在智能传播时代，随着泛媒特征的显现，技术媒介的物理空间越来越小，智能媒介以一种无形的方式介入日常化的信息传播过程中，媒介不仅成为人的功能的延伸，而且日益成为人的心理和中枢神经系统的重要外延，成为个体十分依赖且无法割舍的"器官"[①]，在此情况下，媒介技术不仅成为日常生活中不可分割的一部分，也成为人的身体的一部分。媒介技术的具身化发展不仅使得信息获取更加便捷高效，也满足了信息获取的临场感，提高了体验舒适度，例如，虚拟现实、增强现实技术的成熟和完善将推动沉浸式媒体的普及，能够给予用户更好的沉浸式体验。

第二节　新媒体环境下灾害信息传播面临的机遇与挑战

一、技术：灾害信息传播的双刃剑

媒体参与灾害信息传播的历史悠久，早在大众传播时期，传统媒体就已经加入灾害信息的报道，利用公共邮政系统和通信手段，缩短了灾害信息传播的时空距离，提高了灾害信息传播的效率，增强了灾害信息的可及性和传播范围。但是受限于技术发展的水平，传统媒体在灾害信息传播方面也存在明显的弊端。具体而言，报纸等印刷媒体的出版流程一般耗时较长，因而印刷媒体在进行灾害报道时，在速报性、互动性、耐灾性等方面往往较弱；广播媒体虽然对于灾害事件的耐灾性和速报性较强，但是受众的可选择性较弱，互动性也较为一般，并且在某些国家，广播曾被用于战争宣传，在灾害传播

---

① 焦宝.从"延伸"到"具身"：身体视角下个体传播论的思理尝试[J].山东社会科学，
2022,327(11):76-85.

中的价值被削弱；电视媒体虽然可以实现灾害信息在多层次区域的快速播出，但是由于技术层面的相对复杂性，电视媒体的耐灾性较弱，互动性也不强，且电视媒体的价格较为昂贵，相对于报纸、广播等媒体的普及率较低。

进入新媒体时代，随着通信技术的发展，灾害信息传播的时空距离被进一步压缩，传统媒体时代的灾害信息传播格局发生了巨大改变：首先，灾害事件的传播平台和参与主体愈加多元化，普通公众可以参与信息的发布与传播过程。随着媒介技术的发展，传统媒体垄断灾害事件报道和信息传播的格局被打破，自上而下的单向信息灌输格局转换为双向、多向的信息传播与交流形态。信息的传播媒介不断丰富，信息传播渠道有了更多的选择。社交媒体赋权普通公众参与灾害信息传播的过程中，任何身份的个体都可以成为社交网络的一个节点，通过多种形式和多个传播渠道实现灾害信息的发布，参与灾害事件的讨论和交流。其次，传播的互动性增强，不同身份的主体都可参与到灾害事件的讨论中，互联网和社交媒体的发展赋权更多的公众参与信息传播，传播话语权不断下放，信息传播的门槛不断降低。社交媒体时代，人人都拥有麦克风，可以对主流渠道的信息发布提出质疑，可以与社交网络中的任意节点进行讨论，传播格局不再是一对多的说教形式。公众有了更多的话语权和能动性，能够对灾害事件的信息发布提出反馈，表达信息诉求；再者，信息的传播速度不断提高和覆盖范围不断扩大，灾害事件的影响力得到显著提高[①]，在传统媒体时代，虽然灾害信息传播的时空距离已经被压缩，但是由于传统媒体的固有限制，灾害信息的传播范围和受众范围仍然有限。而互联网和社交网络的发展能够促进灾害事件的即时传播，实时互动，进一步扩展了灾害信息的触及率，让灾害事件的影响力得到提升。总而言之，新媒体时代，灾害信息的传播格局体现出传播主体的多元化、传播内容的丰富化、传播速度即时化的显著变化。

新媒体环境下，伴随着灾害信息在传播速度、传播范围、互动性等方面的进步，灾害信息的传播也存在一定的风险。具体而言，灾害事件发生的初期，公众的关注度往往较高，但是灾害事件本身的破坏性会对灾区信息传播

---

① 张鹏,郭其云,陶钇希,夏一雪.重大灾害事故应急救援宣传保障机制探讨[J].消防科学与技术,2018,37(05):710-713.

的客观条件造成负面影响。例如，广播是台风报道中不可或缺的传播媒介。受到台风影响，一些偏远海岛和山区的信号可能会中断，这种情况下，广播往往会成为唯一的传播途径①。灾害信息传播会相对闭塞、延迟，这使得灾害事件初期的信息传播存在模糊性。虽然灾害信息的模糊性会随着民众对灾害事件的了解以及政府、媒体对灾害信息及时、全面的披露而逐渐消失，但是灾害信息从模糊到清晰是一个阶段性过程。在这一过程中，如果缺少可靠的信息来源或者信息太过简单粗略，无法满足公众的信息需求，甚至出现错误、矛盾的信息，就会导致人们不相信媒体和政府等信息来源，转而面向网络寻求信息支持。而网络中存在多元信息发布主体，信息内容良莠不齐，在灾害信息的传播过程中容易滋生和扩散流言、谣言。特别是在新媒体环境下，信息伪造的难度和成本越来越低，而辨别谣言的难度和压力却在提高。一方面，图片和视频作为最主流的信息传播手段，借助各种修图软件和剪辑软件，可以轻松进行编辑和剪辑，实现语音克隆、拼接混剪、后期配音等效果。这类信息在互联网和社交网络可以轻松实现群体传播。正因为造谣成本和门槛越来越低，信息传播渠道越来越广，导致新媒体环境下，谣言可以轻松迅速地在网络上大范围传播，而这也导致信息核查和辟谣的成本提高，谣言难以在第一时间得到澄清，部分参与谣言传播的个体很可能错失辟谣信息。另一方面，灾害事件往往伴随着破坏性，在灾害信息传播的过程中，公众缺乏足够的媒介素养和信息素养的情况下，往往难以一直保持客观理性的态度，容易出现情绪化、非理性化、片面化的认知情况，这些负面情绪容易造成恐慌的蔓延，公众在恐惧、愤怒、焦躁等负面情绪的影响下容易轻信和传播谣言②。当网络平台缺乏必要监管与合理疏导时，负面舆情的持续发酵容易形成网络舆情"次生灾害"③。

在新媒体时代，传统媒体依靠积攒的权威性和影响力，在灾害信息的传播和舆情的引导方面，依然拥有较高的话语权和公信力。虽然在用户规模和收视市场方面，传统媒体的发展受到了新媒体的巨大冲击，但是在自然灾害

---

① 郑盈盈.媒体融合构建台风报道新模式 [J].中国记者,2016,509(05):113-114.
② 陈文.论重大灾害事件中的网络谣言传播及法律应对——以新型冠状病毒肺炎疫情为例 [J].北方法学,2020,14(05):80-90.
③ 张卓.网络舆情"次生灾害"的演化机制及其应对 [J].人民论坛,2019(24):218-219.

情境下，通过深度报道和权威发布的媒介优势，传统媒体可以弥补在信息获取与发布方面的滞后性，传统媒体长期积累的公信力优势得以体现。不同于日常信息的获取，自然灾害的破坏风险让受众更加重视信息的权威性，这是因为受众主观上对不同媒介的可信度感知不同，传统媒体恰好为受众的信息获取提供了专业性背书，因而传统媒体仍然是受众获取有关自然灾害事件信息的第一选择[①]。不过，虽然传统媒体的权威性在灾害新闻报道和灾害信息传播方面具有独特优势，但是在媒介融合的发展大趋势下，新媒体也是灾害信息传播的重要载体。事实上，传统媒体和新媒体在灾害信息传播的过程中并非相互隔绝，而是互相提供话题和新闻线索，共享信息资源，二者之间存在良性互动[②]。由于灾害信息传播是一个十分复杂的过程，受到政治、经济、文化以及防灾减灾科技发展水平等多方面的影响，新媒体技术用于灾害信息传播不可避免会存在一定的风险，但是当新媒体在信息传播方面的优势得以有效利用时，传统媒体和新媒体在灾害信息传播中的融合可以建构出跨媒介的灾害信息传播机制，为灾害信息提供及时、完整、系统的传播平台，提高信息传播效率，同时有利于满足受众对灾害信息的多种需求，最大限度地整合各种灾害救助力量，推动灾害救助的顺利开展，避免灾害信息传播资源的浪费，降低因为灾害事件造成的生命财产损失，在满足受众知情权的同时引导社会舆论的积极走向[③]。

总的来说，新媒体时代下，传播技术的快速发展促进了灾害信息的快速、即时传播，提高了灾害信息的可及性和覆盖率，增强了灾害事件的社会关注度。但是媒介技术的创新性发展也延伸出一系列的问题，尤其是面对具有破坏性的灾害事件，在灾害细节尚不明朗的情况下，触手可及的传播媒介使得假新闻、流言、谣言层出不穷，对身处灾害中的人们造成了负面影响，同时容易引发社会恐慌，形成负面偏激的舆论基调。

---

① 李春雷,陈华.自然灾害情境下青年群体的风险感知与媒介信任——基于对台风"山竹"的实证研究 [J].现代传播(中国传媒大学学报),2020,42(03):47-51.

② 徐占品,刘利永.新媒体时代灾害信息的传播特点——以北京 7·21 特大暴雨山洪泥石流灾害为例 [J].新闻界,2013(05):48-53.

③ 徐占品,刘聪伟,朱宏.灾害信息传播中的媒介融合 [J].新闻爱好者,2015,450(06):34-39.

二、后真相时代对灾害信息传播的影响

当下的舆论生态已经呈现出明显的"后真相"特征，很多时候面对社会事件，公众对情感与信念的诉求优先于理性和事实。这也导致网络舆情的新变化，具体表现为舆情生成难以预测、舆情演变的速度快、情感宣泄超越理性辨析、舆情背后的力量错综复杂等；同时网络舆情呈现出舆论场域的反相共生、内容的真假同构、评判的情理倒序等特点。换句话说，"后真相"的蔓延使得舆论反转、情感宣泄、舆情危机、信任异化等负面舆论情形逐渐发展为一种社会常态①。后真相时代的特征同样出现在灾害信息的传播过程中，因灾害事件的社会关注度往往较高，但权威部门的信息发布需要遵循严格的流程，灾害事件中信息供给和信息需求之间存在时间错位和裂隙弥合的技术性障碍②，因而灾害事件初期信息往往较为模糊，在对自身境况存在强烈不确定性的时候，灾区受众和外围受众往往会转向网络媒体和社交网络寻求信息支持。当海量、碎片、片面的信息快速涌入公共舆论场，容易造成大量未经证实以及虚假信息的大范围传播。当灾害事件的破坏性导致的恐慌、焦虑等非理性情绪占据公众意识后，有关灾害事件细节的事实与真相已不再重要，公众更关注传播的灾害信息是否合乎自身的立场、信念和利益，能否充分地表达自身的诉求和情绪。情绪对于公众判断的影响已经远远超过事实本身③，公众不可避免地陷入后真相的困境。流言、谣言充斥在灾害信息的舆论场中，挤占了官方信息的话语空间，降低了政府和民众之间关于灾害信息传播的有效性。

后真相给灾害信息的传播造成了一种高度不确定的网络舆论环境，给灾害处置和舆论引导工作带来了巨大的负面效应。首先，根据归因理论，面对灾害事件时，民众总是倾向于找到责任方，进而作出情感上的反应④。因而部分用户受到"情感先行于事实""理性让位于感性"的思维模式影响，从自我

---

① 董向慧."后真相时代"网络舆情与舆论转化机制探析——互动仪式链理论视角下的研究 [J]. 理论与改革,2019,229(05):50-60.

② 徐占品,迟晓明.灾害谣言传播的社会心理 [J]. 青年记者,2021,702(10):42-43.

③ 王冰,李磊.微信平台疫情谣言传播的成因、特点和治理 [J]. 青年记者,2020(08):37-38.

④ Coombs, W. T. (2007). Protecting organization reputations during a crisis: The development and application of situational crisis communication theory.Corporate reputation review,10(3), 163-176.

认知出发,传播未经证实的流言和虚假信息。结果往往是导致对灾害事件的严重程度、发展情况、救助工作等产生错误认知和判断,造成群体恐慌,引发次生灾害,导致人员伤亡和财产损失。其次,陷入后真相困境的用户在情绪的裹挟之下发布的情绪化内容往往缺乏事实根据,不仅会挤占理性对话空间,导致认知上的偏见,还会加剧社会焦虑和不安情绪。特别是灾害事件本身往往具备破坏性,灾情冲击下的消极情绪极易泛滥,伴随着不实信息的传播会导致舆论生态恶化。也就是说,情绪化的不实信息充斥舆论场,极易在社会层面催生群体极化和道德相对主义,甚至演化成线上线下的矛盾冲突;再者,大量情绪化的负面信息和不实消息会削弱社会信任体系,增加政府、社会和公众之间的信任赤字。互联网社会既是风险社会,也是信任社会,真实的网络信息是巩固社会信任体系、维护社会秩序以及化解各类风险的必要因素,而虚假的煽动性信息将破坏现有的社会信任体系,消耗政府和社会各主体间的信任资本,产生并扩大社会信任赤字[①]。特别是在灾害事件中,政府的官方信息发布需要一定时间,难以满足公众在灾害初期的信息需求,当政府或官方媒体信息发布和回应不及时,抑或信息披露不准确不充分,不实信息更容易滋生与流动,侵蚀社会信任,破坏社会关系。

面对后真相时代给灾害信息传播造成的负面影响,新媒体环境下对灾害信息的事实核查显得尤为重要。就灾害事件的新闻报道而言,灾害事件具有突发性、破坏性、不确定性、矛盾冲突性、信息不对称性、社会冲击性等特点[②],极易为后真相的蔓延提供基础条件,事实核查的作用在于消解不实信息以及情绪化内容的误导性,并提供及时、准确、真实、全面、理性的报道内容。在大众传播时代,传统媒体作为信息的把关者,具备一定的规模性,承担新闻发布前的事实核查工作,通过对有关灾害事件的信息的核查,澄清流言与谣言、提供准确全面的信息,安抚民众情绪。新媒体环境下的技术发展为后真相时代的事实核查提供了技术支持,例如,基于识别、验证和校正三步骤的自动事实核查技术,借助自动化手段可以快速有效地帮助事实核查人

---

① 梅鹏超,张冀,何勇伶."信息疫情"现象分析:生成逻辑、伴生危害和防治策略[J].电视研究,2020(05):6-10.

② 李向红.党媒新媒体在灾害性报道中的责任与担当[J].中国报业,2021,524(19):30-32.

员发现和捕捉政治谎言、网络谣言和其他错误信息，及时阻断该类信息的传播，对虚假新闻和错误信息进行有效治理，例如美国的杜克记者实验室部署了Claim Buster向Politi Fact、Fact Check.org、华盛顿邮报和美联社提供具备核查价值的信息；FullFact开发的手机APP程序，利用统计分析、自然语言处理等工具，辅助多方媒体进行事实核查。随着后真相现象在我国的逐渐萌芽、蔓延，我国媒体也开始了针对假新闻识别和辟谣等的事实核查建设工作，如人民日报开设的《求证》、腾讯新闻开设的《较真》、果壳网开设的《谣言粉碎机》等栏目[①]。另外，互联网和社交媒体多元传播格局虽然造成了众声喧哗的结果，对谣言的传播具有助推作用，但是多元传播格局下，互联网和社交网络同样具备"众包"机制和"自净"功能，当用于针对灾害事件信息的事实核查，同样有助于快速识别和破除流言、谣言等不实信息，如，脸书的内容自动识别技术、谷歌浏览器的"胡说探测器"插件，以及Hackathon团队研发的"Notim.press"程序，都能实现虚假信息的智能化检测[②]。

后真相时代具有鲜明的情绪优先特征，这一特征在灾害事件的信息传播过程中容易造成虚假信息的迅速爆发，渲染和扩散恐慌情绪，对于灾害事件的信息报道和灾情救援、社会舆论的正向引导以及社会的和谐稳定发展都存在巨大的风险。一方面，新媒体环境为后真相的蔓延提供了必要的条件和支持，多元化的传播格局造成传播不实信息以及煽动负面情绪的难度越来越低，而信息核查以及辟谣工作的压力和难度越来越高。另一方面，新媒体环境下的多元传播网络拥有"众包"机制和"自净"功能，若能得到积极引导和有效使用，有助于倒逼受众的自我核查素养，同时智能核查技术的发展也有助于应对后真相时代对海量信息的核查任务。

三、媒介化社会下灾害信息传播责任意识的唤起

近年来，在灾害社会学内部出现了尝试整合功能主义与脆弱性分析的社

---

① 雷晓艳. 事实核查的国际实践：逻辑依据、主导模式和中国启示 [J]. 新闻界,2018(12):12–17+57.

② 雷晓艳. 事实核查的国际实践：逻辑依据、主导模式和中国启示 [J]. 新闻界,2018(12):12–17+57.

会建构主义取向（social constructionism approach）①，社会建构主义认为灾害源于人类社会系统的脆弱性或社会系统的弱化，灾害是社会建构的产物而非客观事实，由物理性、政治性、经济性与文化性等因素共同建构而成，灾害是人类建构也是适应的结果，没有人类就不会存在所谓的"灾害"②③。周利敏认为灾害的社会建构性主要表现为住宅监狱化、天灾人祸化、阳宅阴宅化、环境原料化和商品化、栖息地零碎化、文明野蛮化和生活麦当劳化等方面④。目前有学者将社会建构主义理论框架用于分析灾害事件，具体可分为六个基本的建构维度：第一，灾害的原因建构，建构主义认为自然灾害的发生与人类生活息息相关，不当开发以及环境破坏等人为因素是灾害形成的重要原因，灾害研究应聚焦于人类社会，对社会、文化等背景进行深入分析，把握灾害发生的真正原因和内在本质。第二，灾害的话语建构，灾害话语体系是经历者、聆听者和传播者共同建构的结果，灾害事件的亲历者与转述者二次呈现"灾害事实"的时候，都无法规避自身价值观的固有局限，因此，舆论场中的灾害信息往往是真实灾害事件的加工结果，属于个人事实而非社会事实。第三，灾害的观点建构，媒体报道和观点论述在某种程度上形塑了灾害事件，社会建构主义认为对灾害的看法不在于客观真理性，而在于任何观点如果出自或经由专家和政府系统就能成为主观建构的现实。自然地，灾害观点也不仅仅是揭露客观发生的灾害事实，其背后有更复杂的建构机制。第四，灾害的过程建构，一直以来，人类行为与自然环境维持着多元、持续的互动过程，而人类不断危及和破坏平衡关系。灾害的发生会导致社会变迁，增加环境的脆弱性，继而对道德、经济和传统观念造成重大冲击。灾害不是静态存在的客观事实，灾害背后存在复杂的社会关系，灾害是一种动态的社会过程。第五，灾害的表现建构，建构主义认为灾害是社会系统应对极端事件失败的"正常"

① 周利敏.从经典灾害社会学、社会脆弱性到社会建构主义——西方灾害社会学研究的最新进展及比较启示[J].广州大学学报（社会科学版）,2012,11(06):29-35.
② 周利敏.社会建构主义：西方灾害社会科学研究的新范式[J].国外社会科学,2015(01):89-99.
③ 周利敏.从经典灾害社会学、社会脆弱性到社会建构主义——西方灾害社会学研究的最新进展及比较启示[J].广州大学学报（社会科学版）,2012,11(06):29-35.
④ 周利敏.从经典灾害社会学、社会脆弱性到社会建构主义——西方灾害社会学研究的最新进展及比较启示[J].广州大学学报（社会科学版）,2012,11(06):29-35.

表现，更是将灾害看作社会因素造成的脆弱性与危害暴露程度互动的结果。第六，灾害的后果建构，建构主义认为灾害是统治精英维持政治和经济秩序远离危机的结果。权力阶层形塑了灾害，在构建的灾害事件中，弱势群体是无助被动的灾民，他们失去生命和财产，而资本主义利益集团可以趁机进行掠夺，最后推卸灾害后果，使全体民众共同承担灾害后的社会成本和后果①。

新闻媒体可以策划和叙述灾害事件，因而在构建公众对于灾害的认知方面，媒体扮演了重要角色②。灾害虽然是真实发生和客观存在的事件，但是根据建构主义的理论思想，各类媒体和信息对于灾害事件的二次形塑会影响人们对于灾害的信息建构与基本认知。新闻媒体不仅报道和呈现灾难，也表演性地制定灾难，介入灾难传播，形塑灾害事件的公众认知。同时媒体还是各种社会势力进行共同竞争、支配的公共场域，灾害的"社会真实"是在媒介组织和利益集团的干预下被生产和二次创作出的。经过媒体再现的"灾害真实"经历了一系列的选择和过滤，这一过程虽然可以保留部分灾害真实，但也会筛选掉部分真实。换句话说，对于灾害事件的报道，媒体报道并没有也不会完全反映事实，只会集中报道部分特定议题而过滤掉部分于灾害建构无益的事实，以此让民众相信被广泛报道的议题才是最重要、最主流的。换言之，通过事件报道和观点论述，媒体可以形塑人们对灾害图景的建构与认知，进而赋予灾害事件文化意义和政治意义③。在此过程中，如果媒体没有正确承担灾害报道的工具性角色，而是呈现扭曲的灾难情境，传递偏见与刻板印象，进行盲目的煽情教育，那么不仅民众无法通过灾害报道获取有价值的信息，灾害信息还可能传递错误价值观，激化固有的社会矛盾，扩散恐慌、焦虑等负面情绪，在此情况下通过媒体传递的文化意义和政治意义无疑是扭曲且错误的。

在全球化的背景之下，媒体可以利用数字媒介技术，集中而广泛地报道灾害，使灾害事件在国际范围内得到广泛传播，成为世界性的事件④。具体而

---

① 周利敏. 社会建构主义：西方灾害社会科学研究的新范式 [J]. 国外社会科学,2015,307(01):89-99.

② Hansen, A. (1991). The media and the social construction of the environment.Media, Culture & Society,13(4), 443-458.

③ Taras, R. (2015). Hurricanes as mediatized disasters: Latin American framing of the US response to Katrina.the minnesota review,2015(84), 69-82.

④ Beck, U. (2006). Cosmopolitan vision. Polity. Press.

言，媒体基于媒介的仪式化，借助文化表演的方式，在符号化和虚拟导向的基础上，参与灾害事件的构建和后续进程的传播。一方面可以塑造关于重大灾难的公共阐述，维持或动员集体情感和团结精神；另一方面可以将受害者的痛苦人性化并置于媒介化的关怀中，将悲剧和创伤的话语公开引导到国际层面[①]。媒体对于灾害的媒介化，使灾害事件在地理距离上得到传播的同时，增强了事件本身的文化意义在更大社会范围内的影响意义。媒体通过文化表演和媒介的仪式化，构建灾害并参与灾害信息的传播，一定程度上放大了灾害的社会影响力和文化意义。由于媒体对于灾害的建构会影响公众对于灾害的认知，媒体的灾害构建不可避免地会对社会系统产生影响，引发社会系统的变化。因此，从媒介化社会的视角来看，在灾害情境下需要进一步唤起媒体的社会责任，充分发挥媒体构建和传播灾害信息的积极作用而避免其负面影响，在传递正确信息的前提下，合理塑造关于重大灾难的公共阐述。

[①]　Cottle, S. (2012). Mediatized disasters in the global age: On the ritualization of catastrophe.

应用研究篇

一、问题的提出：灾害事件中媒体信息传播的两面性

从灾害信息理论视角来看，灾害中的信息传播理应实现减灾或者减轻灾害造成的损失。具体而言，灾害信息论探讨的是为了守护生命、财产以及社会，如何充分发挥与灾害相关的种种信息的积极作用[①]。实际上，灾害事件中所涉及的信息传播范畴非常广泛，包括主管部门发布的警报、避难信息、防灾对策，相关业务部门发布的与灾害相关的基础信息，以及风险警告信息，等等。不管属于何种领域，灾害信息都关乎人们在灾害中的行为及决策选择。可以说，这些信息对于人们的生命、财产安全，社会的稳定，都至关重要。而从媒介功能论来看，媒介具有以环境监视为基础的诸多功能。在灾害情境下，媒介需要发挥以信息传播为基础的诸多功能，来确保灾害信息发挥积极作用。

从灾害信息媒体传播的历史来看，大众媒体发挥了重要的作用。由于媒体与人们具有直接的联系，因此媒体在涉及灾害事件不同阶段时所发挥的作用不尽相同。不同的媒体形式，在不同的时期也发挥着不一样的作用。一般而言，研究者通过从灾害的不同阶段来看媒体所承担的具体作用。在灾害未发生时期，即通常意义的防灾阶段，大众媒体可以通过与灾害相关的科学知识普及、灾害危害性、灾害预防方式等信息的传播，来提升人们对于灾害的认知，强化防灾备灾的重要性。对于一些特定类型的灾害，如台风、海啸等具有一定准备时间的灾害，媒体可以提供实时的灾害预警，并提供撤离、避难的信息。已有大量研究证实，早期预警信息对于灾害应急的重要性，这关

---

① 田中淳，吉井博明.災害情報論入門.東京：弘文堂.2008:18.

乎人们是否能够采取合适的避难行为及到达安全的避难场所。灾害发生后，媒体在公布有关灾害进程、失踪和死亡人口、受灾救援等信息方面发挥着重要作用。在这一阶段，不同媒体形式的特殊功能得以显现。比如：立足社区传播的社区广播能够在服务当地居民方面发挥不可替代的作用；大众媒体则能够在更为广域的范围内传播灾害动态信息、请求援助的动员信息；等等。在灾后重建阶段，大众媒体在信息发布、媒介动员等方面仍然可以发挥重要作用。

新媒体时代的到来，以社交媒体为代表的诸多新媒体形式参与到灾害信息传播中，并发挥重要的作用。社交媒体在速度、广度和平台的丰富性等方面，尤其是在灾害警报、实时信息、信息匹配等方面的功能得到肯定。但是，社交媒体等新媒体在灾害中出现的负面问题也不容忽视，如假新闻、谣言以及不实信息等导致的传播混乱现象，容易误导人们在灾害中的应对行为，甚至会引发恐慌，带来灾后社会的混乱。虽然，在大众传播时代，"灾害必出谣言"已成为定律，来源不明、不实信息或传言在历次重大事件中均会发生，但是新媒体时代，由于新媒介形式的传播属性和特征，放大了这一现象，给救灾、救援和灾后重建带来了阻碍。

基于此，可以梳理出一个大致的研究思路，即考察灾害信息传播需要从两大方面展开。一方面，需要考虑灾害事件中包括传统大众媒体和新媒体在内的媒体在灾害中的功能所在。尤其是在新媒体环境下，大众媒体和新媒体呈现出融合式发展的样态，大众媒体在灾害中也会通过新媒体渠道进行信息传播。相较于大众媒体时代，媒体文本的难以获得，大众媒体在新媒体平台中的信息传播实践为研究提供了获取文本层面的便利。另一方面，需要从媒体带来的负面影响出发，尤其需要关注新媒体环境中社交媒体平台中的谣言、错误信息等现象。基于此，从媒体正面功能考察，提炼媒体在灾害事件中应当发挥的功能；从媒体失范行为出发，从负面思考治理路径，从而综合为媒体在灾害事件中体现更好的社会责任提供依据。

二、应用研究部分的构成和逻辑

本书考察的是新媒体环境下灾害事件中媒体信息传播及社会责任问题，研究将基于不同灾害事件中的信息传播现象进行分析。考虑到灾害情境中媒体信息传播的广泛性、新媒体的传播主体多样性，以及研究期间实际发生的灾害事件，本书的核心内容主要体现在三个方面，并分为三个章节进行探讨。

一是在新媒体环境下考察不同传播主体在灾害事件中的功能发挥，以及在此基础上形成的舆论引导格局。在新媒体时代，灾害信息传播整体格局已经发生变化，多主体的共同传播已经成为普遍事实。但是，不同传播主体在传播格局中的定位不同，在整个网络信息传播及引导中所发挥的功能也不尽相同，需要在具体的事件中考察不同主体的功能发挥，以及在灾害事件舆论引导中的作用，从而明确不同主体在网络灾害信息传播中的责任。

二是从受众层面出发，考察灾害事件中受众的情绪反应，以及科学知识结构及素养的问题，为提升灾害信息传播效果提供一个受众的视角。从已有的灾害信息传播来看，往往聚焦在媒体信息传播层面，而鲜有关注受众的灾害信息接受行为。本书拟增加受众的研究视角，考察受众在灾害事件中的意见表达和情绪反应，尤其是与传统官方媒体的互动关系，从而为媒体提升灾害中的舆论引导能力提供依据。

三是从媒体的失范行为出发，考察灾害事件中新媒体平台上谣言、不实信息等负面传播行为，并从治理的视角考察治理的方式及效果。正如前文所述，新媒体参与灾害信息传播所带来的主要问题是谣言、不实信息等引发的信息混乱。因此，有必要从媒体在灾害中的失范现象出发考察治理路径，以确保媒体发挥积极的功能。

第二章　网络媒体灾害信息传播
与舆论引导责任

在数字化时代，网络媒体在灾害信息传播中的作用日益凸显。特定的灾害事件往往能够揭示网络媒体在信息传播和舆论引导中的具体机制和格局。2020年西昌森林大火事件不仅产生了深远的社会影响，而且在网络媒体的传播和舆论形成中展现了其特殊性。因此，深入分析此事件有助于揭示网络媒体在灾害信息传播中的角色，以及它如何有效地引导公众舆论。

2020年西昌森林大火事件发生于3月30日15时左右，发生地为四川省凉山州西昌市经久乡泸山景区内森林中，造成多人死亡和受伤，财产损失也极为严重。西昌森林火场所在的泸山景区靠近西昌城区，火灾现场火光冲天，有不少浓烟随风飘进城中，一度威胁城区安全。3月31日16时，火灾过火面积高达1000余公顷，毁坏面积为80余公顷。3月31日，习近平总书记对西昌森林火灾作出重要指示，要求坚决遏制事故灾难多发势头，全力保障人民群众生命财产安全。4月1日13时前后，经过灭火队伍努力，泸山景区的正面明火扑灭成功，取得灭火行动的初步成果。4月1日晚间，由于风力作用，西昌火场南线再次复燃并出现蔓延。4月2日12时左右，西昌市森林大火所造成的明火基本被扑灭。不幸的是，救援过程中因火场风向骤变、风力突增、山火断路等综合原因致使参与火灾扑救的19人牺牲、3人受伤。

从地理区位来看，此次事件造成各类土地过火总面积约3047.78公顷，综合计算火灾危害森林面积约791.60公顷，直接经济损失高达约9731.12万元。2020年西昌森林大火事件是2020年中国最为严重的突发灾难事件之一，被知名网络舆情平台"知微事见"评为2020年度影响力最大的灾难性事件，超百家主流媒体对此事件进行了相关报道。2020年西昌森林大火事件发生以后一直受到全国人民的高度关注，纷纷通过新浪微博等社交媒体平台从火灾火情态势、救援工作进展、当地民众安全、转移安置工作、救援人员安危、政府部门作为、火灾原因追溯等方面进行讨论。

从灾害事件的性质来看，根据四川省委省政府西昌市"3·30"森林火灾事件调查组的调查结果，西昌森林大火事件为一起受特定风力风向作用导致电力故障引发的森林火灾[①]。从引发火灾的直接原因来看，西昌森林大火属于一起自然灾害事件。考虑到新媒体环境下灾害信息传播聚焦于以社交媒体为代表的诸多网络平台，本章从两部分展开：第一部分，在此事件下考察社交媒体平台上政府部门、大众媒体、社会组织、舆论领袖等主体灾害信息发布特征及情绪表达，目的是评估灾害网络舆情的演化特征及规律；第二部分，从舆论引导的视角，综合判断不同主体信息发布及在舆论引导中的功能，进而体现不同主体在灾害事件中的社会责任。

第一节 突发灾害事件中网络媒体舆论演化的基本规律

一、舆论呈现差异化、多样化的特征

网络舆论空间环境呈现出差异化、多样化特征，已有研究发现信息类舆论与观点类舆论在网络场域大量存在。信息类舆论主要是指由围绕突发事件事实真相而产生的各种真实或非真实的信息所产生的舆论[②]。观点类舆论主要是指在突发事件舆情演化过程中，由带有思想性和倾向性观点所构成的舆论[③]。信息类舆论构成突发事件舆情的内容基础，而观点类舆论则对舆论的产生与发展有着更为深远的影响。一般而言，信息类舆论由于"消息""资讯"，内容要素较为具体和客观，相对来说更容易应对；对于误导性信息类舆论，

---

① 凉山彝族自治州人民政府，西昌市"3·30"森林火灾事件调查结果公布，http://www.lsz.gov.cn/hdjl/hygq/shrd/202012/t20201221_1788476.html.
② 张楠. 信息类突发公共事件论析 [J]. 传媒观察,2010(08):35-37.
③ 浦娇华,朱恒民,刘凯. 基于动态网络的微博舆论观点演化模型研究 [J]. 情报杂志,2014,33(08):168-172.

只需指出错误之处、澄清事实真相即可。但一些观点类、话题类的舆论一旦形成，就难以消除影响。一方面，观点类舆论内容容易煽动情绪，引发网民态度上的"跟风"；另一方面，即便是一些帖子被删除，相关内容还是会以图片、截屏等方式在网络上存在并传播，影响持续时间较长。信息类舆论与观点类舆论的并存，构成了网络舆论事实真相与观点倾向相互交织的状态，它们所形成的影响合力推动着网络舆论的动态互动与发展演化。

二、突发事件中的舆论呈现出"潜舆论"显化的特征

潜舆论是社会情绪长期积累的产物，显舆论是社会情绪直接表达的成果，两者在网络空间容易产生相互作用、相互影响。潜舆论在表达上呈现出模糊化、随机化、碎片化等特点，在识别和掌握上具有一定难度[1]。随着网络技术、通信技术等的发展，潜舆论不再是一种模糊化、随机化、碎片化的网络情绪。潜舆论通过技术手段和表达方式的变化，逐渐实现了显化[2]。一方面，在社交媒体平台，通过表达方式的扩展和媒介呈现的发展使得公众的情绪成为可识别、可分析的对象[3]；另一方面，各类"表情包""表情符号"的大规模使用也为潜舆论的显化提供了更多条件。随着互联网信息技术的飞速发展，网民在网络空间的意见表达都可以被以媒介化的形式记录下来，成为可以进行各种情绪考察的媒介化存在，潜舆论显化的程度也因此进一步加深。研究者可以通过多种手段分析网络舆论场中的议题分布与意见分布，善于挖掘潜舆论的深层次内容，从中把握舆论的特点和规律，为舆论引导工作提供重要参考。具体来说，可以从较长时空上把握网民的态度及其具体指向，在较深程度上分析情绪及其演化规律。

---

① Stimson, J. A. (2018). The dyad ratios algorithm for estimating latent public opinion: Estimation, testing, and comparison to other approaches. Bulletin of Sociological Methodology/Bulletin de Méthodologie Sociologique, 137(1), 201–218.

② 彭广林. 潜舆论·舆情主体·综合治理：网络舆情研究的情感社会学转向 [J]. 湖南师范大学社会科学学报,2020,49(05):142–149.

③ Gao, H., Zhao, Q., Li, L., Bai, X., & Guo, D. (2022). The multi-dimensional impact of different sources of information on influenza vaccination of college students in China. Journal of American College Health, 1–6.

三、突发事件中的"显舆论"呈现出极化的特点

显舆论主要是指事件爆发后一定范围内相当数量的公众，以公开的方式表达其对舆论客体的态度与意见[①]。显舆论形成与表达的过程相当复杂，它至少包括以下几个因素：一是突发事件的刺激。社会舆论并不是凭空出现的，它需要突发事件等刺激源作为诱发条件。二是趋同舆论的互动。持有不同认知和态度的个体意见逐渐融合并组成相对一致或固定的舆论导向。在此过程中，由于认知态度与社会观念的不同，各类舆论之间往往会出现动态互动与有机结合。三是具有可使用的舆论平台。舆论的表达既可以通过文字、符号、图片，也可以通过声音、视频传播，其发布场域既可以是广播、电视、报纸、书刊，也可以是各类新媒体。虽然媒体类型和呈现形式并不限制，但是切实需要可以发声的媒体平台作为舆论"容器"。四是有效的限制条件。舆论的传播必须限定在有关政策与法规之内，包括各类法规制度、文化道德等。在新媒体环境下显舆论走向极化，呈现出以下三个特征：一是影响显舆论的条件和因素更为直接和明显；二是舆论反转现象出现的频次和频率增加；三是各类突发事件的社会情绪感染或催发舆论极化[②]。

第二节　突发事件中网络媒体舆论引导的风险与模式

一、突发事件中的网络舆论引导风险

（一）舆论主体多元化

当今舆论主体走向多样化和多元化，这既是社会文明发展的现实映射，也是网络快速发展所推动和促进的结果。舆论主体的变化也使得舆论本身呈现出复杂多变的特点，不仅大大增加了舆论的不确定性，还使得各类舆论主

[①]　刘行芳,刘修兵,韩灵丽.新媒体背景下的舆论极化及其防范 [J].中州学刊,2013(08):172-176.

[②]　杨洸.数字时代舆论极化的症结、成因与反思 [J].新闻界,2021(03):4-10+27.

体之间相互影响制衡，共同推动和促进着舆论的演变①。一方面，舆论呈现出社会利益分化和主体意识增强的特点。随着中国现代化进程的推进，社会经济机制和职业分工制度变得更加复杂，群体之间围绕职业、阶级等社会实质性要素的看法呈现出十分明显的两极分化②。另一方面，网络媒体用户与现实舆论主体发生交织和影响。作为舆论主体的网络媒体用户与现实世界公众之间存在日益密切的互动与影响，从而带动线上网络舆论与线下社会舆论两者间发生交织和影响。互联网用户本身有双重身份，可以真实或匿名的名义参与线上网络舆论与线下社会舆论。网络媒体用户与现实世界公众的双重身份在很大程度上反映了线上网络舆论是线下社会舆论的映射与延续。但公众也可以在两个角色之间完全分离，着重于完全不同的领域和事务。在同样的问题上，也可以坚持略有不同甚至截然相反的看法和观点③。尽管公众舆论主题的多样化打开了网络舆论的自由表达，但它无疑给网络舆论在紧急情况下的管理带来了更不受控制的因素。

（二）舆论爆点多维化

在突发事件舆论的演化过程中，网络表达已经不再是简单的利益诉求问题，它与各种行为和形式的社会斗争混为一谈，加剧了公众舆论的不确定性和社会风险④。突发事件问题的网络表达，以及它们所包含的情感和需求，很可能会成为公众舆论的转折点。不同种类的舆论热点交织在一起，成为促进舆论发展和演变的重要节点，加剧了公众舆论演化方向的不确定性。一些社会心理因素也是公众舆论发展的重要组成部分。社会公众将自己潜移默化的生活经验融入舆论中的社会心理，引起同情、愤怒、抱怨等社会情绪，形成整个网络空间对于社会的反思和反映⑤。当然，在舆论的演化过程中，转折点往往不是一个单因素，而是多种不同要素相互融合在一起的结果。在舆论进化过程中，不论是关键人物的言论、事件本身的额外因素，还是外部社会心

---

① 丁和根. 对舆论引导主体引导能力的多维观照 [J]. 当代传播,2009(03):9-12.
② 刘彦君,吴玉辉,赵芳,刘如,李荣. 面向突发公共事件舆论引导的应急科普机制构建的路径选择——基于多元主体共同参与视角的分析 [J]. 情报杂志,2017,36(03):74-78+85.
③ 喻国明. 网络舆情治理的要素设计与操作关键 [J]. 新闻与写作,2017(01):10-13.
④ 胡晶晶. 浅析我国突发公共事件中的网络舆论 [J]. 新闻世界,2011(01):64-65.
⑤ 王志永. 危机传播、新媒体定位与舆论引导 [J]. 重庆社会科学,2014(04):110-114.

理学的刺激，它们往往都不是单独出现在舆论的演化过程中，而是相互依存和激励，共同促进舆论的发展与演化。特殊的人物，新奇的环境，强烈的信息附着，可能会引起社会局势走向紧张。随着舆论爆点多维化，在现代社会，许多潜在民意的爆发和蔓延，也会产生较大的社会影响。

（三）舆论议题多样化

在新媒体环境下，社会公众的非理性情绪（尤其是消极情绪）很容易被放大和扩散①。这是因为每个人都会受到社会变动、生活变化、媒体环境等诸多因素的共同影响。近年来大量网络舆论事件被宣扬炒作，有些充斥嘲笑、愤怒、厌恶等消极情绪，这些情绪的激烈表达吸引了大量网民的高度关注，也激发了网民的互动参与②。在这些网络热点事件中，网络社交平台作为观点"集散地"的一般功能被情绪"发泄场"的功能所超越和覆盖，陈述、分析、评价等观点性意见表达被淹没在汹涌的表情符号、表情包、恶搞图片或视频汇成的情绪洪流之中③。有意或无意地将个人情绪通过新媒体传递，引发的网络反响和社会影响呈现几何级扩大态势，从而大大加剧了社会公众的感受情绪，大大叠加了社会公众的生活压力，致使负面社会情绪感染扩散，非常不利于突发事件社会舆论和网络舆论的引导工作。随着大数据时代的到来，舆论问题将不仅仅局限于大量和多维的信息管理，海量信息所导致的"信息过载问题"也使得公众难以从合适的角度选择所需的信息，不断地挑战舆论风险管理的行为与效率。

二、突发事件中的网络舆论引导模式

（一）舆论分析引导的主要流程

突发事件网络舆论在演化上一般会经历舆论产生期、舆论扩散和高涨期、

---

① 张志安,晏齐宏.个体情绪社会情感集体意志——网络舆论的非理性及其因素研究 [J].新闻记者,2016(11):16-22.
② 朱莉.网络非理性情绪宣泄的舆论引导和管理 [J].铜陵职业技术学院学报,2011,10(03):43-45.
③ 严峰,刘磊.社交媒体中个人情绪的社会化传播及其非理性探析——从"江歌案"引发的舆论高潮说起 [J].当代传播,2018(03):79-81.

舆论衰退期等阶段。与之对应的突发事件网络舆论引导过程是治理主体参与网络舆论应对并采取决策、行动的一系列机动过程。如图2-1所示，突发事件网络舆论引导具体来说包括五个主要流程①②③：一是突发事件网络舆论的信息采集。突发事件发生后，大量舆论信息会集中涌现，彼时有关情绪和观点表达的内容处于较低水平。由于这个阶段是舆论产生和发酵的初期，对媒体报道、官方通报、意见领袖观点、社会组织意见等内容的获取与收集是这个阶段最为重要的任务。二是突发事件网络舆论信息分析。对前一阶段所采集到的舆论信息在此阶段进行系统的分析，可以使用计算机进行批量处理，也可以通过人工进行归纳总结。在实际操作中，更多采用人机结合的分析方式，通过计算机系统来对舆情进行数据处理，然后人工进行文本解读和数据解析。三是确定突发事件网络舆论引导目标。一般情况下，突发事件网络舆论引导需要根据事件的性质和背景，以及舆论分析的工具和方法来确定定性或定量的目标。国内外舆论引导均以定性舆论引导目标为主，选择针对性的群体、人物对症下药，同时辅以少量定量目标，进行删帖、隐藏等系列操作。四是提出突发事件网络舆论引导方案。突发事件网络舆论引导方案基于引导目标来制定，舆论引导的管理和决策部门可以引导目标的特性来制定舆论引导的操作流程和具体方案。随着大数据、人工智能、区块链等技术的发展，为方案的实施路径提供了更多的选择空间；同时随着社会文明的发展和舆论引导经验的积累，舆论引导方案制定也逐步走向科学和高效。五是采取突发事件网络舆论引导行动。突发事件网络舆论引导行动实施是突发事件网络舆论引导最后一个阶段，也是最重要的一个阶段。此阶段需按照前序流程制定的舆论引导方案对舆论引导目标采取线上和线下结合的综合性行动。网络舆论引导的五个主要流程也是本书舆论引导操作设计的主要参考模型。

① 高红玲,金鸿浩.网络舆论引导的"范式危机"与方法创新——兼论舆论引导的简单化、科学化与系统化 [J].新闻记者,2017(10):72-81.
② 袁志坚,李凤.突发事件中媒体微博引导舆论的原则与方法 [J].中国编辑,2013(05):65-70.
③ 李宇.互联网时代突发事件网络舆论引导的路径与方法 [J].行政管理改革,2014(02):47-52.

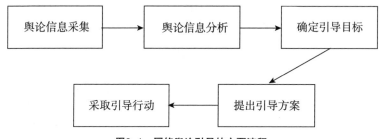

图2-1　网络舆论引导的主要流程

（二）舆论分析引导循环模式

学者Angerman[1]提出了军事领域描述和解释指挥控制的经典认知模型——OODA循环（又称博伊德环），对舆论引导有着巨大的启发意义。OODA循环模型将军事决策分为四大步骤——观察、判断、决策、行动，并认为这四个步骤是不断循环进行的，其中决策这一步骤是循环开始和结束的关键节点。一些研究学者基于OODA循环的基本原理，提出了用于突发事件舆论引导的RM-OODA循环模型（即风险治理的OODA循环）[2][3]。

如图2-2所示，RM-OODA循环模型由内外两层循环构成，内层四个循环步骤是舆论引导的过程，外层四个循环步骤是风险治理的过程。内外循环步骤构成嵌套循环结构，并在运行时相互作用、相互影响[4]。

一是内层循环（舆论引导循环）。舆论观察（Observe）：通过网络技术、大数据技术、通信技术等对网络舆论实时监测。在应对突发事件网络舆论时，观察舆论的热度演化、舆论情绪的扩散情况、舆论内容的动态演化，力求通过全方位、多平台、同时区的舆论观测来观察舆论的变化过程。此过程也可为后期的舆论判断通过样本支持，为后续的舆论引导和决策工作提供舆论气候和事件背景参考。舆论判断（Orient）：舆论观察阶段所采集到的舆论信息在此阶段进行系统的分析和判断，可以使用计算机进行批量处理，也可以通

① Angerman, W. S. (2004). Coming full circle with Boyd's OODA loop ideas: An analysis of innovation diffusion and evolution.

② Ullman, D. G. (2007). "OO-OO-OO!" the sound of a broken OODA loop. CrossTalk-The Journal of Defense Software Engineering, 22-25.

③ 蒋瑛. 突发事件舆情导控：风险治理的视域 [M]. 北京：社会科学文献出版社,2020.

④ 蒋瑛. 风险治理视域的突发事件舆情风险生成分析 [J]. 新媒体研究,2018(16):1-5.

过人工进行归纳总结。在实际操作中，更多采用人机结合的分析方式，通过计算机系统来对舆情进行数据处理，然后人工进行文本解读和数据解析。在突发事件中，判断发现网络舆论环境较为恶劣时，需要引起舆论引导各主体的注意，并及时消解可能造成社会危害的负面舆论。引导决策（Decide）：此过程需确定舆论引导目标，制定舆论引导方案。在突发事件舆论引导中，若无法第一时间根据实际情况制定舆论引导方案，则可以启用备用的舆论应急预案；及时向有关专家、学者进行咨询，并制定备选的舆论应对方案。这一过程需要舆论引导主体的配合协作，发声主体和媒介平台通力合作，才能将负面舆论的不良影响降至最低。引导行动（Act）：此过程需按照前序流程制定的舆论引导方案对舆论引导目标采取线上和线下结合的综合性行动。一方面，按照舆论引导决策方案切实采取有效行动，调度可用的人力资源、物力资源、财力资源、媒体资源等进行快速行动；另一方面，在行动采取的过程中要及时观察效果，进行方案的细节调整和上级反馈。

二是外层循环（风险治理循环）。风险识别：此步骤对应于舆论观察阶段。风险识别是在舆论观察的基础之上，根据舆论观察所发现的风险因素、风险内容来识别风险的存在方面和严重程度的一个步骤。在突发事件中，风险识别环节需要对事件可能造成的原生风险、次生风险、衍生风险等方面进行全面而综合的识别和挖掘，并重点追踪可能引发群体性事件、社会性风险的社会舆论。风险评估：风险评估是评价风险等级、风险情况的重要步骤，风险评估的结果将对风险决策产生最为直接的影响。随着技术的发展，风险评估大多基于大数据计算展开，可以通过计算突发事件的风险系数、风险概率、风险后果等方面来综合识别风险情况。当然，人工对于风险评估的最终结果有着决定性作用，一般来说由专家学者所组成的智库若提出建设性论断，往往能够影响风险评估结果。风险决策：风险决策是舆论引导中至关重要的一个环节。在突发事件中，如果不能迅速根据舆论情况作出正确的决策，则会直接或间接导致舆情风险的发生。一个错误的风险决策可能会引发社会性事件，甚至对社会的稳定造成不利影响。这就要求有关主体迅速行动，根据风险识别和评估的结果，制定贴合实际、符合需求的风险决策，力争化解社会风险。风险行动：此步骤对应于引导行动阶段。风险行动是对风险进行处置的行动过程，是对于风险决策的执行过程。在此过程中，风险行动的各类主体相互合作，以风险决策为方针开展风险治理、风险化解等行动。在突发事件中，风险行动的反应速度显得尤为重要，第一时间采取行动处置舆论风险，才能避免负面舆论造成的不良影响。RM-OODA模型具有反馈和交互机制，区别于以往舆论引导的一般过程，本书也将参照这一创新的舆论引导模型，提出改进版的突发事件舆论引导模型。

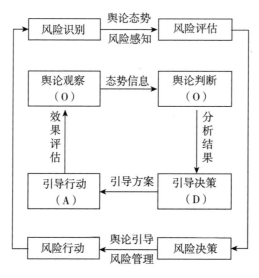

图2-2　RM-OODA模型示意图

（三）舆论分析引导协同模式

决策与行动协同模型认为：在突发事件的舆论引导工作中，各类舆论引导主体需要在一致的引导目标的指导下进行协同过程。该模型有五个组成部分：一致的引导目标、协同过程与协同要素、多元参加主体、共享的舆论态势感知、协同约束规则。直观表示了多元参与主体在一致的引导目标的指导下，通过共享的舆论态势和风险感知，来协同过程以制定约束协同规则，最终开展舆论风险治理的过程。而协同过程则包括设定协同关联、设定协同级别、开展协同会商、评估协同方案、反馈协同效果六个环节，这六个环节与一致的引导目标相联系，构成完整的协同逻辑循环。模型以协同过程的多元主体为先决条件，考察协同目标、协同开展、协同过程、协同行动之间的有机联系。具体来说，处于决策与行动协同模型核心构成部分的协同过程包括以下环节。

设定协同关联是协同过程的初始步骤。协同关联是参与协同行动的多元参加主体根据一致的引导目标，通过指挥、分工、安排、合作等协同安排活动，设定合理、高效、可行的协同关系的过程。协同关联在设定过程中要以一致的引导目标和高效的协同效果为导向，让各个协同主体各司其职、发挥优势、密切配合。一般来说，协同关系包括应急预案中设定好的上下级、平级等预置型关系，决策者根据现实情况临时建立的关联型关系，为避免主体职能交叉重叠而产生不利影响的限制型关系。

设定协同级别是协同过程的第二个步骤。一般情况下，协同级别在划分层级上采取类金字塔的高级、中级、低级的标准。但是在划分标准上则有三种方法：一是根据协同主体的权力大小、影响力大小、能力高低划分协同的主次顺序；二是按照对于协同事件各要素的重要性判断结果，对重点的协同内容按照主要词典进行排序；三是以时间顺序为主线，判断需要紧急开展协同行动的内容，在保障协同效率的情况下，优先完成迫切型协同任务。

开展协同会商是协同过程的第三个步骤。围绕一致的引导目标，协同各主体在此过程中召开协同会商。协同会商可以通过线下会议、线上会议、组合会议等形式开展，这一过程中各主体会提出协同方案预提案以供综合讨论，得到候选的决策方案。在我国，突发事件舆论引导一般由政府及其有关部门召开协同会议，将各协商主体召集起来，然后根据舆论的发展情况、演变情况，提出和制定协同的备选方案。

评估确定协同方案是协同过程的第四个步骤。传统的协同方案评估一般由协同各方人为评估，并进行投票和表决；在我国，协同方案一般会听取专家、平台、媒体的相关意见，并由政府部门通过综合评估进行协同方案决策。随着技术的进步，如今的协同方案可以通过计算机仿真等手段预测各个备选方案的实施过程、实际效能、协同后果等方面，因此协同方案选择上的客观性和高效性得到了进一步的满足。同时，若各个备选协同方案效果不甚理想，各协同主体可以通过商议的形式修改方案细节或重新提交优化后的备选方案。

线上线下协同行动是协同过程的第五个步骤，也是协同过程的核心实践步骤。线上协同行动主要包括党和政府的信息公开、主流媒体的宣传引导、社会组织的配合协作、意见领袖的转发发声、媒体平台的配合整改等诸多方面的网络舆论把控手段。线下协同行动主要包括舆论源头追溯、舆论事件处理、行政司法支持、救援行动开展、谣言追溯处罚、社区提供服务等诸多方面的现实网络舆论管理手段。线上协同行动和线下协同行动以协同目标为指导，根据协同方案进行配合行动，往往能够收到较好的舆论引导效果。当然，在协同行动的开展过程中，也需要注意及时观察协同行动的效果，及时纠正错误的协同行动、反馈最新的协同进展、总结有效的协同经验。

反馈协同效果是协同过程的最后一个步骤。在此过程中，各协同主体密切关注其负责的协同任务内容、行动开展情况、协同最新效果等内容，并进行相互、向上级等方面的反馈。通过最终的反馈结果，协同各主体能够将协同效果和协同目标进行比对，进行有效的协同效果评价。反馈协同效果是协同过程能够构成闭环的关键性步骤，如果协同效果不佳，则可以制定新的一致的协同目标，并着手新一轮的协同工作安排过程。

协同的基本条件是有两个以上的参与者，本书样本按主体分为五类，其中党和政府、大众传媒、社会组织、意见领袖是舆论引导的主体，主体之间或内部，有地位等同的平行关系，也有层次不同的层级关系。基于突发事件舆论引导的决策与行动协同模型，能够帮助各主体在党和政府的领导下，在舆论引导中实行共同协同决策和行动。在党和政府的主导和指挥之下，在共同引导目标的愿景之下，按照协商好的协同机制和规则开展高度配合、协商一致的引导行动，以实现对突发事件舆情风险的控制。

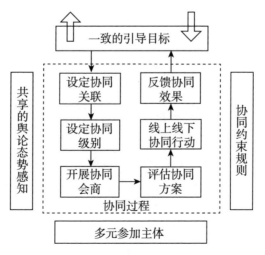

图2-3 决策与行动协同模型

第三节　突发事件中网络媒体的舆论演化与引导操作模型

一、网络舆论分析与引导模式总结

由于本书立足于灾害事件网络舆论演化及引导研究，基于突发事件网络舆论引导的主要流程、决策与行动协同模型、RM-OODA模型等方面的梳理，笔者归纳了表示网络舆论引导主要流程的总结性模型——"突发事件网络舆论演化与引导操作模型"。"突发事件网络舆论演化与引导操作模型"是一个由四个核心环节组成的单层循环模型，总结了突发事件网络舆论引导最核心的环节与步骤。该模型四个环节涵盖了突发事件网络舆论演化与引导的核心操作内容，为突发事件网络舆论演化与引导分析提供了入手的切口，四个环节分别为：信息采集、舆论分析、主体协同、引导效果。

信息采集是该模型的初始环节。在此环节通过对突发事件网络舆论信息的识别与采集，获取目标舆论事件的舆情信息。采样的舆论信息可以是文字、音频、视频、图片等多种媒介形式，采样的平台可以是社交媒体、网站、客户端等多种网络平台，采样的对象可以是政府用户发言、个人用户发言、社会组织发言等多种主体发言。

舆论分析是该模型的重要中间环节，也是突发事件网络舆论演化的核心分析环节。在此环节内，舆论引导的各个主体可以通过协商交流的形式进行舆论分析，借助大数据、计算机模拟等技术可以实现对于舆论演化的时序热度分析、空间热度分析、情感时序分析、情感空间分析、主题时序演化分析、主题空间分布分析、风险层级分析等。

主体协同是该模型的第三个环节，也是突发事件网络舆论引导行动的核心环节。在此环节内，以党和政府、大众传媒、意见领袖、社会组织等为核心的舆论引导主体通过协同和配合，对突发事件网络舆论进行引导行动。在我国，发生重特大突发事件以后，往往由党和政府或大众传媒牵头，对突发事件网络舆论进行引导和疏解，意见领袖和社会组织主要进行信息扩散和协同配合工作。

引导效果是该模型的第四个环节，也是构成模型循环的承接性环节。此过程将对主体协同的舆论引导效果进行综合性评价，一般来说可以通过突发事件网络舆论引导信息的扩散情况，舆论热度的变化趋势、负面舆论的消解程度等方面进行综合评价。同时，这一阶段也有必要对网民的认知和态度变化进行识别和解读，若引导效果不佳，则需要进行反馈，并开始新一轮的舆论分析与舆论引导。

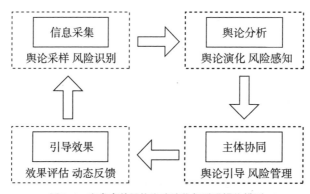

图2-4　突发事件网络舆论演化与引导操作模型

二、本书舆论分析及引导模式构建

突发事件网络舆论风险分析与引导工作涵盖了舆论风险监测、舆论风险识别、引导策略制定、引导行动开展等过程，是突发事件网络舆论引导实施框架的核心构成环节[①]。根据前人的研究成果和本书研究设计，我们提出并展示了"突发事件网络舆论演化与引导操作模型"（见图2-4）。"突发事件网络舆论演化与引导操作模型"是一个由四个核心环节构成的单层循环模型，四个核心环节分别为：信息采集、舆论分析、主体协同、引导效果。如图2-5所示，我们将分析过程与"突发事件网络舆论演化与引导操作模型"进行结合，内循环为"突发事件网络舆论演化与引导操作模型"；外循环为表示分析过程的"突发事件网络舆论演化与引导评价模型"；两者相互联系并共同构成双层

---

① 邓滢，汪明.网络新媒体时代的舆情风险特征——以雾霾天气的社会涟漪效应为例 [J].
中国软科学,2014(08):61-69.

循环的"突发事件网络舆论演化与引导模型"。

本书将"突发事件网络舆论演化与引导模型"作为考察2020年西昌森林突发大火事件的理论模型与操作指南。"突发事件网络舆论演化与引导模型"与RM-OODA①循环模型原理类似。作为内循环的"突发事件网络舆论演化与引导操作模型"与作为外循环的"突发事件网络舆论演化与引导评价模型"存在内在一致性，前者是后者的理论基础，后者是前者的操作细节，两者构成嵌套循环结构，并在运行时相互作用、相互影响。"突发事件网络舆论演化与引导模型"的内循环强调了突发事件网络舆论的识别、分析、主体与效果；外循环强调了突发事件网络舆论的采集、演化、经验、效果，以及舆论分析的细节和侧重。

具体来看，舆论采集对应信息采集，强调了舆论采集时的平台选择、样本收集和舆情概况等分析工作；舆论演化对应舆论分析环节，突出了舆论时序演化是舆论分析的重要关注议题，强调了舆论热度演化、舆论主题演化与舆论情绪演化等的重要性；引导经验对应主体协同，将舆论引导主体划分为党和政府、大众传媒、社会组织和意见领袖，分别分析各个主体的舆论经验；效果评价对应引导效果，指出评论内容、评论情绪、传播路径和个人用户等维度的组合，能够实现对引导效果的综合评价。

本书将按照"突发事件网络舆论演化与引导模型"的环节设置，以及前文研究设计的流程构思，从信息采集（舆论采集）、舆论分析（舆论演化）、主体协同（引导经验）、引导效果（效果评价）这四个方面（四个切口），对此次西昌突发森林大火事件中的各时期舆论演化情况和各主体舆论引导情况进行综合分析。根据分析结果：能够总结各主体的舆论引导经验，提出有助于突发事件舆论引导工作开展的建议与启发；能够校验本文模型的合理性，提出可行的突发事件网络舆论演化与引导模型；能够厘清舆论引导相关工作的流程与重点，明确舆论引导各主体的任务与职责。即本书核心内容在于：按照"突发事件网络舆论演化与引导模型"的理论路径，对案例事件进行网

①　Melzer J E. HMDs as enablers of situation awareness: the OODA loop and sense-making[C]//Head-and Helmet-Mounted Displays XVII; and Display Technologies and Applications for Defense, Security, and Avionics VI. International Society for Optics and Photonics, 2012, 8383: 83830F.

络舆论引导分析与总结，为我国对突发事件网络舆论的把控与引导提出具体的建设性建议。

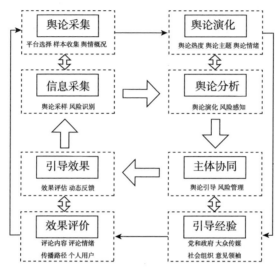

图2-5　突发事件网络舆论演化与引导模型

第四节　研究设计及研究方法

一、样本采集

本书选择中国用户规模最大社交媒体平台之一的"新浪微博"作为主要考察平台。根据2020年西昌森林大火的发展趋势来看，大火发生于2020年3月30日15点左右，4月2日明火已经全部扑灭，4月5日负责西昌森林大火扑灭工作的武警官兵已经全部撤离。因此，本书将样本采集的时间段确立为2020年3月30日15点整至2020年4月6日24点整，将样本采集的关键词确立为"西昌森林大火""西昌森林火灾""西昌大火"，关键词之间为"或"关系，即选择了三个关键词的"并集"微博。研究者使用八爪鱼爬虫软件来进行样本采集工作，采集样本要素包括：微博正文文本、所属微博评论文本、所属微博转发用户名称、微博发布时间、微博转发数量、微博点赞数量、微博评论数量、微博发布者名称、微博发布者认证信息、微博发布者粉丝数量等。

通过网络爬虫，本书共计获取到2020年3月30日15点至2020年4月6日24点含有关键词"西昌森林大火"或"西昌森林火灾"或"西昌大火"的微博22401条，转发、点赞、评论数量庞大，覆盖粉丝超过9亿人次，达到了进行大数据分析的数量级别，具体数值展示见表2-1。

表2-1　初步数据统计表

微博数量	转发数量	点赞数量	评论数量	粉丝数量
22401	285034	541566	141719	961946017

二、数据处理

初步数据中含有较多干扰信息，无法直接投入研究分析，需要经过数据清洗和数据分类等环节来获取可直接用于分析的有效样本。本书通过数据清洗，去除完全重复的文本、与本书主题无关的信息、重复性控评信息、广告信息、异常信息、纯表情符号、图片和视频等，最终得到有效样本12012条。

参考雷跃捷、薛宝琴对于我国舆论引导格局下舆论引导主体的分类[①]，研究者进一步将有效样本按照微博发布者身份信息划分为：

1.党和政府（包括中央和地方各级党委和政府新闻宣传主管部门，如@中国消防、@四川发布、@西昌发布V等）；

2.大众传媒（包括党报党刊、电台电视台、都市类媒体、网络新媒体等，如@人民日报、@央视新闻、@四川日报等）；

3.社会组织（各种民间组织、基金会、非政府组织等，如@壹基金、@韩红爱心慈善基金会、@四川青年志愿者等）；

4.意见领袖（在特定群体中有较大知名度和影响力的个人，如@黄晓明、@姚晨、@回忆专用小马甲等；本文参考刘志明、刘鲁等人对于意见领袖的分类标准，将样本中粉丝数量超过100万且拥有"黄V"认证的用户认定为意见

---

① 雷跃捷，薛宝琴.舆论引导新论[M].北京：社会科学文献出版社,2018.

领袖①②);

5.个人用户（非上述四个主体的个人）。

其中，党和政府、大众传媒、社会组织、意见领袖均为舆论引导的主体，个人用户的舆论表达较为自由和松散，在突发事件的背景之下受到四个舆论引导主体的进一步引导。根据样本清洗和主体分类的结果，本书将有效样本基本情况罗列如表2-2所示，下文全部研究均基于有效样本开展。

表2-2　有效样本统计表

主体	代表用户	微博数量	转发数量	点赞数量	评论数量	粉丝数量
党和政府	@中国消防、@四川发布、@西昌发布V等	979	13179	20212	7994	93982568
大众传媒	@人民日报、@央视新闻、@四川日报等	1940	72312	110978	45301	217396719
社会组织	@壹基金、@韩红爱心慈善基金会、@四川青年志愿者等	81	7760	8701	2176	25810210
意见领袖	@黄晓明、@姚晨、@回忆专用小马甲等	189	44512	83819	23470	290932833
个人用户	@写×、@我×、@黄×等	8823	16989	19884	5609	27360717
合计		12012	154752	243594	84550	655483047

三、情绪分析

定量情绪分析是在收集整理信息的基础上分析网民言论中所包含的情感色彩，以及所包含的情感色彩的强烈程度，并按照一定的标准对这些情感色彩的强烈程度进行等级划分③。对文本进行情绪分析，目前的主流方法主要基于机器学习或基于情感词典。按照处理文本的粒度不同，情感和情绪分析可

---

① 刘志明,刘鲁.微博网络舆情中的意见领袖识别及分析 [J].系统工程,2011,29(6):9.
② 曾繁旭,黄广生.网络意见领袖社区的构成、联动及其政策影响:以微博为例 [J].开放时代,2012(4):17.
③ 兰月新.突发事件微博舆情扩散规律模型研究 [J].情报科学,2013(3):31-34.

分为词语级、短语级、句子级和篇章级等几个层次[①]。在研究中，对于低粒度的文本情感倾向分析，多使用词典法，程序运行速度快，准确率较高；对于高粒度的文本情感倾向分析，多使用机器学习法，时效较低，但是准确度较高[②]。微博文本粒度较低，多以短句、词语为主，因此本书使用基于情感词典的情感分析方法来进行文本情绪分析[③④⑤]。

《大连理工大学中文情感词汇本体》是目前国内情绪词汇最为丰富的词典之一[⑥⑦]。它参考了《现代汉语分类词典》《汉语褒贬义词语用法词典》《中华成语大词典》《新世纪汉语新词词典》等成熟中文词典，收录了近三万个中文情感词语，在网络文本情感分析方面应用极其普遍[⑧]。《大连理工大学中文情感词汇本体》基于国外影响力较大的Ekman六大类情感划分[⑨]，根据正文常见情绪类型，增加了"好"这一类目，将情感词语划分为"哀""怒""恶""惧""惊""好""乐"七小类，同时通过计算这七种情绪词的数量和比例，也可以进一步将情绪划分为"正面情绪""中性情绪""负面

①　Ghazi, D., Inkpen, D., & Szpakowicz, S. (2014). Prior and contextual emotion of words in sentential context. Computer Speech & Language, 28(1), 76−92.

②　刘志明，刘鲁.基于机器学习的中文微博情感分类实证研究 [J].计算机工程与应用，2012,48(1):1−4.

③　徐琳宏，林鸿飞，杨志豪.基于语义理解的文本倾向性识别机制 [J].中文信息学报，2007,21(1):96−100.

④　吴杰胜，陆奎.基于多部情感词典和规则集的中文微博情感分析研究 [J].计算机应用与软件，2019,36(09):93−99.

⑤　肖江，丁星，何荣杰.基于领域情感词典的中文微博情感分析 [J].电子设计工程，2015,23(12):18−21.

⑥　Gao, H., Guo, D., Wu, J., & Li, L. (2022). Weibo Users' Emotion and Sentiment Orientation in Traditional Chinese Medicine (TCM) During the COVID−19 Pandemic. Disaster Medicine and Public Health Preparedness, 16(5), 1835−1838.

⑦　李继东，王移芝.基于扩展词典与语义规则的中文微博情感分析 [J].计算机与现代化，2018(02):89−95.

⑧　徐琳宏，林鸿飞，潘宇，等.情感词汇本体的构造 [J].情报学报，2008,27(2):6.

⑨　Ekmann, P. (1973). Universal facial expressions in emotion. Studia Psychologica, 15(2), 140.

情绪"三大类[①②]。这种分类标准能够适用大部分的中文文本，因此在中文文本情感分类中运用广泛[③]，更有多个研究证明其在微博文本情感识别的准确率高达85%[④⑤⑥]。因此，本书参照《大连理工大学中文情感词汇本体》，采用"正面情绪、中性情绪、负面情绪"三大类和"哀、怒、恶、惧、惊、好、乐"七小类的分类标准。

在实际操作方面，研究者通过自编写的Python程序将样本切分成单词，逐一与《大连理工大学中文情感词汇本体》内的情感词语进行匹配；计算机统计各类别词语数量，并计算每条样本的情感词语含量与情感强烈程度，最终自动生成每条样本的情绪类别。

四、主题分析

本书使用隐含狄利克雷分布（Latent Dirichlet Allocation，LDA）主题模型来进行微博文本的主题分析。主题模型通过提取合适的文本内容主题和特征词语，以此对文本内容进行特征描述和建模，目前这是一种常见的自然语言处理方式[⑦]。通过建立主题模型，可以发现大型文本语料库中的隐藏结构[⑧]、潜

① 杨亮，林原，林鸿飞.基于情感分布的微博热点事件发现[J].中文信息学报，2012，26(01):84—90+109.

② 敦欣卉，张云秋，杨铠西.基于微博的细粒度情感分析[J].数据分析与知识发现，2017,1(07):61—72.

③ 任巨伟，杨亮，吴晓芳，林原，林鸿飞.基于情感常识的微博事件公众情感趋势预测[J].中文信息学报，2017,31(02):169—178.

④ 郝苗苗，徐秀娟，于红，赵小藏，许真珍.基于中文微博的情绪分类与预测算法[J].计算机应用，2018,38(S2):89—96.

⑤ 赵妍妍，秦兵，石秋慧，刘挺.大规模情感词典的构建及其在情感分类中的应用[J].中文信息学报，2017,31(02):187—193.

⑥ Guo, D., Zhao, Q., Chen, Q., Wu, J., Li, L., & Gao, H. (2021). Comparison between sentiments of people from affected and non-affected regions after the flood. Geomatics, Natural Hazards and Risk, 12(1), 3346—3357.

⑦ 胡吉明，陈果.基于动态LDA主题模型的内容主题挖掘与演化[J].图书情报工作，2014,58(02):138—142.

⑧ Barbieri, N., Manco, G., Ritacco, E., Carnuccio, M., & Bevacqua, A. (2013). Probabilistic topic models for sequence data. Machine learning, 93(1), 5—29.

在语义[1]，从而实现对文本的主题分析。使用LDA主题模型来进行主题建模，最后会得到文本特征词语，经过归纳总结即可获得内容主题。LDA基于词袋（bag of words）模型[2]，认为文档和单词都是可交换的，忽略单词在文档中的顺序和文档在语料库中的顺序，从而将文本信息转化为易于建模的数字信息[3]。LDA的特点赋予了它卓越的短文本处理能力，被广泛应用在推特、微博等短文本处理之中[4][5]。

如图2-6所示，LDA包含词语、主题和文档三层结构，可以用一个有向概率图表示。开始时，LDA从参数为β的Dirichlet分布中抽取主题与单词的关系Φ_k，从参数为α的Dirichlet分布中抽样出该文本M与各个主题之间的关系θ_d，当有K个主题时，θ_d是一个K，每个元素代表主题在文本中的出现概率$\sum_K \theta_{dk}=1$；从参数为θ_d的多项式分布中抽样出当前单词所属的主题Z_{dn}；最后在包含N个特征词的文档中，从参数为$\Phi_{Z_{dn}}$的多项式分布中抽取出具体单词W_{dn}。在LDA，文本的单词是可观测到的，而文本的主题是隐式变量[6][7]。

①　Hofmann, T. (2001). Unsupervised learning by probabilistic latent semantic analysis. Machine learning, 42(1), 177−196.

②　Blei, D. M., Ng, A. Y., & Jordan, M. I. (2003). Latent dirichlet allocation. Journal of machine Learning research, 3(Jan), 993−1022.

③　Hoffman, M., Bach, F., & Blei, D. (2010). Online learning for latent dirichlet allocation. advances in neural information processing systems, 23.

④　Du, L., Buntine, W., Jin, H., & Chen, C. (2012). Sequential latent Dirichlet allocation. Knowledge and information systems, 31(3), 475−503.

⑤　Jelodar, H., Wang, Y., Yuan, C., Feng, X., Jiang, X., Li, Y., & Zhao, L. (2019). Latent Dirichlet allocation (LDA) and topic modeling: models, applications, a survey. Multimedia Tools and Applications, 78(11), 15169−15211.

⑥　Dyer, T., Lang, M., & Stice−Lawrence, L. (2017). The evolution of 10−K textual disclosure: Evidence from Latent Dirichlet Allocation. Journal of Accounting and Economics, 64(2−3), 221−245.

⑦　Rasiwasia, N., & Vasconcelos, N. (2013). Latent dirichlet allocation models for image classification. IEEE transactions on pattern analysis and machine intelligence, 35(11), 2665−2679.

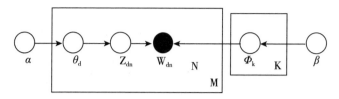

图2-6 LDA原理图

本书使用后离散分析（Post-discretized Analysis）的方法，探究主题强度（热度）在时序上的演变情况。后离散分析最早由Griffiths等[1]提出，是指先使用主题模型将文本集合生成主题，而后利用文本的时间信息，后验的分析主题在离散时间上的分布[2]。也就是说，后离散分析在忽略时间信息的情况下，先通过LDA主题建模获取主题词项，然后才根据文本的分布时间将文本离散到各个时间窗口，在固定的时间窗口内计算每个主题的强度均值，最后通过强度均值变化来观察主题强度的演化。对于某个主题z_k，θ_{dk}较为全面地反映了主题z_k与文档d的关联程度，我们将其作为话题热度的参考值[3]，并依次考虑它在每个时间窗口的强度δ_k^t。因此，在t时间段内，话题z_k的热度值，可以用公式（1）计算。后离散分析是对于话题强度的演化，而非话题内容的演化，优势在于主题之间是可以对齐的，适用于微博舆情主题演化分析。

$$\delta_k^t = \frac{\sum\limits_{d:\ t_d \in t} \theta_{dk}}{D_t} \tag{1}$$

在实际操作方面，研究者通过自编写的Java程序进行样本分词和停用词去除；将主题词个数设置为10个（一般来说，6～10个主题词便可较好地反映主题内容[4]），并多次改变主题映射中的主题个数，通过观察主题词运行结果、主题组间区分度和困惑度数值变化，来确立最优主题数；引入时间变量，采用后离散分析的方法计算不同主题在不同时间阶段内的热度变化。

---

[1] Griffiths, T. L., & Steyvers, M. (2004). Finding scientific topics. Proceedings of the National academy of Sciences, 101(suppl_1), 5228-5235.

[2] 单斌,李芳.基于LDA话题演化研究方法综述[J].中文信息学报,2010,24(06):43-49+68.

[3] 林萍,黄卫东.基于LDA模型的网络舆情事件话题演化分析[J].情报杂志,2013,32(12):26-30.

[4] 李永忠,蔡佳.基于LDA的国内电子政务研究主题演化及可视化分析[J].现代情报,2017,37(04):158-164.

五、社会网络分析

社会网络分析是指综合运用数学方法、图论、数学模型等来研究社会关系结构的一种分析方法[1][2]。社会网络分析从本质来说是社会科学领域对于复杂网络的一个称谓，一个网络完整的社会网络通常包括三个组成部分：首先是行动者（网络节点），如个人组成的网络，单位组成的网络，社区组成的网络，等等；其次是联系（网络关系），图像中往往用网络节点之间的线段来表示，如人和人之间的人际关系、公司和公司之间的合作关系、词语和词语之间的上下文关系等；最后是边界。这些行动者和联系需要确定一个限定范围，如某学校里面的学生，某社区内部的居民，某社交平台的用户等[3][4][5]。基于这三个部分，研究者可以从生活或工作中抽取出不计其数的差异化的网络，如微博用户间转发关系网络，微博信息的传播扩散网络等[6][7]。目前，社会网络分析可以通过构建关键词共现网络来进行内容分析、表示词语关系，可以通过构建人际关系网络来进行社会关系分析、表示人际互动等。以微博为例，社会网络分析和可视化不仅在微博语义分析[8]和传播路径[9]分析方面应用成熟，而且有较多成熟的工具，如Ucinet、Gephi、NETDRAW、ROST等，这些软件可以实现社会网络矩阵建构，社会网络图像绘制、社会网络数据计算等[10]。

---

① Knoke, D., & Yang, S. (2019). Social network analysis. SAGE publications.

② 王之元，毛婷婷，蔡小敏.社交网络环境下突发气象灾害舆情信息的传播演化研究[J].情报探索,2018(09):83−89.

③ Scott J. Social network analysis[J]. Sociology, 1988, 22(1): 109−127.

④ 朱庆华，李亮.社会网络分析法及其在情报学中的应用[J].情报理论与实践,2008(02):179−183+174.

⑤ Gao, H., Guo, D., Wu, J., Zhao, Q., & Li, L. (2021). Changes of the public attitudes of China to domestic COVID−19 vaccination after the vaccines were approved: a semantic network and sentiment analysis based on sina weibo texts. Frontiers in Public Health, 9, 723015.

⑥ Wasserman, S., & Faust, K. (1994). Social network analysis: Methods and applications.

⑦ 毛佳昕，刘奕群，张敏，马少平.基于用户行为的微博用户社会影响力分析[J].计算机学报,2014,37(04):791−800.

⑧ 魏瑞斌.社会网络分析在关键词网络分析中的实证研究[J].情报杂志,2009,28(09):46−49.

⑨ 平亮，宗利永.基于社会网络中心性分析的微博信息传播研究——以Sina微博为例[J].图书情报知识,2010(06):92−97.

⑩ 庄曦，王旭，刘百玉.滴滴司机移动社区中的关系结构及支持研究[J].新闻与传播研究,2019,26(06):36−58+127.

在实际操作方面：一方面，研究者通过自编写的Python程序将全部微博评论按四个舆论引导主体进行分组，每个舆论引导主体得到一组微博评论数据集，共计四组数据集；使用ROST分别构建四组数据集的关键词共现矩阵；通过社会网络分析软件ROST来绘制四组数据集的关键词共现网络图，通过网络分析软件Ucinet来计算关键词共现矩阵的点度中心度等情况；以舆论引导主体为基本单位，对比各主体下微博评论社会网络的内容呈现情况和话题集中程度，用于对舆论引导效果探究分析。另一方面，研究者通过自编写的Python程序为每条样本微博的发布者和转发者打上标签；使用Excel建构二元网络共现矩阵；通过社会网络分析软件Gephi来绘制基于转发路径的微博信息传播扩散网络图；以舆论引导主体为基本单位，观察不同舆论引导主体的微博信息扩散层级与程度。

第五节　突发灾害事件中网络舆论特征及演变：
以西昌森林大火事件的微博信息传播为例

一、西昌森林大火事件中微博舆论热点梳理

本书根据2020年西昌森林大火事件的发展脉络和新浪微博热搜记录，整理出与此次事件相关的新浪微博热搜词条共计32份。新浪热搜榜是国内最具权威性、影响力的搜索榜单之一，榜单上的热搜词条主要由网友搜索行为和讨论行为产生，或者由话题主持人产生；被大量网友搜索和讨论的关键词或者话题词，都可能成为热搜词。热搜算法会综合搜索量、发博量、阅读量、互动量等数据指标，建立搜索、讨论、传播三大热度模型，实时计算综合热度进行排序，生成Top50榜单。榜单算法中包含严格的排水军和反垃圾机制，以确保公正客观（来自新浪热搜榜规则）。

本书将这些事件词条进行编号：A1西昌火灾，A2西昌因森林大火实行交通管制，B1西昌火场5公里内居民已撤离，B2西昌火灾市民称火比去年大，B3森林火灾向西昌市农业学校蔓延，B4高分卫星紧急驰援四川凉山森林火灾，

B5西昌火灾18人牺牲，B6西昌山火救援中18人牺牲，B7西昌大营农场西线林火扑灭，B8西昌山火致19名地方扑火人员牺牲，B9四川西昌山火有扑火队员牺牲，B10西昌山火牺牲队员最后出征画面，B11西昌山火救援队员，B12西昌山火牺牲队员，B13西昌山火牺牲队员出征画面，B14车辆鸣笛致哀西昌山火牺牲勇士，B15直升机出动扑救西昌山火，B16四川西昌突发山火新闻发布会，B17西昌泸山着火点复燃，B18西昌森林火灾牺牲人员名单，C1西昌3条火线明火全部扑灭，C2西昌森林火灾牺牲扑火队员照片，D1西昌南线山火蔓延，D2西昌森林火灾明火已经全部扑灭，D3西昌山火过火区域发现伤亡猴子，E1男子侮辱西昌火灾牺牲队员被刑拘，E2西昌森林火灾牺牲勇士追悼会明天举行，F1西昌森林火灾牺牲勇士追悼会，F2西昌市民送别森林火灾牺牲勇士，F3西昌森林大火的三天两夜，G1 2108名扑火人员彻夜值守西昌火场，H1官方组成核查组核查西昌山火19人牺牲经过。并进一步将编号事件词条按照时间顺序展示（见表2-3）。

从结果来看，此次事件相关词条在3月31日登上热搜榜单的频次最高，共有18个词条从7点到20点持续受到高度关注。其他日期的热搜词条频数基本上在三个以内，事件后期的4月5日和4月6日均仅有一条热搜。

表2-3　事件热搜词条统计表

日期	编号	时间	事件
3月30日	A1	16:00	西昌火灾
	A2	19:00	西昌因森林大火实行交通管制
3月31日	B1	7:00	西昌火场5公里内居民已撤离
	B2	7:00	西昌火灾市民称火比去年大
	B3	7:30	森林火灾向西昌市农业学校蔓延
	B4	10:00	高分卫星紧急驰援四川凉山森林火灾
	B5	10:00	西昌火灾18人牺牲
	B6	10:00	西昌山火救援中18人牺牲
	B7	10:30	西昌大营农场西线林火扑灭
	B8	10:30	西昌山火致19名地方扑火人员牺牲
	B9	10:30	四川西昌山火有扑火队员牺牲
	B10	12:00	西昌山火牺牲队员最后出征画面

续表

日期	编号	时间	事件
3月31日	B11	12:00	西昌山火救援队员
	B12	12:30	西昌山火牺牲队员
	B13	12:30	西昌山火牺牲队员出征画面
	B14	14:30	车辆鸣笛致哀西昌山火牺牲勇士
	B15	15:30	直升机出动扑救西昌山火
	B16	17:30	四川西昌突发山火新闻发布会
	B17	19:30	西昌泸山着火点复燃
	B18	20:00	西昌森林火灾牺牲人员名单
4月1日	C1	14:30	西昌3条火线明火全部扑灭
	C2	18:00	西昌森林火灾牺牲扑火队员照片
4月2日	D1	7:00	西昌南线山火蔓延
	D2	13:30	西昌森林火灾明火已经全部扑灭
	D3	19:00	西昌山火过火区域发现伤亡猴子
4月3日	E1	13:00	男子侮辱西昌火灾牺牲队员被刑拘
	E2	19:30	西昌森林火灾牺牲勇士追悼会明天举行
4月4日	F1	11:30	西昌森林火灾牺牲勇士追悼会
	F2	11:30	西昌市民送别森林火灾牺牲勇士
	F3	22:30	西昌森林大火的三天两夜
4月5日	G1	10:00	2108名扑火人员彻夜值守西昌火场
4月6日	H1	7:30	官方组成核查组核查西昌山火19人牺牲经过

二、西昌森林大火事件中舆论热度演化研究

研究者以日期（每天）为层，对12012条全部主体的有效样本微博数量和转发数量进行描述性统计。3月30日微博数量为814条，转发数量为8980次；3月31日微博数量为5298条，转发数量为96542次；4月1日微博数量为2073条，转发数量为11781次；4月2日微博数量为1568条，转发数量为10035次；4月3日微博数量为653条，转发数量为9118次；4月4日微博数量为1112条，转发数量为13061次；4月5日微博数量为353条，转发数量为3807次；4月6日微博数量为141条，转发数量为1428次。

为对比不同日期下微博数量和转发数量的整体情况和热度变化，研究者将12012条全部主体的有效样本微博数量和转发数量绘制成条形折线组合统计图（见图2-7）。不难发现，微博数量整体波动幅度较大，呈现出先增长后降低的变化趋势，3月31日的微博数量最多，约为第二名4月1日的2.55倍，约为第八名4月6日的37.57倍；3月31日之后，微博数量并非平滑逐降，在4月4日较前一日出现了中等幅度的反弹，增长率约为70.29%。转发数量整体波动幅度比微博数量更大，也呈现出先增长后降低的变化趋势，3月31日的转发数量最多，约为第二名4月4日的7.39倍，约为第八名4月6日的67.61倍；3月31日之后，转发数量也并非平滑逐降，在4月4日较前一日出现了小幅度的反弹，增长率约为43.24%。

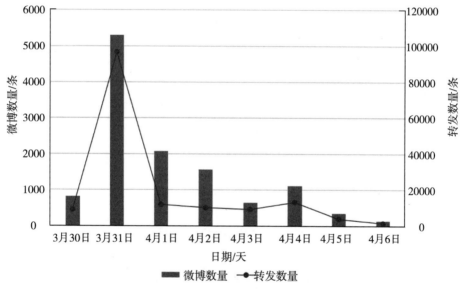

图2-7　微博数量—转发数量组合图（日期）

研究者以时间（每小时）为层，对12012条全部主体的有效样本微博数量进行细化的描述性统计。其中有11个时间段的微博数量超过了200条，分别是：3月31日10点到11点935条，3月31日11点到12点730条，3月31日12点到13点536条，3月31日13点到14点398条，3月31日14点到15点335条，3月31日20点到21点324条，3月31日15点到16点233条，3月30日19点到20点207条，3月31日7点到8点204条，3月31日17点到18点201条，4月2日11点到12点201条。有4个时间段微博数量为0，分别是：4月5日4点到5点，4月6日2点到3点，4月

6日3点到4点，4月6日5点到6点。

为对比不同时间内微博数量的整体情况和热度变化，研究者将12012条全部主体的有效样本微博数量绘制成折线统计图（见图2-8），不难发现，微博数量整体波动幅度较大，整体呈现出先增长后降低的变化趋势，在3月31日10点到11点出现了极大值，约为第二名3月31日11点到12点730条的1.28倍；除开3月31日来看，其他日期的数量峰值出现在4月2日11点到12点。综合来看，3月31日7点到21点微博数量最多，在11个微博数量超过200条的时间段中，有9个均为3月31日，舆论热度远超其他时间段。

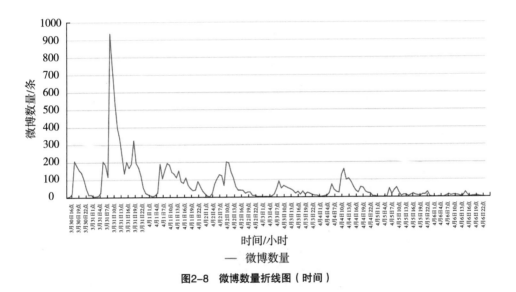

图2-8　微博数量折线图（时间）

三、西昌森林大火事件中关键舆论波动探析

为探究2020西昌森林大火舆论热度背后的波动原因，研究者在微博数量折线统计图的基础上，按照微博热搜词条上榜的时间，标注了事件词条编号，如图2-9所示。

可以看出，3月31日10点到11点微博数量达到极大值时，所对应的微博热搜词条是B7西昌大营农场西线林火扑灭，B8西昌山火致19名地方扑火人员牺牲，B9四川西昌山火有扑火队员牺牲。各大政务微博、大众传媒对19名扑火队员不幸牺牲的消息进行了通报，消息发出后在微博迅速传播和扩散，公众纷纷发言表示痛惜与同情。B10西昌山火牺牲队员最后出征画面，B11西昌山火救援队员，B12西昌山火牺牲队员，B13西昌山火牺牲队员出征画面，B14车辆鸣笛致哀西昌山火牺牲勇士，这5个词条也都与牺牲的灭火队员有关，所对应的时间为3月31日12点到15点。也就是说19名灭火队员不幸牺牲的消息是此次突发事件中舆论热度最重要的构成部分之一。

此外，A2、B1-B3、B18、C2、F1-F2、G1所在的位置也存在明显的峰值。在3月30日16点左右西昌火灾初步引发社会关注以后，3月30日19点到20点西昌因森林大火实行交通管制的消息使得西昌火情舆论热度达到了第一个小型峰值。3月31日7点到8点，灭火队员们彻夜奋战，但是火灾的形势并没有明显好转，B1西昌火场5公里内居民已撤离，B2西昌火灾市民称火比去年大，B3森林火灾向西昌市农业学校蔓延等3个词条登上热搜，引发了广大网民对于此次火情的强烈担忧。3月31日20点左右，官方公布了19名遇难灭火队员的名单，B18西昌森林火灾牺牲人员名单登上热搜，仅本文所收集的20点到21点有效样本就有324条。3月31日以后，舆论的整体热度有所下降，但4月1日傍晚官方公布西昌森林火灾牺牲扑火队员照片，又一次使得舆论热度回升。4月4日11点到12点，F1西昌森林火灾牺牲勇士追悼会和F2西昌市民送别森林火灾牺牲勇士这两个话题双双登上热搜，彼时大火已经扑灭，但牺牲的队员只能在人们的心中千古，许多网民纷纷通过微博表达了他们对救火英雄的缅怀和敬意。

除了这些舆论热度峰值与事件词条有明显关联的节点外，还有值得注意的是3月31日20点到4月1日14点半之间并没有新增的热搜词条，但是对于大火相关的讨论却一直维持在较高的水平，所讨论的内容主要还是3月30日的话题。此外，4月2日官方14点便发布消息称西昌森林火灾明火已经全部扑灭，网民们第一时间进行了讨论，但是14点半相关话题D2西昌森林火灾明火已经全部扑灭才登上热搜，也造成了在D2之前有一个舆论热度小型峰值。

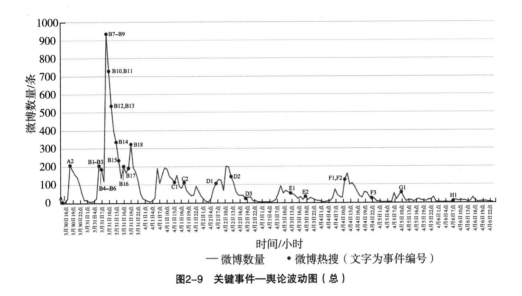

图2-9　关键事件—舆论波动图（总）

四、西昌森林大火事件微博热门舆论内容呈现

研究者使用自编写的Python代码对全部微博正文有效样本进行了词频统计，并将词频排名前一百的词语和频数罗列如表2-4所示，通过词频结果和样本案例来归纳梳理热点舆论。可以看到，"西昌"一词凭借15587次的频数位列榜首，排名前7的词语均为事件描述必不可缺的名词，分别是"西昌、森林、大火、火灾、视频、四川、西昌市"，"微博"和"武警"分别位列第八和第九，"突发"一词凭借3665的频数位列第十。前十名的词语中，有九个都是名词，只有突发属于形容词，从样本整体来看"突发"一词经常和火灾相关的词语连用，用以事件通报和情况描述，如突发大火、突发火灾等，所以词频排名靠前。前一百名的高频词，最低词频也有740次，表明这高频词是具备一定代表性的。通过词频和样本的综合分析，研究者进一步发现了三个热门舆论内容：

一是火灾火情。这部分内容主要包括火灾的发展情况、火灾蔓延的方向等。除西昌、森林、大火等核心词外，此部分内容对应的高频词为：蔓延、浓烟、三天、两夜、顺风、紧急、明火、燃烧等。典型案例样本为：3月30日，四川凉山州西昌市突发森林火灾，火势向泸山景区方向迅速蔓延，大量浓烟顺风飘进西昌城区，全城被一层黄色烟雾笼罩，空气中弥漫着一股树木燃烧后的焦味，山火灰四处飘散。

二是灭火行动。这部分内容主要包括消防队员、武警官兵、当地干部等灭火人员的灭火和救援作为，以及网民对灭火队员的加油和祈福。除西昌、森林、大火等核心词外，此部分内容对应的高频词为：扑火、消防员、英雄、灭火、战士、扑灭、支队、铲子等。典型案例样本为："3月30日，四川西昌市经久乡发生森林大火，四川省森林消防总队调集机关及直属的车辆通信勤务大队、训练大队，攀枝花森林消防支队，阿坝森林消防支队，甘孜森林消防支队，凉山森林消防支队510余名指战员火速集结参与灭火攻坚，保卫西昌。连日来，全体指战员冲锋在前，打火头、攻险段、保重点，成功完成马道场口液化气站、菜籽油粮站、光福寺、奴隶社会博物馆、西昌学院、听涛小镇等重点目标的保卫任务。"

三是安危情况。这部分内容主要包括西昌市周边居民的安危情况或生活状态。除西昌、森林、大火等核心词外，此部分内容对应的高频词为：交通管制、飘进、景区、黄色、全城、空气、弥漫等。典型案例样本为：四川凉山州西昌市突发森林火灾，火势向泸山景区方向迅速蔓延，大量浓烟顺风飘进西昌城区，全城被一层黄色烟雾笼罩，空气中弥漫着一股树木燃烧后的焦味，山火灰四处飘散。西昌市公安局发布通知，宣布对部分路段进行紧急交通管制，并呼吁广大市民朋友做好呼吸道等的保护措施。

此外，除了火灾火情、灭火行动、安危情况以外，有不少的样本内容是复杂多样的，在一条微博内，可能讨论了多个主题，因此不便进行归类，如样本："不知道这个世界怎么了？疫情还没结束，又有西昌大火，火车侧翻，一次次觉得自己很没用，什么都帮不上忙，只希望一线的你们一定平平安安呀！3月还有一天结束，希望这次火灾一切都慢慢往好的方向发展！"本书研究对此类微博进行了剔除，未纳入研究范围。

表2-4　样本高频词统计表

排名	词语	词频	排名	词语	词频	排名	词语	词频
1	西昌	15587	33	迅速	1642	65	发现	968
2	森林	12109	34	救援	1634	66	我们	959
3	大火	10163	35	支队	1559	67	一定	930
4	火灾	7856	36	单膝	1538	68	怀孕	930
5	视频	5892	37	飘进	1518	69	燃烧	927

续表

排名	词语	词频	排名	词语	词频	排名	词语	词频
6	四川	4957	38	大量	1491	70	离开	918
7	西昌市	4800	39	扑灭	1488	71	全部	897
8	微博	4428	40	三天	1384	72	黄色	897
9	武警	3775	41	两夜	1381	73	排查	897
10	突发	3665	42	战士	1378	74	不停	894
11	收起	3359	43	下午	1378	75	一只	894
12	消防	3175	44	顺风	1295	76	目送	894
13	泸山	3083	45	紧急	1244	77	暖心	891
14	蔓延	2940	46	景区	1238	78	铲子	888
15	凉山	2824	47	明火	1182	79	容器	885
16	平安	2676	48	他们	1179	80	笼罩	882
17	交通管制	2620	49	人民日报	1164	81	烟雾	876
18	牺牲	2584	50	中国	1146	82	军事	870
19	山羊	2382	51	希望	1140	83	进行	858
20	凉山州	2290	52	现场	1140	84	树木	843
21	扑火	2236	53	宁南县	1132	85	空气	835
22	火势	2219	54	灭火	1087	86	上午	835
23	实行	2088	55	两只	1084	87	全城	829
24	消防员	2067	56	经久	1078	88	归来	811
25	山火	2046	57	新闻	1057	89	弥漫	808
26	英雄	1984	58	其中	1042	90	木里	799
27	队员	1966	59	安全	1016	91	一股	799
28	城区	1874	60	烟点	989	92	扑救	799
29	烧伤	1835	61	火场	986	93	一层	796
30	浓烟	1672	62	时间	971	94	焦味	796
31	它们	1672	63	发生	968	95	不要	775
32	方向	1666	64	发布	968	96	勇士	769
97	你们	760	98	人员	743	99	继续	743
100	四川省	740						

五、西昌森林大火事件微博热门舆论主题分析

本书通过LDA主题模型来进一步分析样本微博正文主题。一般来说6～10个关键词便可以较好地展示主题内涵，因此本书选择输出和展示10个主题关键词。在实际操作中，研究者发现输出5个主题时，不同主题之间的10个关键词区分度较好且困惑度数值较低，因此输出了5组热门主题关键词。然后，研究者通过对主题关键词的综合分析，来提炼具体的主题名称。分析发现，热门的舆论主题主要包括火灾原因追溯、声援灭火人员、火灾情况通报、缅怀牺牲队员、官方应对工作。为直观展示主题内容，研究者将主题序号、主题名称、主题关键词、案例样本展示见表2-5。

在五个热门主题中，有两个均与灭火队员有关。"声援灭火人员"主题下的内容多是为灭火队员加油鼓劲、为灭火队员祈求平安、为火灾局势祈求平安等；"缅怀牺牲队员"主题下的内容多是为牺牲队员感到惋惜和悲痛、表达不愿接受和相信牺牲队员英勇献身的事实、寄托对于牺牲队员的哀思等。由于事发突然，官方主要精力用于灭火工作和周围群众的安全保障方面，无法第一时间给出火灾原因的调查结果。加之西昌去年也发生过严重火灾，当地群众的伤疤被再次掀起，网民们在网络上大胆地猜测火灾的发生原因。"火灾原因追溯"主题下的内容还有大量的负面情绪，从样本来看，电线起火、烟蒂起火、人为纵火等原因均在当时有一定的讨论热度。"火灾情况通报"和"官方应对工作"主题下的内容多以党和政府、大众传媒为发布者主体，发布的形式类似于新闻消息体裁，发布的内容包括火灾蔓延态势、大火扑灭进展、官方救火策略、人员安排情况、城区应对工作、周边疏散情况等。不少意见领袖或个人用户也会第一时间转发火灾情况通报，并附上自己对此次森林火灾的看法或感想。

表2-5　LDA主题分析结果（总）

序号	主题	主题关键词	案例样本
1	火灾原因追溯	原因、组织、调查、去年、严重、工作、烟点、发现、时间、电线	一早看到，引起这场大火的原因不排除人为，我真的就想骂人！去年也是这个时间，官方给出的是雷打了枯树。我只想表示你们都不吸取教训吗？你们心不会痛吗？

序号	主题	主题关键词	案例样本
2	声援灭火人员	平安、希望、归来、消防员、勇士、烧伤、方向、辛苦、战士、祈祷	成都在下雨，希望西昌的大火也被雨浇灭，那些消防员一定要平平安安回来呀，也都是十几二十岁的宝宝，如果有事，他们的妈妈该多伤心。一定一定一定要平平安安地一个不少地回来。
3	火灾情况通报	西昌、四川、突发、火灾、危险、蔓延、危机、火势、城区、凉山	今天四川凉山州西昌市突发森林火灾。由于风势较大，山火迅延至泸山，大量浓烟顺风飘进了西昌城区。预计，30日夜间至4月1日，西昌市天气晴，西南风；森林火险气象等级高，林内可燃物易燃烧，火势易蔓延扩散，需注意局地较强阵风和风向突变天气对扑火工作的不利影响。
4	缅怀牺牲队员	牺牲、消防、扑火、英雄、救援、背包、向导、遗体、队员、灭火	西昌泸山突发森林大火，宁南县18名扑火队员和1名西昌当地向导不幸遇难。4月4日15时许，西昌到宁南全程126公里，每经过居住区，道路两侧都是拉着横幅、捧着菊花来告别的村民。宁南县上万名群众自发走上街头，人们高喊："英雄，一路走好！"
5	官方应对工作	交通、管制、人员、发布、提醒、发生、口罩、支队、空气、出行	火灾发生后，西昌市立即启动应急预案，州、市领导及相关部门第一时间赶赴现场指挥扑救，并及时组织专业扑火队伍300余人、应急民兵700余人进行处置。现已紧急疏散群众及周边重点企业人员，暂无人员伤亡，后续待报！

六、西昌森林大火事件微博热门舆论主题的演化

本书使用后离散分析的方法，考察LDA主题分析所输出的五个主题在时间上的热度演化情况，并使用Python中的heatmap库进行可视化呈现，绘制主题演化热度图（见图2-10）。

根据主题演化热度图、主题内容、样本情况来看：主题1"火灾原因追溯"在3月31日热度最高，其次是3月30日和4月1日，再次是4月6日，而4月2日到5日之间的热度则处于较低水平。在火灾发生的初期对于火灾原因的猜测和询问的微博数量很多，特别是在3月31日19名救火人员不幸罹难之后，网民开始追根溯源，迫切想要找出引发火灾的幕后元凶，因此热度走高。而后火灾情况逐渐好转，所以关于火灾原因的讨论也趋于冷静，只有在4月6日官方组成核查组核查西昌山火19人牺牲经过的情况下，主题1才略有回温。

主题2"声援灭火人员"的热度变化呈现出明显的逐渐降低趋势，从3月30日到4月6日这8天颜色越来越浅。从火灾灾后行动顺序来看，火灾发生的初期是政府和有关部门增派人手奔赴火场救火、疏散危险区域民众的关键时期。大量的消防队员、武警官兵、当地干部等置身火灾抢险一线，网民朋友纷纷为他们加油鼓劲、祈祷救火英雄平安归来。火灾形势好转以后，这些声援微博的数量和声量也随之走低。

主题3"火灾情况通报"的热度变化也呈现出明显的逐渐降低趋势，从3月30日到4月6日这8天颜色越来越浅。从火灾发展态势来看，3月30日，四川省凉山州西昌市经久乡突发森林火灾；4月1日下午，经过灭火队伍努力，泸山正面明火全部扑灭，取得阶段性成果；4月1日晚上，由于风力作用，西昌火场南线再次复燃并出现蔓延；4月2日中午，西昌市经久乡森林火灾明火已全部扑灭。火灾较为严重的日期主要是前三天，因此前三天有较多主要的火灾情况通报，火情好转以后通报的频数也逐渐减少。

19名救火队员壮烈牺牲发生于3月31日，因此主题4"缅怀牺牲队员"在3月30日的热度几乎不存在，在3月31日热度非常高涨。3月31日的热图模块是全部40个小模块中最深的颜色，涉及大量与牺牲队员相关的微博。事发后两天舆论热度略有下降，但是最后四天发生了男子侮辱西昌火灾牺牲队员被刑拘、西昌森林火灾牺牲勇士追悼会举行、西昌市民送别森林火灾牺牲勇士、官方组成核查组核查西昌山火19人牺牲经过等事件，使得网友再次将注意力聚焦"缅怀牺牲队员"等相关话题。

主题5"官方应对工作"出现了明显的断层，3月30日到4月1日舆论热度从高位开始递减，4月2日到4月6日舆论热度再次从高位开始递减。从疫情发展和官方作为来看，前一阶段主要是官方疏散民众、灭火救灾的相关行动；后一阶段主要是官方在进行火灾善后工作，如遇难者亲属安抚、受损民众经济补贴等方面的料理工作。两个部分的工作有灾前和灾后的不同属性，因此在相关内容的舆论热度上也比较割裂。

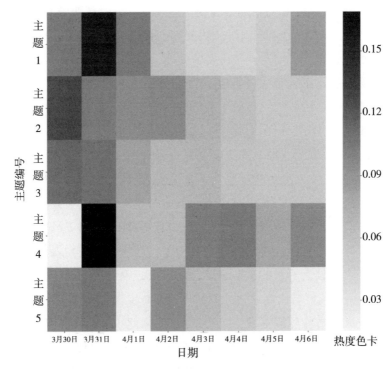

图2-10　主题演化热度图（总）

七、西昌森林大火事件微博情绪分析

在新媒体环境下，灾害等突发事件的爆发，以社交媒体平台为代表的新媒体平台，除了会相对集中地发布灾害相关的信息以外，网民会根据相关议题发表观点，实现自我表达。从所发表的观点和意见中，也可以看出事件中网民的情绪和态度，从而折射出社会心理。网民情绪、社会心理的捕捉，对于媒体进一步的信息发布，以及相关部门的舆论引导具有较强的指导意义。因此，本书使用情绪分析法，对西昌大火事件中微博用户的整体情绪进行评判，为进一步分析该事件中不同主体的舆论引导策略和效果奠定基础。

具体而言，研究者通过基于情感词典的情绪分析方法，将全部微博正文有效样本划分为正面情绪、负面情绪、中性情绪三种类型。如表2-6所示，负面情绪数量最多，约为5234条，占据全部样本的43.57%；中性情绪数量次之，约为4875条，占据全部样本的40.59%；正面情绪数量最少，约为1903条，占据全部样本的15.84%。不难看出，负面情绪和中性情绪为样本中的主流情绪，两者累计占比84.16%，远超正面情绪样本。此次事件整体舆论情绪偏向负面，容易给舆论引导带来困难和调整，安抚和疏导网络负面情绪显得尤为重要和突出。

表2-6　情绪统计表（总）

类目	数量	占比	累计占比
负面情绪	5234	43.57%	43.57%
中性情绪	4875	40.59%	84.16%
正面情绪	1903	15.84%	100%
总计	12012	100%	100%

1.负面情绪内容梳理

本书通过LDA主题模型来进一步分析属于负面情绪的样本的微博正文主题。一般来说，6～10个关键词便可以较好地展示主题内涵，因此本书选择输出和展示10个主题关键词。在实际操作中，研究者发现输出3个主题时，不同主题之间的10个关键词区分度较好且困惑度数值较低，因此输出了3组热门主题关键词。然后，研究者通过对主题关键词的综合分析，来提炼具体的主题名称。分析发现，负面情绪下的热门主题内容主要包括问责队员遇难原因、描述当地危急情况、祈福缅怀救火英雄。为直观展示主题内容，研究者将主题序号、主题名称、主题关键词、案例样本展示如表2-7所示。

主题1为"问责队员遇难原因"。3月31日18名消防队员和1名当地向导不幸牺牲以后，网络上充斥着大量的负面情绪，人们在对英雄致敬的同时，也不忘追责。不少网民发言要找出火灾起火的原因、队员遇难的原因，一些人开始思考是否是上级指挥失误、灭火装备不够齐全、带队者带队或决策失误才导致了这些队员不幸罹难。

主题2为"描述当地危急情况"。2020年西昌森林大火的发生地靠近西昌城区，因此火灾产生的大量黄烟、灰烟飘入城内，给当地居民不仅带来了人身安全的威胁，还造成了呼吸困难、出行不便等负面影响。各大媒体争相报道火灾所造成的影响，大量当地居民也通过新浪微博平台来描述当下所看到的状况，从中进一步表达处境不利的不安情绪。

主题3为"祈福缅怀救火英雄"。此话题本质上包含两个方面的内容，一是祈福救火英雄，希望救火英雄们平安归来，不再有牺牲，不再有受伤；二是缅怀已经牺牲的19名救火人员，为他们奋不顾身的救火精神、舍生取义的救火行动表示最崇高的敬意和最深切的哀悼。该话题是此次事件中最为热门的话题之一，在不同的情绪倾向中均有存在，在负面情绪样本中尤为突出。

表2-7　LDA主题分析结果（负面情绪样本）

序号	主题名称	主题关键词	案例样本
1	问责队员遇难原因	包围、人员、救援、问责、不幸、消防员、支队、经验、向导、发生	我们防御各种灾害，都有相当充足的经验了。去年，我们牺牲了31位消防员，今年已经18位了。假如，明年再有火灾，我们该怎么办？必须要彻查原因，不要再死人了。
2	描述当地危急情况	四川、西昌市、突发、管制、交通、凉山、呼吸、实行、城区、浓烟	4月1日晚开始，泸山山火再次复燃，新产生3公里的火线并向山下蔓延。西昌城区可见明火。因该地理位置山势陡峭、火势大，夜间难以扑救，扑救以防守为主。1日晚间，四川省消防救援总队再次调集救援队伍驰援西昌。截至4月2日凌晨现场仍风力较大，火势蔓延迅速，浓烟弥漫，208名消防指战员正沿着西昌海滨中路听涛小镇到柏栎酒店之间布防，全力防控山上下压的火线。
3	祈福缅怀救火英雄	平安、希望、火势、蔓延、归来、牺牲、可惜、安全、英雄、注意	一年前的3月30日木里大火牺牲了30名英雄，一年后的3月30日西昌大火牺牲了19名英雄，断断续续烧了将近三天的大火，何时才能找出那无意的纵火者，何时才能还给山上小猴子们一个家园，何时才能让奔赴火场灭火的英雄们好好休息，愿奔赴火场的英雄们，你们一定要平安归来。愿上苍保佑今晚无人受伤，无人牺牲！

2.负面情绪波动探析

为了更直观有效地呈现整体微博正文数量和被识别为负面情绪的微博正文数量之间的数值与波动关系，本书按时间（每小时）分层，绘制了整体微博数量和负面情绪微博数量的条形折线组合图（见图2-11）。在本组合图中，微博整体数量的比例被缩写为原来的二分之一，当柱状图高于折线图，即表明负面情绪此时占比超过样本的50%。可以发现3月30日的负面情绪最为突出，不少时刻的负面情绪数比例都超出了50%；对应到微博热搜主要是关于西昌山火牺牲队员最后出征画面、西昌山火救援队员、西昌山火牺牲队员、车辆鸣笛致哀西昌山火牺牲勇士、直升机出动扑救西昌山火等事件。此外4月1日19点左右、4月2日7点左右、4月4日11点左右，样本中的负面情绪比例也超过了50%；对应到微博热搜主要是关于西昌森林火灾牺牲扑火队员照片、西昌南线山火蔓延、西昌森林火灾牺牲勇士追悼会、西昌市民送别森林火灾牺牲勇士等事件。

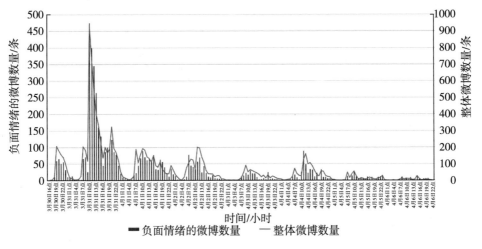

图2-11　微博数量—负面情绪微博数量组合图（时间）

为探究2020年西昌森林大火负面舆论、负面情绪热度背后的波动原因，研究者绘制了负面情绪微博数量折线统计图（见图2-12），按照微博热搜词条上榜的时间，标注了事件词条编号。

可以看出负面情绪微博数量的波动情况和整体微博数量的波动情况相仿。3月31日10点到11点负面情绪微博数量达到极大值时，所对应的微博热搜词条是B7西昌大营农场西线林火扑灭，B8西昌山火致19名地方扑火人员牺牲，B9四川西昌山火有扑火队员牺牲。次峰值为3月31日20点，对应的事件是B18西昌森林火灾牺牲人员名单。值得一提的是，事件F1西昌森林火灾牺牲勇士追悼会和F2西昌市民送别森林火灾牺牲勇士，4月4日11点到12点之间的负面情绪微博数量激增。从该时间段内的样本来看，西昌市民和全国网友一道送别遇难英雄，充斥着悲伤和无奈的情绪。综合来看，负面情绪更多指向灭火队员遇难一事，罹难人员相关事件的发生与负面情绪微博数量的波动存在高度相关。

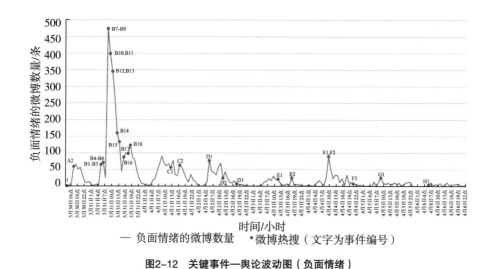

图2-12 关键事件—舆论波动图（负面情绪）

第六节 灾害事件中网络舆论引导策略及责任探讨

就舆论引导而言，它是一个工作系统，有多个不同主体存在且具备各自的功能，并发挥各自的作用[①]。不同主体在舆论引导工作系统中所发挥的地位、功能、作用及相互关系则形成舆论引导格局[②]。当前我国舆论引导格局中，主要的舆论引导主体有党和政府、大众传媒、社会组织和意见领袖等[③]。基于此，本书分别考察这四个主体在西昌森林大火事件的微博平台上所发挥的舆论引导功能和作用，从而勾勒整体的舆论引导格局。不同主体所发挥的功能和作用背后，体现的是不同主体在灾害事件中所承担的责任所在。

一、党和政府的舆论引导

（一）信息公开迅速准确

2020年西昌森林大火发生后，当地政府、有关部门第一时间组织扑火队

---

① 雷跃捷，薛宝琴. 舆论引导新论 [M]. 北京：社会科学文献出版社,2018.

② 雷跃捷，薛宝琴. 舆论引导新论 [M]. 北京：社会科学文献出版社,2018.

③ 雷跃捷，薛宝琴. 舆论引导新论 [M]. 北京：社会科学文献出版社,2018.

伍前往事发地灭火，并通过新浪微博平台迅速准确地公布了最新的火灾形势、扑火进展、伤亡人员等信息。

3月30日下午3点51分左右，西昌火灾西昌市护林防火指挥部办公室接到电话报警马鞍山方向发生森林火灾，16点左右西昌火灾话题便登上微博热搜，19点左右关于西昌因森林大火实行交通管制的话题也登上热搜。四川省凉山州西昌市人民政府新闻办官方微博"西昌发布V"在20点19分对于此次事件进行了情况通报。在通报中，当地政府对于火势情况、应急预案、扑火队伍、居民转移等一系列的措施进行了通知与解释，抢占了舆论的先机。使用#四川西昌市经久乡森林火灾#这一话题，以及@中国森林消防、@四川森林消防等辅助手段，帮助信息迅速准确地扩散。与此同时，通过"文字+视频"的呈现形式，帮助社会公众了解此次火灾的整体情况，避免与此事件相关的负面舆论、不实传言、夸大事实等信息在网络空间扩散。

31日凌晨1点30分，联合指挥部接到火场灭火人员报告，宁南县组织的专业打火队21人在一名当地向导带领下，去往泸山背侧火场指定地点集结途中失联。搜救队伍随后陆续发现有3名同志身负重伤，有19名同志不幸遇难，其中18名为打火队员，1名为当地向导。19名扑火队员不幸罹难引发了全国上下的巨大关注，31日10点半左右，西昌山火救援中18人牺牲、西昌山火致19名地方扑火人员牺牲、四川西昌山火有扑火队员牺牲等词条均进入了微博热搜的前20名。"西昌发布V"在10点48分左右就发布长文字微博对该事件进行了播报，对遇难人数、受伤人数、遇难者身份、发现时间等均有详细解说。通过加带话题#四川西昌市经久乡森林火灾#，@中国消防、@四川消防等辅助手段，以官方立场迅速准确地传递了相关信息，避免网民无处求证和过度猜测。

3月31日18点52分"西昌发布V"微博发布了当天17点西昌市人民政府新闻办公室召开新闻通气会的有关内容。四川省应急管理厅党组成员、省森林消防总队政委金德成同志，四川省应急管理厅党组成员、省消防救援总队总队长刘赋德同志，中共西昌市委书记李俊同志通报相关情况。会上对于灭火救援、伤员救治、人员疏散等各项工作的情况进行了通报，重点讲述了灭火队员的遇难经过、牺牲人员家属善后服务等内容。使用#西昌火灾#这一话题，帮助信息迅速准确地扩散。与此同时，通过"文字+视频+外部链接"的呈现形式，对西昌市森林火灾发生以来的大事件进行了细致的梳理，迅速准确地传递了事件信息。

　　研究者将四川省凉山州西昌市人民政府新闻办官方微博"西昌发布V"对2020年西昌森林大火的重要通报展示如表2-8所示。此外"中国消防""四川发布""四川消防""四川森林消防""眉山消防""乐山消防""德阳消防"等属于党和政府主体下的微博账号也发布了大量与此次事件相关内容。此次事件中，党和政府的政务微博在火灾信息公开方面表现良好，不仅做到了准确，而且信息发布和传播速度也非常迅捷。

表2-8　西昌市人民政府新闻办官方微博通报表

项目	发布时间	微博正文	所带话题	呈现形式	辅助手段
西昌市森林火灾情况通报1	3月30日20点19分	2020年3月30日15时51分，西昌市护林防火指挥部办公室接到电话报警马鞍山方向发生森林火灾，初步判定，起火位置位于凉山州大营农场，由于风势较大，山火迅速蔓延至泸山。火灾发生后，西昌市立即启动应急预案，州、市领导及相关部门第一时间赶赴现场指挥扑救，并及时组织专业扑火队伍300余人、应急民兵700余人进行处置。现已紧急疏散群众及周边重点企业人员，暂无人员伤亡，后续待报！	#四川西昌市经久乡森林火灾#	文字、视频	@中国森林消防、@四川森林消防
西昌市森林火灾情况通报2	3月31日10点48分	2020年3月30日15时，西昌市泸山发生森林火灾，直接威胁马道街道办事处和西昌城区安全，其中包括一处石油液化气储配站、两处加油站、四所学校、百货仓库等。截至31日零时，过火面积1000公顷左右，毁坏面积初步估算80公顷左右。火灾发生后，凉山州西昌市第一时间启动应急预案，成立前线指挥部，调集宁南、德昌等县专业打火队就近支援，组织各类救援力量2044人开展扑救。同时紧急疏散周边群众1200余人。31日凌晨1时30分，联合指挥部接到火场灭火人员报告，宁南县组织的专业打火队21人在一名当地向导带领下，去往泸山背侧火场指定地点集结途中失联。	#四川西昌市经久乡森林火灾#	文字	@中国消防、@四川消防

项目	发布时间	微博正文	所带话题	呈现形式	辅助手段
		接到报告后，指挥部立即组织展开搜救。7时许，搜寻到3名打火队员，送往医院救治，目前生命体征平稳。搜救队伍随后陆续发现有19名同志不幸遇难，其中18名为打火队员，1名为当地向导。后续待报。			
西昌市森林火灾情况通报3	3月31日18点52分	3月31日17时，西昌市人民政府新闻办公室召开新闻通气会。通气会开始前，全体人员向在这次火灾扑救中牺牲的19位勇士默哀。四川省应急管理厅党组成员、省森林消防总队政委金德成同志，四川省应急管理厅党组成员、省消防救援总队总队长刘赋德同志，中共西昌市委书记李俊同志通报相关情况。截至3月31日16时，西昌森林火灾过火面积1000余公顷，毁坏面积为80余公顷。目前，灭火救援、伤员救治、人员疏散等各项工作正在进行中。本次起火点初步判定为大营农场柳树桩，沿经久、马道、泸山后山猛烈扩散，后因风向多变，火情扩散迅速，并伴多处飞火，造成多处多线速燃态势。现场通报了救火牺牲及受伤勇士基本的情况：2020年3月30日19时30分，宁南县专业扑火队接到宁南县林草局前往西昌市支援命令，于当日20时20分，由该专业扑火队正在值守备勤的一班、五班共计21人从宁南县出发驰援西昌泸山火场，据幸存者表述，队伍于31日凌晨1时20分许突遇风向突变，现场情况十分复杂，到现场18名扑火队员和1名向导牺牲，3名扑火队员负伤。目前，3名重伤人员正在医院接受救治，生命体征稳定。牺牲人员遗体已全部护送至西昌市殡仪馆。西昌市已按照一名牺牲人员一个服务小组的要求成立了专门工作组，抽调了医护和心理辅导人员组成服务小组为牺牲人员家属提供全方位服务。	#西昌火灾#	文字、图片、外部链接	无

（二）针对民意解答困惑

2020年西昌森林大火发生后，大量网民通过新浪微博平台讨论火灾发展趋势、人员伤亡情况、扑火工作进展等内容，不少网民对于何时能够遏制火势、消防队员安危、当地民众安全等问题发出疑问，各级政府新闻办公室、消防支队等官方微博对于公众普遍存在的疑问进行了回复和解答。由于党和政府对于火灾关联的各项事务均需要出面说明，微博正文话题多样且全面。

3月31日西昌森林大火造成18名扑火队员和1名向导牺牲，随后网络上流传的一段一段"牺牲19名扑火队员最后影像"的视频，引起巨大舆论。网民们一方面对画面中火光冲天的场景表示恐惧和焦虑、对灭火队员的不幸遭遇表达同情和惋惜，另一方面也对视频的真实性产生了一定程度的质疑。视频在网络上流传以后，应急管理部森林消防局官方微博"中国森林消防"发布了辟谣微博。"中国森林消防"使用话题#微博辟谣#，表示该视频是木里火场的一个紧急避险画面，视频中消防员平安无恙。经查证，该视频为2020年3月30日16点左右，在四川木里森林火灾扑救过程中，四川森林消防总队下属成都、木里大队消防员躲避火头视频，且被人为加了滤镜（请看后面的原始视频），并非"西昌火场"，也并非"牺牲19名扑火队员最后影像"，请广大媒体和网友切勿信谣传谣。此视频中共计180人，其中成都森林消防大队140人，木里森林消防大队40人，火头过后消防员均平安无恙。经询问一线指战员，视频中的火头目前已经翻过两座山头，四川森林消防总队333名指战员仍在火灾一线全力堵截扑救！同时"中国森林消防"对于这次四川宁南18名地方森林草原专业扑火队员和1名向导不幸牺牲也深感悲痛，并希望全体参加灭火救援的队伍，一定要注意安全，平安归来！研究者发现，视频流传的时间为2020年3月30日12点到13点，而"中国森林消防"在2020年3月31日13点02分便发布了辟谣微博帖，并通过"文字+视频"，套用"微博辟谣"话题的叙事手法和传播手段来反驳不实信息、解答公众疑惑。

3月31日晚间，西昌学院附近的山火复燃，西昌学院的学生纷纷发布微博求助。彼时负责该区域扑火工作的四川省眉山市消防救援支队通过官方微博"眉山消防"第一时间进行了回应：目前西昌学院后面的泸山复燃，浓烟弥漫，火势随着风势正在蔓延。火情发生后，驻守在西昌学院民族预科教育学院点的眉山市消防救援支队消防指战员迅速出动，制定阻截方案。着火点的位置与驻守点直线距离不到1000米。如果山火继续向下蔓延，将危及学校及城镇。为阻击山火向山下蔓延，眉山消防指战员正在设置水枪阵地。同时，防止火星引燃山下的枯草枯枝，眉山消防指战员正利用水枪对周边的树木进行喷淋，提高湿度，防止山火危及学校及周边房屋。待火情平息以后，"眉山消防"再度发文：今日3时03分，山火蔓延至西昌学院民族预科教育学院操场外20米处，3时43分，山火燃烧连成一线向学院推进，火情发生后，驻守在西昌学院民族预科教育学院点的眉山市消防救援支队2号、3号、4号阵地迅速出动8门水枪、4门水炮进行浇洒作业，截至目前现场没有发现明火燃烧。对西昌学院师生的问题反馈，"眉山消防"有问必答，还在评论区和公众亲切互动，为大家答疑解惑。

此外"中国消防""四川发布""四川消防""四川森林消防""成都消防""双流消防""眉山消防""乐山消防""德阳消防"等政务微博均通过发布微博或回复评论等形式来针对民意解答困惑，内容涵盖火灾形势、火灾自救、牺牲队员、城区管制等诸多维度。研究者梳理和收集了部分答疑、辟谣、回应的微博，如表2-9所示。

表2-9　政务微博账号民意回应统计表

发布者	发布时间	微博正文	所带话题	呈现形式	辅助手段
眉山消防	4月2日19点48分	突遇森林火灾如何自救？这份自救指南请收好。①判断风向，逆风方向才是逃生方向；②不要往山顶方向跑；③用湿毛巾捂口鼻，选择植被稀疏的路线；④若不幸引火上身，踩灭火苗或翻滚把火苗压灭。自救招数能提高生存概率，提醒：千万不要在森林防火高危期违反野外用火规定！	#西昌南线山火蔓延#	文字、视频	无
德阳消防	3月31日8点29分	3月31日上午6时30分，德阳市消防救援支队增援力量按照总队前指命令，到达中国石油四川凉山销售分公司经久油库。范晓林副支队长在油库负责人的带领下，组织人员对油库重点部位、消防通道、水源、周边环境进行熟悉，并就油库防护任务进行了战斗部署。目前，支队指战员正在进一步对周边水源及比邻情况进行侦察。	#林火逼近西昌#	文字	无

发布者	发布时间	微博正文	所带话题	呈现形式	辅助手段
中国森林消防	4月2日14点29分	截至4月2日上午9时30分，四川西昌森林火灾已投入各类扑火队伍3150人，直升机参与灭火。灭火队伍分5个区域，结合气象预测指导，正开展明火扑救和烟点余火清理工作。	#3150名扑火队员投入西昌山火#	文字、图片、视频	@我们直播
四川发布	3月31日17点08分	目前，泸山正面已无明火，存在少部分烟点，扑火队员正在各烟点值班值守；柳树桩明火已扑灭，目前火烧迹地尚有三处烟点，150名民兵正在烟点处值守；乌龟塘明火已全部扑灭，无明显烟点；马鞍山村沿山靠近活龙村山脊处有明火3处，烟点3处，现有291人参与扑救；马道百花深沟明火已全部扑灭，零星烟点约230个，值守人员正在灭除隐患。	无	文字、图片	无
四川发布	3月31日10点15分	31日凌晨1时30分，联合指挥部接到火场灭火人员报告，宁南县组织的专业打火队21人在一名当地向导带领下，去往泸山背侧火场指定地点集结途中失联。接到报告后，指挥部立即组织展开搜救。7时许，搜寻到3名打火队员，送往医院救治，目前生命体征平稳。搜救队伍随后陆续发现有19名同志不幸遇难，其中18名为打火队员，1名为当地向导。后续待报。	无	文字、图片	@西昌发布V
西昌发布V	4月1日23点39分	经4月1日3800余人全力扑救，截至中午12时，东线（泸山正面光福寺至卧云山庄一线）、北线（马道百花深沟）、西线（经久马鞍乡）三个区域明火已扑灭，转入烟点和余火处置。南线电池厂后山和响水沟剩两条火线，组织1025人进行了扑救，但受风力影响，晚上19时10分，电池厂后山火线已向东蔓延至海南街道办事处后山，火线约5公里，西昌城区可见明火。因该地理位置山势陡峭、火势大，夜间难以扑救，扑救以防守为主。	#四川西昌市经久乡森林火灾#	文字、视频	无

二、大众传媒舆论引导

（一）积极求证发布真相

大众传媒是舆论引导中最重要、最有效、最坚实的力量[①]。此次森林大火发生后，人民日报、新华社、央视新闻等主流媒体第一时间派遣记者前往事发地附近，通过现场直播、现场拍摄获取第一手事件资料，对于需要求证的信息第一时间求证当地政府和消防部门。这些主流媒体不仅将事件真相迅速、真实、准确地通过微博等渠道传递给公众，对商业性媒体、小型媒体也起到了重要的引领、带动和示范的作用。

2020年3月30日19点4分，中央电视台新闻中心官方微博"央视新闻"发布微博：今日下午，四川凉山州西昌市突发森林火灾，大量浓烟顺风飘进了西昌城区。已有消防员赶到现场参与救援。关注！愿平安！这条微博言简意赅地对西昌森林大火进行了通报，并通过"文字+视频"的形式加以呈现，从文字中公众可以清晰明了地了解事件的发生地点、发生时间、发生内容，从视频中民众可以看到市区天空火光冲天，直观地了解了此次事件的严重程度。为了扩大信息的传播范围，该条微博使用了#西昌火灾#、#四川西昌突发森林火灾#这两个话题标签。"央视新闻"通过16秒自制视频和50余个文字就将事件信息第一时间传递了出去，并引发了3万余次转发扩散。

2020年3月31日10点35分，人民日报法人微博"人民日报"发布微博："记者了解到，该起突发山火已造成19名地方扑火人员死亡。"25字的短文微博和1张山火图片，将19名灭火队员不幸罹难的信息告知全国民众，近4万人次转发了此条微博。在当天10点15分左右，当地政府对于此事也有通告，但是转发数量没有破万，人民日报粉丝数量庞大，超过1亿，在发布该条微博时链接了话题#西昌山火致19名地方扑火人员牺牲#，使真相得到了大规模的传播，网友们纷纷转发评论，表示痛心与惋惜。

2020年3月31日21点16分，新华社法人微博"新华社"发布微博："近日，四川省凉山彝族自治州多地发生森林火灾。记者31日从中国气象局了解到，

---

① 施春华.利用大众传媒的舆论导向功能——加强思想政治教育工作中不容忽视的课题[J].江西行政学院学报,2006,8(S2):129−131.

根据预报，4月1日至2日，木里、西昌、冕宁森林火险气象等级高，林内可燃物易燃烧，火势易蔓延扩散，需注意局地较强阵风和风向突变天气对扑火工作的不利影响。"这条微博求证了中国气象局，对火灾形势进行了研判，告知广大网友，此次火灾的扑救行动难度系数极大，切记不可掉以轻心，各方需通力合作、准备万全。

可以看出人民日报、新华社、央视新闻等主流媒体在此次森林大火情况通报方面用词谨慎、求证积极。它们不仅全力采访和拍摄第一手资料，也积极转发官方发布的信息内容，对于间接获得的信息，进行了反复求证和来源标注。新京报、环球时报、澎湃新闻、新浪新闻、头条新闻、中国新闻周刊、中国新闻网、封面新闻、新闻晨报、红星新闻、凤凰新闻等大众传媒对于此次森林大火也展现出积极求证、发布真相的态度与作为。本书选取了其中具有代表性的博文内容，如表2-10所示。

表2-10　大众传媒代表性微博统计表

发布者	发布时间	微博正文	所带话题	呈现形式	辅助手段
央视新闻	3月30日20点14分	凉山西昌市通报，初步判定起火位置位于凉山州大营农场，由于风势较大，山火迅速蔓延至泸山。西昌市立即启动应急预案，现已紧急疏散群众及周边重点企业人员，暂无人员伤亡	#西昌火灾#	文字、视频	无
央视新闻	4月2日19点53分	据四川西昌市人民政府新闻办公室，今天14时20分许，西昌市樟木箐镇李家沟村一组发生森林火情。当地及时组织专业扑火队伍70人、应急民兵140人处置，火场为荒山，周边无重要设施，目前无人员伤亡。初步判断为当地一名租住村民在房屋内做饭时意外由灶炉烟囱引燃房外柴火导致山火	#西昌再发山火系村民做饭引燃柴火导致#	文字、图片	无
人民日报	3月31日12点28分	30日，四川西昌突发森林火灾。据西昌最新通报，31日凌晨，宁南县组织的专业打火队21人在一名当地向导带领下，去往泸山背侧火场指定地点集结途中失联。经搜寻，19人遇难，其中18名为打火队员，1名为当地向导，剩余3人目前仍在医院救治	#西昌山火牺牲队员出征画面曝光#	文字、视频	无

续表

发布者	发布时间	微博正文	所带话题	呈现形式	辅助手段
新华社	4月2日17点34分	记者从四川省西昌市经久乡森林火灾联防指挥部获悉，经过3600余名扑火队员连续奋战，截至2日12时01分，西昌市经久乡森林火灾明火已扑灭，转入清烟点、守余火、严防死灰复燃阶段。记者在西昌采访了解到，由于近期当地气温偏高、空气干燥，特别是午后易起大风、风向多变，近三天火场形势已多次出现反复。截至2日15时，过火林区仍有不少烟点，尚不能排除复燃可能。	#经久乡森林火灾明火已扑灭#	文字、图片	无
封面新闻	4月2日22点31分	4月2日中午，@西昌发布V称，据西昌森林火灾现场打火队反馈，西昌山火过火区域发现死伤猴子。针对此次情况，邛海泸山风景名胜区管理局发布消息称，将加强巡查，如发现受伤猴子，立即联系动物医院救治。同时，增加安全投食地点，确保猴群安全，目前猴粮充足。猴子很难管理，但是会尽力。	#西昌官方回应山火致猴子伤亡#	文字、视频	@西昌发布V
中国新闻网	4月4日19点14分	在泸山半山腰，坐落着凉山彝族奴隶社会博物馆，馆藏彝族文物4000多件，其中国家一级文物90件，被称为"彝族人民的精神家园"。馆长邓海春告诉记者，这次林火从南面、西面和北面都在威胁博物馆，最危急的时刻，火线距博物馆围墙只有80米。当晚，工作人员连夜转移出400多件文物，目前，博物馆已安全转移3064件文物至山脚邛海宾馆库房。库房安保负责人洛木有呷告诉记者，这些文物"是祖先留下来的，一定要保护好，这是对祖先的怀念"。	#西昌森林火灾中的博物馆#	文字、视频	@中新视频

（二）善用资源扩大影响

大众传媒是公众了解社会事件最重要的信息来源之一。在新浪微博平台，各大媒体的粉丝数量庞大、影响范围广袤，拥有优质的信息传播渠道与资源，例如，截至2021年12月"人民日报"微博粉丝数量超过1.40亿，央视新闻粉丝数量超过1.23亿，"头条新闻"微博粉丝数量超过1.02亿。在此次森林大火事件中，大众传媒充分发挥粉丝基础，通过转发、转述、转载等方式，将与事件相关的重要信息进行了最大限度的传播与扩散。大众传媒所发布的微博内容丰富多彩，并且详略得当，对于重要信息多次发布或转发，以便为网民答疑解惑。

封面新闻华西都市报官方微博"封面新闻"拥有微博粉丝超过0.31亿，在4月1日23点31分转发官方微博："4月1日晚，由于风力作用，四川凉山州西昌市泸山景区附近的森林山火再次复燃。据西昌发布通报，南线电池厂后山和响水沟剩两条火线，组织1025人进行了扑救，但受风力影响，晚19时10分，电池厂后山火线已向东蔓延至海南街道办事处后山，火线约5公里，西昌城区可见明火。因该地理位置山势陡峭、火势大，夜间难以扑救，扑救以防守为主。"使得仅拥有5万粉丝的四川省凉山州西昌市人民政府新闻办官方微博"西昌发布V"所发布的灭火最新进展消息被更多网友所知悉。

新京报官方微博"新京报"，与西昌当地政府、消防队保持密切联系。4月2日8点28分发表微博通报山火复燃情况："记者从四川消防总队了解到，4月1日晚开始，泸山山火再次复燃，新产生3公里的火线并向山下蔓延。西昌城区可见明火。因该地理位置山势陡峭、火势大，夜间难以扑救，扑救以防守为主。1日晚间，四川省消防救援总队再次调集救援队伍驰援西昌。截至4月2日凌晨现场仍风力较大，火势蔓延迅速，浓烟弥漫，208名消防指战员正沿着西昌海滨中路听涛小镇到柏栎酒店之间布防，全力防控山上下压的火线。"这条微博对于复燃情况的表述非常细致和准确，并配备"图片+外部链接"，为火灾应对再次敲响警钟。

中国新闻网法人微博"中国新闻网"4月2日据"西昌发布"消息，通报参与西昌山火扑灭行动的21名宁南县专业扑火队员中，有3名队员遇火烧伤。3月31日8时许，3名受伤队员已送至西昌卫星发射基地医院救治。经诊断，其中1名特重度烧伤，1名重度烧伤，1名轻度烧伤。当日21时30分，3名伤员又转送至西昌医疗条件最好的凉山州第一人民医院治疗，特重度烧伤伤员和重度烧伤伤员随即进入ICU独立病房治疗，轻度烧伤伤员进入烧伤科普通独立病房治疗。目前，3名患者休克基本纠正，生命体征相对稳定，器官功能改善。扑火队员幸存者们的安危牵动着全国民众的心，拥有0.74亿粉丝的"中国新闻网"发布此消息让很多网友悬而未决的心感到宽慰。

　　人民日报、人民网、央视新闻、新华社、新京报、环球时报、澎湃新闻、新浪新闻、头条新闻、中国新闻周刊、中国新闻网、封面新闻、新闻晨报、红星新闻、凤凰新闻等大众传媒在此次森林大火事件中积极作为，发挥了自身的影响力优势。所发布的内容包括转发官方通报、采访当地情况、咨询有关部门、转发其他媒体等，使得关于火灾重要信息传播做到了不失声、不遗漏。本书选取了大众传媒转载或转述的具有代表性博文内容，如表2-11所示。

表2-11　大众传媒代表性转载或转述微博统计表

转载者	发布时间	微博正文	所带话题	呈现形式	原作者
新京报	3月31日12点03分	据西昌市政府消息，西昌山火已造成19人牺牲。据新华视点消息，18名遇难者是宁南森林草原专业扑火队队员，1人为西昌当地带路的林场职工。据宁南发布消息，宁南共有21名专业打火队员于30日驰援西昌，随后这21名专业打火队员抵达西昌森林大火柳树桩现场	#直击四川凉山西昌突发山火#	文字、视频	@西昌发布V、@新华视点
新京报	3月31日11点12分	据西昌发布，搜救队伍随后陆续发现有19名同志不幸遇难，其中18名为打火队员，1名为当地向导。后续待报	#直击四川凉山西昌突发山火#	文字、视频	@西昌发布V
头条新闻	3月31日12点08分	3月31日，四川西昌，西昌山火致19名地方扑火人员牺牲，在赶往火场途中，因风向忽变，一行人被大火包围不幸遇难。其中18人是宁南县森林草原专业扑火队员，1人为当地带路的林场职工。3月30日晚，宁南县县委宣传部曾发布21名专业打火队员驰援西昌的出发视频，并加油鼓劲儿："逆行英雄，最美男儿！"网友曾留言：一定要平安回来	#西昌牺牲扑火队员出发画面曝光#	文字、视频	@彩色宁南
澎湃新闻	3月30日19点27分	3月30日，四川凉山州西昌市突发森林火灾，火势向泸山景区方向迅速蔓延，大量浓烟顺风飘进西昌城区，全城被一层黄色烟雾笼罩，空气中弥漫着一股树木燃烧后的焦味，山火灰四处飘散。西昌市公安局发布通知，对部分路段进行紧急交通管制	#西昌因森林大火实行交通管制#	文字、图片	@人民日报

转载者	发布时间	微博正文	所带话题	呈现形式	原作者
中国新闻周刊	4月3日11点50分	4月1日，凉山网警巡查执法，接到多名网民举报称：网民"落叶渐知秋"（后更名"残留余温飘香"）（冯某某，男，24岁，广东梅州人）在微博发布多条言论侮辱四川西昌森林火灾牺牲队员，被其他网民截图后大面积传播，造成了极其恶劣的社会影响，引发网民的强烈愤慨。随后，凉山网警迅速展开侦查，很快锁定违法嫌疑人并通报梅州网警。4月2日晚，冯某某被广东省梅州市平远县公安局抓获，其对公开侮辱四川救火队员的行为供认不讳。根据《中华人民共和国治安管理处罚法》规定，冯某某被梅州警方处以行政拘留十日	#男子侮辱西昌森林火灾牺牲队员被拘留#	文字、图片	@凉山网警巡查执法
新闻晨报	4月2日12点40分	连夜救火，武警小哥脸上留下了救火熏过的痕迹，他们是武警凉山支队的队员。西昌经久乡森林火灾中，武警凉山支队共出动400人参加扑救行动，撤回后，他们就这样靠着墙，并排着入睡。网友：辛苦了，个个都是真男神！	#救火武警被烟熏过的脸#	文字、图片	@四川观察

三、社会组织舆论引导

（一）配合政务媒体工作

社会组织机构范围比较广泛，包括工厂、公司、合作社等经济组织，基金会、残联、工商联等公益组织，行业协会、企业协会、体育协会等民间组织[1][2][3]。在2020年西昌森林大火事件中，社会组织通过新浪微博平台发布了大

---

① 何增科.中国公民社会组织发展的制度性障碍分析[J].中共宁波市委党校学报,2006,28(6):8.

② 王名.走向公民社会——我国社会组织发展的历史及趋势[J].吉林大学社会科学学报,2009,49(3):8.

③ 王诗宗,宋程成.独立抑或自主:中国社会组织特征问题重思[J].中国社会科学,2013(5):17.

量与火灾有关的微博。这些微博主要是对于政务微博、主流媒体微博所发布内容的转载和转发，通过移动互联网不断扩大影响力，并吸引大量个人用户参与其中，构建了一支重要的舆论引导力量。

壹基金官方微博"壹基金"在4月2日发布题为"有的儿女双全生活美满，有的壮志满怀即将成家"的纪念性微博，以缅怀逝去的19名灭火队员。该条微博使用话题#西昌火灾19位牺牲英雄群像#，正文为："3月31日，四川西昌森林火灾致19人牺牲。他们每个看起来都足够平凡：有人家中尚有妻子待产，有人孩子不满周岁；有人原计划今年结婚，女友原以为能走到最后；有人参加扑火队想向儿子证明自己，成了英雄人却没了。"并使用"文字+视频"的形式加以呈现，视频制作精良，吸引了大量网友一同缅怀和纪念牺牲英雄，不少网友在评论区对英雄献上崇高敬意。

4月1日23点59分，四川青年志愿者协会官方微博"四川青年志愿者"转发了"央视新闻"的微博："今日20时许，四川泸山新产生3公里的火线并向山下蔓延。四川省消防救援总队紧急调度在西昌的凉山、自贡、内江、德阳、雅安、眉山支队赶赴增援，设置水枪水炮阵地，堵截火势。目前，现场火势蔓延迅速，风速较大，浓烟弥漫。消防指战员和消防车，正布点全力防守。注意安全！"并配文称："愿早日灭火，平安归来！""四川青年志愿者"通过转发微博的方式来为扑火队员加油鼓劲和祈求平安，以身作则，吸引了大量网友转发和跟随。

4月6日22点6分，内蒙古呼和浩特市总工会官方微博"呼和浩特市总工会"转发微博对于火灾烧死怀孕山羊一事进行了描述："4月4日上午，武警凉山支队战士在排查西昌森林火灾烟点的途中发现两只劫后余生的山羊。它们被大火烧伤，其中一只还怀着孕。武警小哥哥慢慢靠近，用铲子当容器给它们喂水，他单膝跪地，左手轻轻地压水。之后，武警小哥哥们目送它们离开。"该微博以"文字+视频"的形式进行表达，帮助民众了解此次森林大火所造成的负面生态影响。思想传媒有限公司旗下微博"思想传媒"对于山羊被烧死一事亦有相关转发和讨论，使用话题#武警单膝跪地给怀孕山羊喂水#，更多聚焦于消防队员的作为。

可以发现，社会组织在舆情引导中追随着党和政府、主流媒体的脚步。相较于党和政府、大众传媒，它们的粉丝基础比较薄弱，且没有第一手的事件资讯，它们主要通过转发微博的形式来帮助党和政府、大众传媒进行信息传播与扩散。

（二）吸引关注扩散信息

社会组织微博粉丝数量级别较低，但是相对于大部分个人用户来说，还具备一定的信息传播优势。从传播效果来看，社会组织所发布的关于西昌森林大火的微博平均转发量、点赞量、评论量均高于个人用户。它们在吸引个人用户关注和推进信息扩散等方面也尽己所能地发挥了一定的作用。从内容来看，社会组织发布的信息并没有党和政府或大众传媒那么丰富和全面，主要内容为火灾蔓延态势、火灾救援策略、火灾救援行动、消防英雄事迹等方面。

2020年4月2日8点整四川慈联新时代文化传播有限公司官方微博"慈联新时代"发布题为"直击西昌森林灭火攻坚战最新火情信息"的微博，对来自攀枝花森林消防队的130人和成都森林消防队的80人集结至安哈镇牛郎村5组，先后奔赴扑灭现场的事件进行了转载。该微博链接了话题#四川西昌市经久乡森林火灾#，并使用"文字+视频"的形式加以呈现，引发网民对于西昌森林大火的进一步关注。

中国网络视听大会官方微博"中国网络视听大会"于2020年4月2日7点40分转发"新京报"的微博："[转发送别！#西昌山火19名牺牲英雄群像#：有的儿女双全生活美满　有的壮志满怀即将成家]3月31日，四川西昌森林火灾致19人牺牲。他们每个看起来都足够平凡：有人家中尚有妻子待产，有人孩子不满周岁；有人原计划今年结婚，女友原以为能走到最后；有人参加扑火队想向儿子证明自己，成了英雄人却没了。"并配上原创文字"转发送别英雄"，以表达对牺牲英雄的崇高敬意。此条微博的转发号召引发了大量个人用户的二次转发，网民通过转发微博这一举动寄托对英雄们的哀思。

开封市科学技术协会官方微博"开封科协"于2020年4月2日8点46分转发"中国科普"的微博："[#西昌火场救援力量达2600余人＃网友：我们不要英雄，要你们平安回来！]截至目前，火场西南线、东线还有较长明火，有五六公里。西昌火场现在共有森林消防、消防救援、武警、地方灭火队和群众等救援力量2600余人，愿平安归来。"网友纷纷留言"他们踏上火场的那一刻就是英雄""家人等着你们平安回来""平安归来"等。网民的留言和主帖形成合力，让信息和情感通过微博平台进一步传播扩散。

综合来看，在此次事件中，社会组织整体工作就是配合党和政府、大众传媒来进行舆论引导工作，发挥的作用相对来说比较有限，主要集中于信息传播和吸引受众注意力等方面。但是不可否认的是，社会组织仍然在舆论引导方面发挥了不可取代的作用，通过转发和评论的方式，促进了用户对于火灾的关注，动员了受众对于英雄的缅怀。社会组织是党和政府、大众传媒在微博平台信息传播和舆论引导的重要助手。

四、意见领袖舆论引导

（一）支持政务媒体工作

意见领袖往往在一些特定的群体中具有较大的知名度和影响力，对于群体舆论乃至社会舆论可能都存在举足轻重的影响。在新浪微博平台，以"娱乐明星""网络大V"为代表的意见领袖粉丝数量庞大，千万级别的意见领袖随处可见。意见领袖在微博传播中的影响力日益扩大，已经成为当今网络舆论引导的重要主体，在整个网络舆论格局中扮演着越来越重要的角色。

研究者总结了8个粉丝量最高的意见领袖的发文情况，见表2-12。可以看出，意见领袖主要有娱乐明星、兴趣博主、学届专家等类型，他们粉丝数量庞大，具有较大的微博影响力，而在发文类型方面主要是转发微博，而非原创微博，转发内容主要来自主流媒体、党和政府等主体。从内容来看，这些意见领袖高度关注灭火队员不幸牺牲一事，在转发时通常会配上表达痛惜或哀悼心情的句子和词语，自己原创的内容文本都比较简短。

意见领袖中，发文情况较为典型的当数"黄晓明"在3月31日14点47分对于人民日报微博"西昌通报3·30森林火灾情况：19名同志不幸遇难，其中18名为打火队员，1名为当地向导。2020年3月30日15时，西昌市泸山发生森林火灾，直接威胁马道街道办事处和西昌城区安全，其中包括一处石油液化气储配站、两处加油站、四所学校以及西昌最大的百货仓库等重要设施。截至31日零时，过火面积1000公顷左右，毁坏面积初步估算80公顷左右"的转发。黄晓明在转发时配上"伤心"表情，引发了3000余条的二次转发，3000余条的评论互动，1万余次的网民点赞。黄晓明曾参演电影《烈火英雄》，在片中扮演消防员"江立伟"，在影片的最后为了完成救火任务光荣牺牲。他在电影中扮演消防队员，让公众对消防员的工作生活有了更深刻的了解。在此次事件中黄晓明转发消防员牺牲的微博，使粉丝将他的电影作品和现实事件相联系，粉丝们更加不由自主地希望消防员牺牲只存在于影视作品中，更加感同身受地致敬所有默默无闻的消防英雄。

除了表2-12所展示的重要意见领袖发文情况，其他意见领袖的发文情况也较为相似。"何晟铭""龚俊""冯荔军""江南大野花""五行属二""我是肥志"等"娱乐明星""网络大V"均采用转发主流媒体、党和政府微博的方式来表达他们对于西昌火灾的关注、对于牺牲英雄的缅怀、对于民众安危的担忧、对于国泰民安的祝福等。也就是说，意见领袖主要是通过转发和支持政务微博、主流媒体微博的方式来进行信息扩散和传播工作。

表2-12　重要意见领袖发文情况统计表

序号	意见领袖	粉丝数量	发文类型	发布时间	发布内容	原博发布者	原博正文文本
1	姚晨	84393321	转发	3月31日11点45分	太痛心了。	中国消防	西昌山火致19名地方扑火人员牺牲，其中有18人是前来支援救火的宁南县森林草原专业扑火队员，1人是西昌当地带路的林场职工。
2	黄晓明	61092310	转发	3月31日14点47分	伤心	人民日报	西昌通报3·30森林火灾情况：19名同志不幸遇难，其中18名为打火队员，1名为当地向导。2020年3月30日15时，西昌市泸山发生森林火灾，直接威胁马道街道办事处和西昌城区安全，其中包括一处石油液化气储配站、两处加油站、四所学校以及西昌最大的百货仓库等重要设施。截至31日零时，过火面积1000公顷左右，毁坏面积初步估算80公顷左右。

序号	意见领袖	粉丝数量	发文类型	发布时间	发布内容	原博发布者	原博正文文本
3	李晨	56067546	转发	3月31日22点33分	向逆行英雄致敬，哀悼。	中国消防	西昌山火致19名地方扑火人员牺牲，其中有18人是前来支援救火的宁南县森林草原专业扑火队员，1人是西昌当地带路的林场职工。
4	舒淇	40872717	转发	3月31日20点42分	蜡烛	人民日报	痛悼！西昌山火致19人不幸遇难，其中18名为打火队员，1名为当地向导。一路走好！
5	回忆专用小马甲	37190351	转发	3月31日16点48分	祈祷，希望大家都平安	央视新闻	今日下午，四川凉山州西昌市突发森林火灾，大量浓烟顺风飘进了西昌城区。已有消防员赶到现场参与救援。关注！愿平安！
6	陈里	29448024	转发	3月31日13点29分	2020微记	封面新闻	转发送别！西昌山火牺牲队员出征画面曝光。30日，四川西昌突发森林火灾。据西昌最新通报，31日凌晨，宁南县组织的专业打火队21人在一名当地向导带领下，去往泸山背侧火场指定地点集结途中失联。经搜寻，19人遇难，其中18名为打火队员，1名为当地向导，剩余3人目前仍在医院救治。
7	当时我就震惊了	27896098	转发	3月31日14点19分	蜡烛	封面新闻	逆行英雄，我们接你回家！交警敬礼目送牺牲扑火队员。3月31日中午，西昌"3·30"森林火灾牺牲扑火队员遗体到达西昌，沿线交警敬礼目送。此前据官方通报#西昌山火19人遇难#其中18名为打火队员，1名为当地向导。
8	王宝强	27542671	转发	3月31日20点21分	痛悼！一路走好	人民日报	痛悼！西昌山火致19人不幸遇难，其中18名为打火队员，1名为当地向导。一路走好！

（二）贴近公众开展情感动员

意见领袖的粉丝群体相对其他主体来说更为集中，发布者与粉丝之间的关系更为紧密[1]。虽然从观察角度来看，是先有意见领袖，然后才有可以看见的粉丝聚集，但是意见领袖与粉丝关系的内在逻辑是"意见领袖是同好人群的集结点"[2]。意见领袖往往和粉丝互动频繁，粉丝的意见也会影响意见领袖的观点，意见领袖会和粉丝协调演化[3]。在2020年西昌森林大火事件中，许多意见领袖充分发挥了粉丝距离紧密、粉丝数量庞大等优势，发布微博对粉丝进行情感动员，号召粉丝一同关注西昌火情、送别牺牲英雄。从内容来看，由于队员牺牲容易引发社会共情，意见领袖所发布的内容主要围绕19名牺牲救火队员的事迹与缅怀展开，内容的集中程度较高。

3月31日13点7分，歌手姚琛通过微博平台转发了封面新闻的微博："转发送别！西昌山火牺牲队员出征画面曝光。30日，四川西昌突发森林火灾。据西昌最新通报，31日凌晨，宁南县组织的专业打火队21人在一名当地向导带领下，去往泸山背侧火场指定地点集结途中失联。经搜寻，19人遇难，其中18名为打火队员，1名为当地向导，剩余3人目前仍在医院救治。"姚琛同时配上自己所写的文字："想起了录制团综时'班长'给我们说过：'我们心里其实也会害怕，但是救火这件事情我们不做谁做。'感谢你们的无畏付出，更希望你们能平安。希望不会再有更大的伤亡，愿英雄一路走好。"这条转发微博引发了1.3万条的二次转发，1万余条的评论互动，6.7万余次的网民点赞。姚琛微博粉丝数量不算特别高，只有800万左右，但是引发的讨论热度却非常高涨。他通过描述自己的亲身经历来表达对灭火人员的敬意，并凭借较高的粉丝黏性来激起粉丝对于消防队员惋惜与尊敬的情感。

研究者选取了部分代表性的意见领袖的情感动员式微博，如表2-13所示。意见领袖在此次西昌森林大火事件中展现了强大的情感聚合能力。这些意见领袖凭借自身与粉丝公众的贴近性，通过强烈的情感表达，对粉丝进行高效

---

① 郭涛. 探析网络知识社群中意见领袖的转型——以"罗辑思维"为例 [J]. 传媒论坛,2020(6):2.

② 李巧群. 准社会互动视角下微博意见领袖与粉丝关系研究 [J]. 图书馆学研究,2015(3):9.

③ 孙兆琪. 论微博意见领袖在网络群体性事件中的作用 [D]. 西南政法大学,2013.

的情感动员[1]。意见领袖通过情感刺激、情感互动、情感共鸣等方式[2]来对粉丝进行情感动员，粉丝与意见领袖进行互动交流、粉丝内部进行互动交流，共同推进网民对此次事件关注和讨论的同时，讨论方向和舆论风向也得到了有效的引导。

表2-13　意见领袖情感动员情况统计表

序号	意见领袖	粉丝数量	发文类型	发布时间	发布内容	原博发布者	原博正文文本
1	笙畅	10490237	转发	3月31日11点15分	不要你感动中国，只要你平安回家	人民日报	西昌山火致19名地方扑火人员牺牲。记者了解到，该起突发山火已造成19名地方扑火人员死亡
2	白云峰	5949039	转发	3月31日10点39分	去年的昨天也是一个跟森林大火有关的悲伤的日子，痛惜……和平年代，火场、疫情就是前线。向烈士们致敬，永垂不朽！	人民日报	
3	演员刘恩尚	1882679	转发	3月31日11点10分	英雄走好。苍天啊！我求求您！下场雨吧，让大火平息吧！让逆行的战士可以回来，平安回来！	人民日报	
4	李雨轩——大春	1167005	转发	3月31日14点01分	致敬！英雄，一路走好	人民日报	

---

① 王小章，冯婷. 集体主义时代和个体化时代的集体行动 [J]. 中国乡村发现,2021(2014-5):45-51.

② 徐世亚. 网络公共事件中的情感动员与意见表达 [D]. 四川外国语大学,2018.

序号	意见领袖	粉丝数量	发文类型	发布时间	发布内容	原博发布者	原博正文文本
5	吉克隽逸	15972651	转发	3月30日19点29分	一定要平安！祈祷！	央视新闻	今日下午，四川凉山州西昌市突发森林火灾，大量浓烟顺风飘进了西昌城区。已有消防员赶到现场参与救援。关注！愿平安！
6	王紫璇CiCi	6086776	转发	3月30日20点19分	快过去！愿平安！祈祷	央视新闻	
7	haibaraemily	1119320	转发	3月30日19点20分	我天，简直灾难片	央视新闻	
8	会火	8081012	转发	4月4日16点12分	"这世上没有从天而降的英雄，只有挺身而出的凡人。"致敬所有逆行者	央视新闻	今天，四川西昌市经久乡森林火灾牺牲勇士追悼会在西昌市殡仪馆举行。前往殡仪馆的路上，沿途挂满了悼念横幅，树上扎满白色纸花……3月30日，西昌突发森林火灾，18名扑火队员和1名向导牺牲。转发！悼念西昌森林火灾牺牲勇士！
9	钱哥	6254248	转发	4月4日13点49分	致敬英雄，一路走好	钱哥	

（三）西昌森林大火中的微博舆论引导格局及媒体责任

从党和政府、大众传媒、社会组织、意见领袖等主体的信息发布、信息传播、信息内容来看，在2020年西昌突发森林大火事件中，各主体的责任意识较强、配合程度较高，引导策略和行动路径具备很强的启发意义。

首先，党和政府相关主体信息公开准确迅速、针对民意答疑解惑，抢占舆论先机。西昌森林大火发生后，当地政府、有关部门第一时间组织扑火队伍前往事发地灭火，并通过新浪微博平台迅速准确地公布了最新的火灾形势、扑火进展、伤亡人员等信息，对于公众普遍存在的疑问也进行了回复和解答，有效地避免了真相缺位可能带来的舆论危机。从灾害应急管理的视角而言，党和政府通过官方微博账号，及时发布火灾发展的动态，展现各部门积极救援的信息，并积极开展社会动员。研究表明，灾害等突发事件中可靠、权威的信源对于人们及时开展应对行为具有重要意义[①]；并且在灾害中，人们更愿意选择相信具有权威性信源的信息[②]。随着社交媒体日益在人们生活中的渗透，在灾害事件中，政府等管理部门通过社交媒体平台发布相关权威信息，利用社交媒体信息发布速度快、范围广等优势，能够在更大程度上发挥灾害信息在灾害应急中的作用。

其次，大众传媒相关主体的信息发布立场与党和政府保持一致，且主动承担党和政府所发布信息的扩散任务。主流媒体第一时间派遣记者前往事发地附近，通过现场直播、现场拍摄获取第一手事件资料，对于需要求证的信息第一时间求证当地政府和消防部门，与党和政府保持严肃、严谨的一致立场；同时充分发挥粉丝基础，通过转发、转述、转载等方式，将与事件相关的重要信息进行了最大限度的传播与扩散。值得一提的是，这些主流媒体不仅将事件真相迅速、真实、准确地通过微博等渠道传递给公众，对商业性媒体、小型媒体也起到了重要的引领、带动和示范的作用。整体而言，在西昌森林大火中，主流媒体在网络传播平台上充分发挥了积极的引导作用。无论是与灾害相关的最新信息发布，还是具体事实的现场求证，都体现了长期以来主流媒体在应对灾害等突发事件中所积累的经验。另外，在新媒体环境下，传统主流媒体把对灾害事件的信息传播与舆论引导工作逐步转移到各网络媒体平台，充分利用新媒体的优势，提升在灾害事件中的信息传播与舆论引导能力。此外，传统主流媒体还充分发挥权威性和专业性，在此次事件的信息传播与舆论引导方面，起到了带头示范作用，从而在大众媒体内部形成了舆论合力，具有较好的舆论引导效果。

再次，社会组织相关主体全力配合政务媒体工作，并尽可能吸引关注，转发和扩散党和政府所发布的重要信息。社会组织通过移动互联网不断扩大影响力，并吸引大量个人用户参与其中，构建了一支重要的舆论引导力量，

① Sutton, J. N., Palen, L., & Shklovski, I. (2008). Backchannels on the front lines: Emergency uses of social media in the 2007 Southern California Wildfires.

② Lamb, S., Walton, D., Mora, K., & Thomas, J. (2012). Effect of authoritative information and message characteristics on evacuation and shadow evacuation in a simulated flood event. Natural hazards review, 13(4), 272–282.

配合完成以党和政府为核心、大众传媒为中坚的舆论引导工作。社会组织充分利用新媒体平台配合政务媒体开展舆论引导，体现了较强的社会责任意识。

最后，意见领袖相关用户也全力支持政务媒体工作，并充分利用粉丝基础与粉丝黏性，进行情感动员与舆论引导活动。意见领袖在微博传播中的影响力日益扩大，已经成为当今网络舆论引导的重要主体。在西昌森林大火事件中，意见领袖发布微博对粉丝进行情感动员，号召粉丝一同关注西昌火情、送别牺牲英雄，对舆论导向产生了重要的影响。这一研究结果表明，在新媒体时代，具有较强影响力的个人用户在灾害事件中也能够发挥积极的舆论引导作用，为后续开展互联网灾害信息传播与社会责任的相关研究提供了视角和思路。

第三章　灾害事件中
网络意见及情绪表达与舆论引导

在灾害信息论的框架下，灾害中的信息传播旨在起到防灾、减灾的功能。公众是否能够接收到有效的信息，以及这些信息是否能促使他们采取有效的应急行为，这直接关乎灾害信息传播是否能实现其防灾减灾的目标。在新媒体环境下，公众在多个信息平台上能获取与灾害相关的信息，并能通过网络平台来表达他们的意见和情绪。这些表达能为政府、媒体等机构提供评估灾害信息传播有效性及社会心理的依据，对他们在灾害中更好地体现社会责任，进行有效的信息传播和舆论引导至关重要。

以新冠疫情中的网络舆论热点事件为例，本书旨在从受众的角度出发，考察公众在新冠疫情这一特定灾害背景下的意见和情绪表达。特别是在传统媒体时代，政府和大众媒体作为主要的信息传播者，如何与公众的舆论和情绪互动，成为本书研究的关键。本书也将探讨在灾害情境下，互联网信息传播的社会责任问题。为了更具体地展开研究，本书选择了新浪微博上关于中医药参与新冠肺炎治疗、新冠疫苗官方上市、南京疫情中突破性感染等三个热门话题作为研究背景，着重考察公众的网络意见及情绪表达。

第一节　中医参与新冠肺炎治疗的
媒体议程设置与公众意见表达

一、引言

中医（简称TCM），建立在中国传统哲学思想基础上，在中国延续和发展了2000余年[1]，现在仍是中国医疗事业的重要组成部分。一些中医医生、中医学者通过临床试验发现，中医可用于抑制或治疗肺炎[2]、糖尿病[3]、高血压[4]、冠心病[5]等疾病。但是，中医在诊断方面，没有具体量化的标准和循证依据；在中药方面，没有可靠的循证医学统计数据来证明药物有效，药物作用机制并不明确，药物安全性存在疑虑；在诊疗方面，各类的标准化体系还不健全，难以被西方科学界接受。因此，中医还缺少各类疾病的国际诊疗指南、专家共识，甚至不少中国民众对于中医是否科学、有效都存在疑问。

新冠疫情席卷全球，据约翰霍普金斯大学[6]（Johns Hopkins University,2020）统计，截至2020年6月29日10点（欧洲中部时间，北京时间16点），全球新冠

---

[1]　于美丽, 车方远, 高翔, 陈卓, 徐浩. 中医辨证方法体系的历史沿革与现代发展 [J]. 中医杂志,2016,57(12):991−995.

[2]　李建生, 余学庆, 王明航, 李素云, 王至婉. 中医治疗老年社区获得性肺炎的研究策略与实践 [J]. 中华中医药杂志,2012,27(03):657−663.

[3]　Song, W., & Zhu, Y. W. (2019). Chinese medicines in diabetic retinopathy therapies. Chinese journal of integrative medicine, 25(4), 316−320.

[4]　赵倩倩, 李媛媛, 陈聪, 胡亮亮, 郭睿, 王忆勤, 钱鹏, 燕海霞. 中医药治疗原发性高血压的作用机制研究现状与展望 [J]. 中华中医药杂志,2020,35(04):1914−1916.

[5]　刘超, 黄明艳, 陈光, 高嘉良, 王阶. 冠心病中医证候研究进展 [J]. 中国中医药信息杂志,2020,27(05):137−141.

[6]　COVID−19 Dashboard by the Center for Systems Science and Engineering (CSSE) at Johns Hopkins University (JHU),https://www.arcgis.com/apps/opsdashboard/index.html#/bda759 4740fd40299423467b48e9ecf62020.6.29.

感染确诊病例已经超过1000万人。如何预防和治疗新冠肺炎，无疑是世界人民最关心的问题。作为较早发现新冠病毒的国家，中国民众高度关注新冠疫情态势。由于通过社交媒体获取信息非常方便快捷[①]，大量中国政府组织入驻社交媒体[②]，微博、微信等社交媒体平台，成为中国民众获取信息、交流信息的重要场域。在微博平台，人们对疫情演变情况、政府防疫举措、肺炎治疗进展、自我防护贴士等方面进行交流和讨论。据统计，截至2020年3月31日，6805万微博用户累计发布超过9亿条新冠疫情相关内容[③]。其中，关于中医用于治疗新冠肺炎的相关话题，引发了网民的热烈讨论。2020年1月31日，上海药物所、武汉病毒所联合发布，称双黄连口服液（双黄连：金银花、黄芩、连翘）可抑制新型冠状病毒，次日"双黄连"便登上微博热搜第一名。

新冠疫情发生的背景之下，饱受争议的中医用于新冠肺炎的临床治疗，在微博上掀起巨大舆论狂潮。有一些网民表达了对中医治疗新冠肺炎的信心，有一些网民质疑中医的疗效，也有一些网民言论摇摆不定。本书将对这些网民发布的涉及"中医"主题的微博，进行深入的分析，并致力于回答以下问题：

Q1：新冠疫情期间，微博网民对"中医"的讨论整体情况是怎么样的？

Q2：新冠疫情期间，微博网民对"中医"的讨论主要涉及哪些主题，主题分布上有何特点，主题间是否有联系？

Q3：新冠疫情期间，微博上涉及"中医"的微博，情感倾向的分布是怎么样的，体现了网民怎样的情绪？

二、研究方法

（一）研究设计

本书通过网络爬虫，获取新冠疫情期间，涉及"中医"的微博的正文文本、转发数量、发博时间等内容。所获取的文本内容通过计算机进行清洗，

---

① Whiting, A., & Williams, D. (2013). Why people use social media: a uses and gratifications approach. Qualitative market research: an international journal.

② Schlæger, J., & Jiang, M. (2014). Official microblogging and social management by local governments in China. China Information, 28(2), 189–213.

③ Trustdata.2020 年 Q1 中国移动互联网行业发展分析报告 .2020,04.

去除标点符号和表情符号，去除中文停用词（如可是、不管、那里），去除多次重复的句子等。清洗完成的数据中：由于中文句子中的词由多个独立的汉字组成并且字与字之间没有任何分割标记符，微博正文会先进行中文分词处理①，而后用于主题建模和情感分析，其中主题建模使用LDA主题模型，情感倾向和情绪分析使用基于语义词典的情感计算；发博数量和转发数量，用于描述性统计，即绘制发博数量、转发数量与日期的折线图。

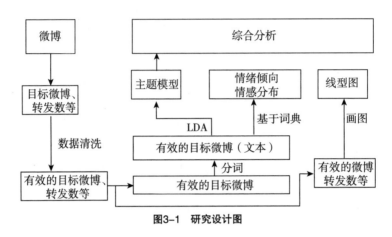

图3-1　研究设计图

（二）样本选择

2020年1月24日，湖北省启动重大突发公共卫生事件一级响应②，标志着中国新冠疫情防控形势进入紧急状态。此后，中国境内新冠肺炎确诊人数不断增加，直到2月28日，全国累计治愈出院病例才超过现有确诊病例③。经过两个多月的努力，2020年3月31日，中央指导组在新闻发布会上表示：以武汉为主战场的全国本土疫情传播基本阻断④。故本书将研究样本确立为2020年1月24日0点到2020年3月31日23点59分59秒（北京时间），微博上所有涉及关键词"中

①　汪文妮，徐豪杰，杨文珍，吴新丽．中文分词算法研究综述 [J].成组技术与生产现代化 ,2018,35(03):1–8.

②　湖北省启动突发公共卫生事件 I 级响应 [N].湖北日报，2020–1–25（1）.

③　中华人民共和国国家卫生健康委员会.截至 2 月 28 日 24 时新型冠状病毒肺炎疫情最新情况 [Z]. http://www.nhc.gov.cn/xcs/yqtb/202002/4ef8b5221b4d4740bda3145ac37e68ed.shtml,2020–02–29.

④　中央指导组：以武汉为主战场的全国本土疫情传播基本阻断 .https://baijiahao.baidu.com/s?id=1662666573560950337&wfr=spider&for=pc. 北京日报 .2020.3.31.

医"的微博的正文、转发数量、发博时间等数据。

本书共收集到2020年1月24日0点到2020年3月31日23点59分59秒（北京时间），微博上涉及"中医"的290649条微博的正文文本、转发数量、发博时间。通过数据清洗，共计得到215565条有效微博，转发数量总计5642598，发博时间从1月24日到3月31日每天均有分布。我们将这些微博的正文文本、转发数量、发博时间作为本书研究的有效样本。

（三）主题模型

主题模型通过提取合适的文本内容主题和特征词，以此对文本内容进行特征描述和建模，目前是一种常见的自然语言处理方式[①]。通过建立主题模型，可以发现大型文本语料库中的隐藏结构[②]、潜在语义[③]（Thomas Hofmann,2001），从而实现对文本的主题分析。本研究使用LDA主题模型来进行主题建模，最后得到文本内容主题和特征词。LDA 基于词袋（bag of words）模型，认为文档和单词都是可交换的，忽略单词在文档中的顺序和文档在语料库中的顺序，从而将文本信息转化为易于建模的数字信息[④]。LDA的特点赋予了它卓越的短文本处理能力，被广泛应用在推特、微博等短文本处理之中[⑤]。

LDA包含词汇、主题和文档三层结构，可以用一个有向概率图表示，如图3-2所示。开始时，LDA从参数为β的Dirichlet分布中抽取主题与单词的关系Φ_k。LDA生成一个文本时，首先从参数为α的Dirichlet分布中抽样出该文本M与各个主题之间的关系θ_d，当有K个主题时，θ_d是一个K维向量，每个元素代表主题在文本中的出现概率$\sum_K \theta_{d_k}=1$；接着，从参数为θ_d的多项式分布中抽样出

① 胡吉明,陈果.基于动态LDA主题模型的内容主题挖掘与演化 [J].图书情报工作,2014,58(02):138-142.

② Barbieri, N., Bonchi, F., & Manco, G. (2013). Topic-aware social influence propagation models. Knowledge and information systems, 37(3), 555-584.

③ Hofmann, T. (2001). Unsupervised learning by probabilistic latent semantic analysis. Machine learning, 42(1), 177-196.

④ Blei, D. M., Ng, A. Y., & Jordan, M. I. (2003). Latent dirichlet allocation. Journal of machine Learning research, 3(Jan), 993-1022.

⑤ Wang, Y. I., Naumann, U., Wright, S. T., & Warton, D. I. (2012). mvabund-an R package for model-based analysis of multivariate abundance data. Methods in Ecology and Evolution, 3(3), 471-474.

当前单词所属的主题Z_{dn}；最后在包含N个特征词的文档，从参数为$\Phi_{z_{dn}}$的多项式分布中抽取出具体单词W_{dn}。在LDA中，文本的单词是可观测到的数据，而文本的主题是隐式变量。

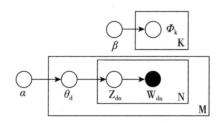

图3-2　LDA有向概率图

本书将215565条有效微博文本进行数据清洗，完成后使用LDA模型分析。我们将95%的数据作为训练集，5%的数据作为测试集。由于数据的数量级较高，所以用5%左右的数据来评估模型效果较为准确。我们设置每个主题下，显示出现频率最高的10个词语，通过改变主题个数来改变输出的特征词结果。

（四）情感倾向与情绪分析

情感倾向与情绪分析和以往的基于定量分析的方法不同，它是在收集整理信息的基础上分析网民言论中所包含的情感色彩，以及所包含的情感色彩的强烈程度，并按照一定的标准将这些情感色彩的强烈程度划分等级[1]。按照处理文本的粒度不同，情感分析可分为词语级、短语级、句子级和篇章级等几个层次[2]。对文本进行情感倾向与情绪分析，目前主要的方法为基于机器学习的方法和基于情感词典的方法。在研究中，对于低粒度的文本情感倾向分析，多使用词典法，程序运行速度快，准确率较好；对于高粒度的文本情感倾向分析，多使用机器学习法，时效较低，但是准确度较高[3]。微博文本粒度较低，多以短句、词语为主，因此本书使用词典法来进行文本情感倾向与情绪分析。

---

① 兰月新. 突发事件微博舆情扩散规律模型研究 [J]. 情报科学,2013(3):31-34.

② Ghazi, D., Inkpen, D., & Szpakowicz, S. (2014). Prior and contextual emotion of words in sentential context. Computer Speech & Language, 28(1), 76-92.

③ 刘志明，刘鲁. 基于机器学习的中文微博情感分类实证研究 [J]. 计算机工程与应用，2012, 48 (1):1-4.

此外，本书以情感词典的方法为基础，基于大连理工大学情感词典本体[①]，并借鉴机器学习的思想，在情感词典中加入维基百科的COVID-19相关词语作为情感词，并构造辅助词典集合，提高情感倾向与情绪分析的准确率和召回率。本书在情感色彩立场划分上，采用"正面、中性、负面"的三级划分方法，通过215565条有效微博文本进行情感计算，获知微博网民在疫情期间对中医的情感倾向。在情绪色彩立场划分上，采用"乐""好""怒""哀""惧""恶""惊"的七级划分方法，通过对215565条有效微博文本进行情感计算，获知微博网民在疫情期间对中医的情绪分析。

三、研究发现

（一）描述性统计

本研究通过编写程序，统计出215565条有效微博，5642598条转发数量，在2020年1月24日至3月31日之间的每日分布情况。根据统计数据，研究者绘制了微博数量与日期之间的折线图，如图3-3所示；绘制了转发数量与日期之间的折线图，如图3-4所示。通过分析，我们发现：

微博数量在1月24日到2月17日之间较多，除个别日期外，基本上都超过了5000条。其间，出现了三次较为明显的峰值，第一次是在1月25日，达到了26699条；第二次是在2月2日，达到了18727条；第三次是在2月9日，达到了18487条。2月中旬以后，微博数量呈现缓慢下降的趋势，数量起伏程度较低；3月10日以后，微博数量基本维持在1000条以下。

转发数量随日期的变化趋势与微博数量的非常相似。1月24日到2月17日，转发微博数量大都在100000条以上，1月25日转发数量出现最大值441895条，2月2日转发数量高达309950条，2月9日出现次峰值336114条，两幅图三次峰值出现的日期都完全吻合。而转发数量在2月中旬以后也呈现数值较小、起伏较低的情况，2月26日以后，基本维持在50000条以内。

---

① 杨亮, 林原, 林鸿飞. 基于情感分布的微博热点事件发现 [J]. 中文信息学报, 2012, 26(01): 84-90+109.

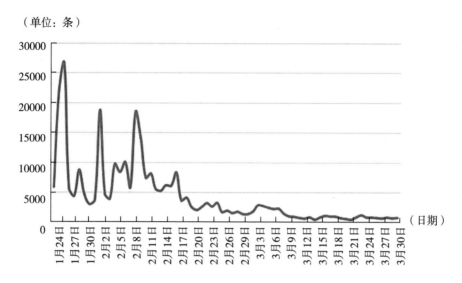

图3-3 微博数量推移图

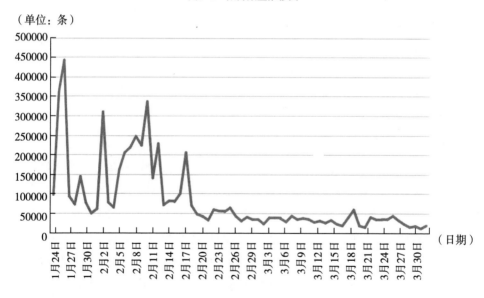

图3-4 微博转发数量推移图

（二）主题模型结果

本书使用LDA模型对215565条有效微博文本进行主题建模、主题分析。在主题建模过程中，研究者进行了多次调试：一方面去除了一些绝对高频的词语①，如中医、疫情、肺炎，这样可以避免LDA模型结果输出的关键词全都是高频词；另一方面通过计算困惑度②和人工主观判断结合的办法来确定最优的主题数量。研究者经过多次建模和比对后发现，当主题数为6时，LDA模型输出的结果最佳。如表3-1所示，研究者对输出关键词进行归纳总结，发现六个主题分别为：声援疫区医院，抗击疫情举措，探讨中医、中药，疑似/确诊病例处置，中医临床试验，中西医对比。为了使主题模型结果便于理解，研究者以最大的概率在每一个主题下选择并展示一个示例微博。

表3-1　LDA结果展示

主题	主题关键词	主题案例
声援疫区医院	大学、武汉市、扩散、科技、华中、医学院、中心、医科、支援、请求	湖北省利川市民族中医院医护防护物资（医用外科口罩，医用防护服，护目镜，防护面罩，一次性手术衣等）处于严重紧缺状态。请求社会支援！拜托大家帮忙转发！
抗击疫情举措	物资、医疗、医疗队、捐赠、防护、人员、口罩、抗击、接受、医护	宁波市卫健委发布关于实施全面助力企业复工复产十项举措，主要包括建立公共卫生（疫情）指导员制度、提供应急医疗救治全天候保障、组建流调应急处置小分队、提供中医药预防药方进企业服务、开展企业复工复产卫生监督指导服务等
探讨中医、中药	药物、病毒、研究、中药、广谱抗、医学、双黄连、非典、口服液、提高	上海药物所、武汉病毒所联合发现中成药双黄连口服液可抑制新型冠状病毒。双黄连口服液由金银花、黄芩、连翘三味中药组成。中医认为，这三味中药具有清热解毒、表里双清的作用。现代医学研究认为，双黄连口服液具有广谱抗病毒、抑菌、提高机体免疫功能的作用，是目前有效的广谱抗病毒药物之一

① Li, Changzhou & Guo, Junyu & Lu, Yao & Wu, Junfeng & Zhang, Yongrui & Xia, Zhongzhou & Wang, Tianchen & Yu, Dantian & Chen, Xurui & Liu, Peidong. (2018). LDA Meets Word2Vec: A Novel Model for Academic Abstract Clustering. WWW '18: Companion Proceedings of the The Web Conference 2018. 1699-1706.

② 关鹏，王曰芬.科技情报分析中LDA主题模型最优主题数确定方法研究 [J].现代图书情报技术,2016(09):42-50.

主题	主题关键词	主题案例
疑似/确诊病例处置	医学、观察、乘客、确诊、人员、患者、就诊、发热、宾馆、机场	北京建立了中西医双查房双组长机制，对各型确诊病例，只要条件符合，在第一时间使用中医药治疗，引导收治的各类病例，包括疑似病例，选用中医药治疗，对新收治患者的首诊首治，按照要求，由中医药医师参与并确定中医药治疗方案
中医临床试验	国家、患者、诊疗、儿童、试行、传播、公布、接触、病例、住院	关于双黄连可抑制新型冠状病毒我想说几点：第一，双黄连口服液有用目前只是中医的理论；第二，尚无数据和文献可以证明双黄连等中药的有效成分，更无相关数据支持中医理论；第三，中医治疗新型冠状病毒肺炎目前还只是临床试验阶段
中西医对比	中医药、治疗、预防、专家、西医、专家组、院士、经验、临床、中西医	我认为中医西医都有价值，在这次疫情中可以看出，大家都在努力救治患者，西医目前还没有药物对抗病毒，所以西医用各种方法维持生命体征，中医比较综合，可以提升患者体力，同时帮助患者对抗病毒，而且全小林院士的统计数据表明，使用了清肺排毒汤的1000多例患者，无一例转入重症，总有效率97%

（三）情感倾向结果

本书使用基于情感词典的方法对215565条有效微博文本进行情感倾向计算。最终发现215565条微博中，25025条判定为正面情感，约占据有效样本总量的12%；22362条为负面情感，约占据有效样本总量的10%；168178条为中性情感，约占据有效样本总量的78%。为了更直观地表示他们的占比关系，通过饼状图来进行呈现（见图3-5）。

本书使用基于情感词典的方法对215565条有效微博文本进行情绪分布计算。最终发现215565条微博中，判定为"怒""哀""惧""恶"等负面情绪的词语词频较低，约有195064个；其中判定为"惧"的词语最多，判定为"恶"的词语次之，词频分别为86640和84340。判定为"乐""好""惊"等正面情绪的词语词频较高，约有454252个；其中判定为"好"的词语词频高达374212（见图3-6）。

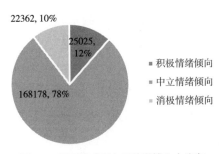

22362, 10%

25025, 12%

168178, 78%

- 积极情绪倾向
- 中立情绪倾向
- 消极情绪倾向

图3-5 不同情感倾向下的微博文本分布

（单位：个）

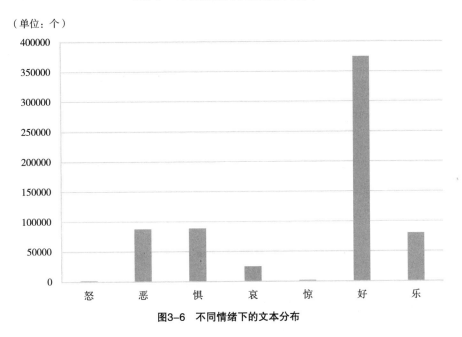

图3-6 不同情绪下的文本分布

四、研究结论

（一）官方媒体报道影响微博网民中医议题的讨论

本书各项数据处理和文本分析工作，都是围绕215565条有效样本微博开展的。这些有效样本微博，提供了215565条微博文本，用于主题建模和情感分析；它们长达68天的发布日期、多达5642598条的转发数量通过统计和治理，用于绘制微博数量、转发数量在日期上的分布图。庞大的样本量、数据量让本书研究具备较强的科学性和代表性。综合来说，本书推断疫情的发展态势、媒体的集中报道，直接或间接地影响了微博网民讨论中医的总体情况。

通过涉及中医议题的微博数量、转发数量在日期上的分布图，我们发现，1月25日两者都达到了最高值。这也体现了疫情初期，还没有任何治疗新冠肺炎特效药的情况下，中国网民对于中医应用在新冠肺炎临床治疗抱有一定希望，并且对此进行了大量的讨论。虽然人们并非对中医持有完全相信的态度，但是在疫情态势严重的情况下，中医为一些人提供了应对新冠肺炎的信心。

2020年1月31日，上海药物所、武汉病毒所联合发布称，双黄连口服液（双黄连：金银花、黄芩、连翘）可抑制新型冠状病毒，在微博上引起大量讨论，许多网友以为看到了治愈的希望。但在2月1日，人民日报官方微博发文，指出抑制不等于预防和治疗，一时间舆论再次发酵，"双黄连"随着登上新浪微博热搜第一名，且连续在榜超过24小时。人民日报等媒体发布或转载的关于双黄连可抑制新型冠状病毒的消息，是促成涉及中医议题微博数量、转发数量在2月2日达到第二个高峰的关键，也体现了人们迫切需要新冠肺炎治疗方法的心理诉求。

2020年2月7日，国家卫生健康委员会办公厅、国家中医药管理局办公室，发布了《关于推荐在中西医结合救治新型冠状病毒感染的肺炎中使用"清肺排毒汤"的通知》[①]，再次把中医推上舆论的风口浪尖。此次通知由官方机构发布，因而有大量权威媒体发文解读和转发，这些权威媒体的粉丝数量巨大，进一步触发了普通民众的发文讨论和转发。因此涉及中医议题微博数量、转发数量在2月7日迎来了第三个高峰。可以看出，媒体对于中医的报道在某种程度上刺激了议题微博数量、转发数量的增长。

从整体趋势来看，以2月17日为分界点，2月17日之前涉及中医议题微博数量、转发数量较高，波动也较高；2月17日之后两者数量都较少，波动也较低。而2月18日0—24时，国内新增治愈出院人数（1824）反超新增确诊人数（1749），也可以明显看出中国疫情出现好转的迹象。从中可以判断，疫情发展态势影响了人们对中医的关注度。1月24日到2月17日，中国疫情较为严峻，

---

① 国家卫生健康委员会办公厅,国家中医药管理局办公室.关于推荐在中西医结合救治新型冠状病毒感染的肺炎中使用"清肺排毒汤"的通知.http://yzs.satcm.gov.cn/zhengcewenjian/2020-02-07/12876.html.2020.2.6.

人们对中医的关注度比较高，讨论中医的微博也比较多。

（二）微博网民对"中医"的讨论主题相对集中

总体来说，本书认为微博网民对"中医"的讨论主题较为集中，主要涉及中药、中医、中医院应对新冠疫情的各项工作进展情况，同时有部分微博主题涉及中医与西医的对比。主题分布界限并不是非常清晰，这可能因为应对新冠疫情是一个系统的综合性工作，中医系统的各个部分与疫情的防控工作、人们的防护工作、患者的治疗工作并不是点对点联系的，而是错综复杂的关系。从输出的关键词结果和归纳的主题来看，主题之间的关联性很大，大都围绕中医应对疫情的各个方面展开，主题间的关联性很高。

1月24日以来，湖北省确诊人数急剧增长，许多医院床位紧张、物资匮乏、人手不足。其间，中医院承担了大量接诊收纳肺炎患者的压力，许多微博网民自发在微博上声援疫区中医院，如湖北省中医院、武汉市中医院等。此外，一些中医院出现了医护防护物资紧缺甚至枯竭，通过社交渠道向社会大众求助，引发大量网友发文或转发这些中医院的具体需求。

"探讨中医、中药"主题下，许多微博网民讨论了双黄连、藿香正气、板蓝根、金银花等中药、中成药是否具有抗病毒、抑菌、提高机体免疫的功能。而板蓝根、风油精等中药、中成药，在没有任何实验证明的情况下，被一些人谣传为治疗新冠肺炎特效药，多次引发关注。加之媒体微博账号对于一些中药、中成药大肆渲染，夸大、歪曲药物的作用，使得中医、中药相关话题热度居高不下。

"中医临床试验"主题下，人们表达了对于新冠肺炎特效药研究工作的高度关注。双黄连口服液是为数不多进入新冠肺炎临床试验阶段的中成药，清肺排毒汤和透解祛瘟颗粒也是通过临床试验并被推荐为临床使用的中药，它们引发的讨论数量较多。

"中西医对比"主题下，网民将基于双黄连、清肺排毒汤、透解祛瘟颗粒等中药进行的中医疗法，与基于托珠单抗、瑞德西韦、磷酸氯喹[①]等西药进行的西医疗法进行对比，围绕中医与西医的药物原理、临床试验阶段、临床试

---

① 中新网．中华人民共和国科技部：磷酸氯喹治疗新冠肺炎有效 [EB/OL].https://www.jfdaily.com/news/detail?id=212449.2020.2.1.

验效果等方面展开大量讨论。当然，人们的讨论并不都是关注细节的，更多的网民是基于自己了解到的新闻，不讲究证据地、口语化地表达自己对于中医的看法。

（三）主流媒体积极引导下微博网民对"中医"的支持与认可

本研究通过情感倾向和情绪分析，发现大部分网民对于中医在新冠疫情中的应用持有中立或支持立场，少部分网民对中医持有反对态度。新冠疫情中，大部分网民对于中医的情绪是肯定或开心，少部分网民表达了对于中医厌恶或畏惧的情绪。

通过情感倾向，研究者发现12%的人明确表达了对于中医的支持，对中医在新冠肺炎临床试验、临床治疗所取得的成果表示肯定。其中，也有不少网民认为，经历了疫情，更加确信中医的科学性和有效性。78%的网友对于中医持有中立立场，这部分的网友更加看重证据，肯定中医在疫情中取得的经过证实的成果，对于未知的、尚未验证的信息未表现出明显倾向。10%的网民对于中医持有反对态度，一些网友疫情前就对中医持有反对态度，疫情中中医取得的实际成果不足以撼动其原先对于中医的看法；同时，媒体对中医的集中报道导致信息过载，个别媒体夸大中医效用更触发了网民逆反心理。

从情绪分析结果可以看出，网民的负面情绪远低于正面情绪，判定为属于"好"情绪的词语词频最高，也体现了微博中出现了大量对于中医抑制、治疗COVID-19效果的赞扬信息。主流媒体对于中医在疫情中所发挥的积极效用，往往都会在第一时间进行报道，对于临床试验失败等动态鲜少提及。从某种程度上来说，主流媒体对于中医着重正面报道的行为，促成涉及中医的舆论走向积极方向。在负面情绪中，代表"恶"和"惧"情绪的内容较多，前者主要体现了部分网友对于中医、媒体对中医绝对正面报道的厌恶情绪，后者更多体现在对于新冠疫情本身的恐惧。

五、研究总结

本书通过对2020年1月24日0点到2020年3月31日23点59分59秒（北京时间），微博上涉及"中医"的290649条微博的正文文本、转发数量、发博时间等数据进行处理和分析，最终发现，疫情的发展态势、媒体的集中报道，直接或间接地影响了微博网民讨论中医的总体情况。微博网民对"中医"的讨论主题较为集中，主题之间关联密切，围绕中药、中医、中医院在疫情中的应用可能、实际成果等方面展开。大部分网民对中医在疫情中的应用持有中立或支持立场，少部分网民对中医持有反对或厌恶的态度；大部分网民对中医表达了肯定情绪，少部分网民对中医表达了厌恶等负面情绪。

第二节　国产新冠疫苗上市前后的公众态度与传统媒体舆论引导

一、引言

自2019年12月起，新型冠状病毒肺炎开始出现并在世界范围内大暴发。2020年3月11日，世界卫生组织宣布全球进入新冠肺炎大流行状态[1]。截至2021年2月23日，全球报告感染新冠肺炎人数共计为1.107亿人，死亡病例超过240万人[2]。由于新冠肺炎大流行，需要采取佩戴口罩、保持一定社交距离等应对措施，使原先社会正常运作体系被打破，对人们社会生活和国民经济产生了一定的影响[3]。在过去的一个世纪里，疫苗被认为是预防传染病的理想形式，

---

[1] World Health Organization.(2021). World Health Organization. WHO. Director-General's opening remarks at the media briefing on COVID-19-11March2020. Available online at: https://www.who.int/director-general/speeches/detail/who-director-general-s-opening-remarks-at-the-media-briefing-oncovid-19-\$-\$11-march-2020/ (accessed March 31, 2021).

[2] World Health Organization (2021). World Health Organization. Weekly epidemiological update - 23rd February2021. Available online at: https://www.who.int/publications/m/item/weekly-epidemiological-update-\$-\$23-february-2021/ (accessed March 22, 2021).

[3] Schoch-Spana, M., Brunson, E. K., Long, R., Ruth, A., Ravi, S. J., Trotochaud, M., ... & White, A. (2021). The public's role in COVID-19 vaccination: Human-centered recommendations to enhance pandemic vaccine awareness, access, and acceptance in the United States. Vaccine, 39(40), 6004-6012.

其特殊地位在近20年的流行病预防和管理中得以体现①。因此，各国政府开始寄希望于研发和生产出新型疫苗以对抗新冠疫情②，安全有效的新冠疫苗已被认为是控制疫情的最为可持续的选项③。通过疫苗接种，可以实现群体免疫，从而最终实现社会和经济活动的正常化④。

早在新冠疫情初期，中国就开始布局研发新冠疫苗，最早研制的新冠疫苗于2020年3月获批临床试验。2020年12月31日，中国国务院联防联控机制举行新闻发布会，发布国药集团中国生物新冠灭活疫苗已获得国家药监局批准附条件上市⑤，新冠疫苗接种进入分批次公众自愿接种阶段。从控制疫情的角度而言，世界卫生组织认为要想实现针对新冠疫情的安全的群体免疫，则需要人口的很大一部分接种疫苗⑥。然而，世界卫生组织、各国政府等权威机构积极倡导的疫苗接种计划，受到多种因素的影响。当有疫苗可用时，疫苗接种计划的成功与否取决于公众的接受程度⑦。因此，有必要对公众对待新冠疫苗的态度进行调查。

由于新冠肺炎是一种新型流行疾病，新冠病毒的新型变异等特征，容易

① Ward, J. K., Alleaume, C., Peretti-Watel, P., Seror, V., Cortaredona, S., Launay, O., ... & Ward, J. (2020). The French public's attitudes to a future COVID-19 vaccine: The politicization of a public health issue. Social science & medicine, 265, 113414.

② Yamey, G., Schäferhoff, M., Hatchett, R., Pate, M., Zhao, F., & McDade, K. K. (2020). Ensuring global access to COVID-19 vaccines. The Lancet, 395(10234), 1405-1406.

③ Borriello, A., Master, D., Pellegrini, A., & Rose, J. M. (2021). Preferences for a COVID-19 vaccine in Australia. Vaccine, 39(3), 473-479.

④ Schoch-Spana, M., Brunson, E. K., Long, R., Ruth, A., Ravi, S. J., Trotochaud, M., ... & White, A. (2021). The public's role in COVID-19 vaccination: Human-centered recommendations to enhance pandemic vaccine awareness, access, and acceptance in the United States. Vaccine, 39(40), 6004-6012.

⑤ Xinhuanet (2021). China approves first self-developed COVID-19 vaccine.Available online at: http://www.xinhuanet.com/english/2020-12/31/c_139632053.htm/ (accessed March 31, 2021).

⑥ World Health Organization (2021).Coronavirus disease (COVID-19): Herd immunity, lockdowns, and COVID-19. Available online at:https://www.who.int/news-room/q-a-detail/herdimmunity-lockdowns-and-covid-19/ (accessed March 21, 2021).

⑦ Karlsson, L. C., Soveri, A., Lewandowsky, S., Karlsson, L., Karlsson, H., Nolvi, S., ... & Antfolk, J. (2021). Fearing the disease or the vaccine: The case of COVID-19. Personality and individual differences, 172, 110590.

导致公众不愿意接种疫苗①。在一项有关流感疫苗的研究中，大多数人不愿意接受新的但尚未完全批准的疫苗②。在新冠疫苗研发阶段，也有研究对公众是否愿意接种即将上市的疫苗进行调查，世界各国公众的态度不一，愿意接种的比例介于41%和89%之间③。就中国而言，媒体对早期中国新冠疫苗的研发进展状况予以及时报道，中国公众对于新冠疫苗的研发也持续关注，一些公众在新浪微博等社交媒体平台上也发表了对新冠疫苗的看法。那么，中国政府宣布新冠疫苗上市后，公众对新冠疫苗的态度如何？与官方宣布上市前是否存在明显变化？本书将从这些问题出发，考察中国政府宣布新冠疫苗上市前后，中国公众对新冠疫苗的态度及其变化情况。

官方宣布新冠疫苗上市对于公众而言是一件关乎自身利益的大事，在宣布后短期内公众在情绪层面可能发生反应与变化。为了起到比较效果，本书以中国官方宣布疫苗上市时间的前后各一周作为研究的时间节点（2020年12月24日至2021年1月7日）。由于新浪微博在中国社交媒体中具有较大影响力，其月度活跃用户为5.11亿④，且相比较微信等社交媒体而言具有更强的开放性，已成为中国公众表达意见的重要平台。因此，通过分析新浪微博平台上网民对于新冠疫苗的讨论内容，可了解中国公众对待新冠疫苗的看法。本书将使用数据挖掘法提取新浪微博上有关新冠疫苗的所有文本，对其进行语义分析和情感分析：语义网络分析是对公众对于新冠疫苗的表述内容的分析，可获知公众有关新冠疫苗的关注焦点；情感分析是对公众发布的文本内容进行情绪的判断，可获知公众有关新冠疫苗的具体情绪特征。通过语义分析和情感分析，综合判断公众对待新冠疫苗的具体态度。

---

① Chou, W. Y. S., & Budenz, A. (2020). Considering emotion in COVID-19 vaccine communication: addressing vaccine hesitancy and fostering vaccine confidence. Health communication, 35(14), 1718-1722.

② Quinn, S. C., Kumar, S., Freimuth, V. S., Kidwell, K., & Musa, D. (2009). Public willingness to take a vaccine or drug under Emergency Use Authorization during the 2009 H1N1 pandemic. Biosecurity and bioterrorism: biodefense strategy, practice, and science, 7(3), 275-290.

③ Feleszko, W., Lewulis, P., Czarnecki, A., & Waszkiewicz, P. (2021). Flattening the curve of covid-19 vaccine rejection—An international overview. Vaccines, 9(1), 44.

④ 新浪财经.微博用户报告：月活用户 5.11 亿 年轻化明显.http://finance.sina.com.cn/roll/2021-03-12/doc-ikkntiak9413463.shtml.

二、研究方法

（一）数据采集与清洗

中国公众对于新型冠状病毒肺炎疫苗的讨论热度一直处于较高水平，而政府于2020年12月31日宣布国产新型冠状病毒肺炎疫苗正式上市，更引发了公众的进一步热议。本书以"新型冠状病毒肺炎疫苗"为检索关键词，通过新浪微博API接口共获取到409838条微博。通过数据清洗，去除了重复、无意义、纯表情符号等微博，并以12月31日为中点划分样本微博，最终获得中国国产疫苗上市前一周的微博共计60122条（样本1），中国国产疫苗上市后一周的微博共计79359条（样本2）。

（二）研究操作流程

本书研究具体操作流程如图3–7所示，我们将获得的样本1和样本2用于语义分析和情感分析，以此来剖析中国网民对国产疫苗的态度变化。语义分析方面，我们使用社会网络分析方法，构建样本的关键词共现矩阵，绘制关键词的共现网络图，并且通过点度中心度分析和QAP分析来更加科学高效地解读语义。情感分析方面，我们采用基于卷积神经网络的方法对微博情绪进行分类，将微博文本分为正面情感、中性情感、负面情感三种类型；而后使用情感词典的方法进一步将文本分为"乐""好""怒""哀""惧""恶""惊"七个类别。

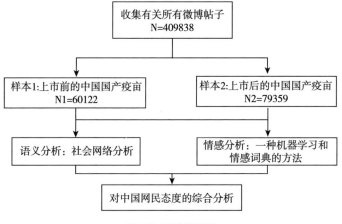

图3-7　研究流程图

（三）语义分析

本研究中，使用社会网络分析方法解读样本的语义，具体包括以下步骤：

（1）使用ROST 6.0软件分别构建样本1和样本2的关键词共现矩阵。

（2）使用ROST 6.0软件分别绘制样本1和样本2的关键词共现网络图。

（3）使用UCINET 6 软件分别计算样本1和样本2的关键词共现矩阵的度中心度。

（4）使用UCINET 6 软件计算样本1和样本2之间的相关性（Quadratic Assignment Procedure，QAP）。

步骤（1），关键词共现矩阵的建构，是通过统计某两个单词同时出现在同一条微博中的次数来进行的，步骤（2）、（3）、（4）均基于该结果矩阵独立开展工作。步骤（2）的结果为单词的共现网状图，关键词共现网络图上的方块表示单词，方块的大小表示单词的重要程度，两个方块之间的连线表示两个单词相关联。矩阵中的每一个单词都拥有一个度中心度，为具体数值，数值越大则单词的中心度越高，步骤（3）便是求得这些数值。步骤（4）是对于样本1和样本2两个语义矩阵的相关性计算，对于两个样本网络图的相似性比较，也是对于它们语义相似度的分析。本书研究所涉及的四个步骤，能够帮助研究者从图像、度中心度、QAP三个方面解读和锁定样本的关键词或中心词，进而读取样本的核心语义。

（四）情感分析

本研究中，使用卷积神经网络和词典法解读样本的情感，具体包括以下步骤：

（1）样本1和样本2各自在内部划分为训练集和测试集，选择词向量作为原始特征，通过卷积神经网络（Convolutional Neural Networks, CNN）进一步提取特征，最后训练出精度超过80%的微博文本情感分类模型，导入测试集并输出情感倾向分类结果（正面情感、中性情感、负面情感）。

（2）将样本1和样本2的全文本分别与情感词典进行匹配，情感词典内的单词标注有具体的情绪属性，根据匹配结果统计情绪分类情况（"乐""好""怒""哀""惧""恶""惊"）。

（3）综合分析正面情感、中性情感、负面情感与"乐""好""怒""哀"

"惧""恶""惊"这七个具体情绪的潜在关系。

从已有研究来看，情感分析中对"情感"的分类主要存在两种取向。一种是按照情感极性进行分类，这种分类认为情绪是相互关联的、难以区分的，各类情绪之间没有明确的界限。步骤（1）的分类标准属于此类。从已有研究成果来看，支持这一分类取向的学者大都将情感分为正面情感和负面情感两个维度，或是正面情感、中性情感和负面情感三个维度。本书观察到所采集的数据中存在一定数量的中性情感文本，所以采用了卷积神经网络的情感分类方法，即将情感分为正面、中性和负面三个类别。另一种是按照情感种类进行分类，即将情感具体划分为爱、快乐、惊讶、生气、悲伤、害怕、愧疚、害羞、遗憾、同情等多个类别。步骤（2）属于此类。这一分类方式一般使用词典法将情感细化为具体的情绪。使用词典法对文本情感分类时需要引入成熟的词典，大连理工大学情感词典本体是成熟的短文本情感分类词典，含有七种具体情绪的标注，准确率超过80%[①]。因此，本文使用大连理工大学情感词典的七种情绪划分方式。步骤（3）主要基于前两个步骤的情感分类结果，通过对比分析来解析情感变化。

三、研究发现

（一）语义分析

1.语义网络基本情况

图3-8为中国国产新型冠状病毒疫苗上市前的关键词共现网络图。疫苗上市前，关键词"新冠"和"疫苗"处于中心位置，"接种"处于次中心的位置，且从正方形的大小来看，"新冠"和"疫苗"的贡献度和影响力也略大于"接种"。"安全""安全性""有效""中国""疫情""人群""人员"等关键词位于图像的第二圈层。可以看出，在国产疫苗上市之前，中国民众对于疫苗本身的安全性关注最高，对于不同人群接种疫苗的安全性，疫苗能否缓解疫情等问题都有一定的讨论。

图3-9为疫苗上市后的关键词共现网络图。很明显，"新冠""疫苗""接

---

① 杨亮,林原,林鸿飞.基于情感分布的微博热点事件发现[J].中文信息学报,2012,26(01):84-90+109.

种"三者位于语义网络的中心，节点大小接近，即三者的度中心度接近。此外，我们发现受到疫苗上市和推广的影响，"产能""大规模""全民"等关键词受到了更多的关注，可以看出人们对于疫苗批量生产和大规模接种表达了关注。此外，出现了大量对于国外的疫苗（特别是美国、欧洲所生产的疫苗）和国产疫苗的对比话术。

从语义网络图像的观察结果来看，中国国产新型冠状病毒肺炎疫苗上市前，民众更多关注疫苗本身情况，如疫苗的安全性、疫苗的副作用、疫苗的有效性；上市后，民众则聚焦于疫苗接种、疫苗生产等实践活动，并通过引用国外疫苗的各项表现，来讨论和评价国内疫苗。

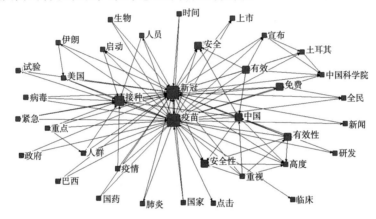

图3-8　国产疫苗上市前微博文本网络语义图

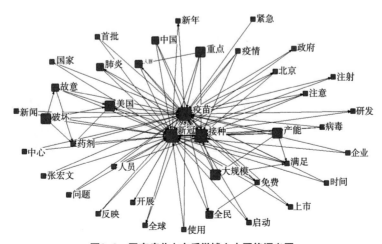

图3-9　国产疫苗上市后微博文本网络语义图

2.语义网络度中心度分析

本研究对样本1和样本2所生成的关键词矩阵进行度中心度（Degree Centrality）分析，发现两者的语义网络的核心单词如表3-2所示。整体来看，样本2的核心关键词的度中心度略高于样本1，这也表明，随着中国国产新型冠状病毒肺炎疫苗上市，网友所讨论的内容更为集中，核心的关键词更为明显和突出。从内容来看，疫苗上市之前和上市之后都共同关注到疫苗本身的情况、疫苗的接种问题等议题。

其中，疫苗的安全性、疫苗的有效性、疫苗优先接种人群的选择等议题疫苗上市前更为突出。从微博文本的具体内容来看，疫苗上市前，由于中国国产新型冠状病毒肺炎疫苗尚未完成三期临床试验，所以部分网友对国产疫苗的安全性产生怀疑；而疫苗的预防效果目前也没有得到特别有力的实验证明，所以微博上也呈现出疫苗犹豫或疫苗抵制的倾向；虽然疫苗的安全性和有效性受到部分群体的质疑，但是哪些人群应该优先接种疫苗仍受到网友的热烈讨论。不少人认为医院工作人员、火车站工作人员、社区工作人员等与他人有较多接触的人群应当优先接种疫苗。

疫苗上市之后，疫苗接种的具体过程、疫苗生产的产能和规模成为关注焦点。疫苗接种等实际问题日益受到广泛关注，关键词"接种"的中心度高达40141，是疫苗上市前的两倍多；网友大量讨论接种国产疫苗的优点、接种的预约过程、接种疫苗的注意事项、接种疫苗可能带来的不良反应等内容。此外，还有两个议题在疫苗上市后也比较显著。一是中国政府宣布全体中国公民免费接种国产新冠肺炎疫苗的接种政策，引发了网友的热烈讨论。公众对政府推行的这一政策表示赞扬，无疑也从一定程度上提升了中国公众接种疫苗的意愿。二是对于中国国产新型冠状病毒肺炎疫苗和外国新型冠状病毒肺炎疫苗的比较和讨论。网民从工艺、安全性、有效性、副作用、已有的接种不良反应案例等方面将国产疫苗和辉瑞、莫德纳、阿斯利康等国外机构研发和生产的疫苗进行对比分析，讨论接种国产疫苗的利弊。

表3-2　关键词的度中心度分布

序号	国产新冠疫苗上市前		国产新冠疫苗上市后	
	词语	度中心度	词语	度中心度
1	疫苗	44683	疫苗	49221
2	新冠	43694	新冠	48507
3	接种	16846	接种	40141
4	中国	8729	产能	19896
5	有效	4398	大规模	9121
6	安全	4184	免费	8159
7	安全性	4157	破坏	5083
8	有效性	3823	中国	4572
9	重视	3812	美国	4521
10	免费	3616	重点	4430
11	高度	3608	人群	4213
12	人群	2908	全民	4156
13	人员	2815	满足	3850
14	病毒	2781	病毒	3685
15	优先	2733	故意	3502

3.疫苗上市前后不同语义网络间关系

如表3-3所示，从QAP相关分析结果来看，中国国产新型冠状病毒肺炎疫苗上市前后的语义存在显著的正向相关性，相关度高达0.931。两者的MR-QAP回归分析结果为0.592，可以认为样本1的语义网络对样本2存在59.2%的正向影响。结合语义网络图和度中心度分析结果来看，疫苗上市前后，中国民众对于疫苗本身的情况和疫苗接种的有关问题都有大量的讨论，因此相关性较高。疫苗上市后，议题出现了一定程度的改变，主要体现在关注疫苗生产和国内外疫苗对比等方面。国产疫苗上市前后，中国民众对于疫苗的讨论都紧扣疫苗本身和疫苗接种等核心议题，但疫苗的上市仍然激发了新的议题，民众开始着眼疫苗推广和疫苗接种的实践问题。

表3-3 两个样本语义网络的相关性分析

	QAP相关分析	MR-QAP回归分析
Obs Value	0.931*	0.592**

注：*代表P=0.003＜0.05，**P代表=0.000＜0.001。

（二）情感分析

1.情感分类结果

如表3-4所示，我们对样本1和样本2进行了三种情感分类和七种情绪判断。由于样本2的数量大于样本1，所以百分比的值比数量值更适合用于比较。三种情感方面，样本1中，正面情感的样本微博数量占比为51.75%，样本2中的正面情感微博数量占比为61.61%，后者比前者高出9.86%，表明中国国产新型冠状病毒肺炎疫苗正式上市后，网民的正面情感显著上升。而疫苗上市以后，中性情感微博数量占比却出现了大幅下降，由19.36%降至9.28%，降幅高达10.08%。样本1和样本2的负面情感微博数量的占比较为接近，前者为28.89%，后者为29.11%，即负面情感微博数量的占比在疫苗发布后出现小幅度上升。

本书使用词典匹配的方法来判断七种具体情绪，得到对应情绪下的单词数量和占比情况。出于两组样本数量不相等的考虑，同样使用百分比来解读七种不同的具体情绪的分布情况。具体而言，体现"赞扬"的情绪词在两个样本中的数量占比都最高，样本1中体现"赞扬"情绪的单词数量占据49.10%；样本2中体现"赞扬"情绪的单词数量占比进一步扩大，占据55.24%，同比上涨6.14%。体现"恐惧"情绪的相关单词数量比重也有所上升，在疫苗上市前"恐惧"情绪占比为7.47%，而疫苗上市之后，相关内容的比重上升了1.67%，达到了9.14%。"赞扬"和"恐惧"情绪占比上升，而其他五种情绪的占比均出现了不同程度的下降。代表"喜悦"情绪的内容占比由10.68%轻微下降至10.06%，代表"惊喜"情绪的内容占比由6.09%轻微下降至5.95%，"喜悦"和"惊喜"情绪的单词数量占比跌幅较小，说明样本中这两种情绪处于比较稳定的状态。体现"厌恶"情绪的单词数量占比从6.03%下降至4.50%，跌幅为1.53%；体现"愤怒"情绪的单词数量占比从7.46%下降至5.11%，跌幅为2.35%；代表"悲伤"情绪的单词数量占比由13.17%大幅下降至10.00%，跌幅为3.17%；"厌恶"、"愤怒"和"悲伤"情绪下降的幅度较大，三者下降幅度之和为7.05%。

表3-4　国产疫苗上市前后情感倾向与情绪分布比较

	情感	数量	百分比	情绪	数量	百分比
上市前	正面	31113	51.75%	赞扬	107517	49.10%
				喜悦	23399	10.68%
	中性	11639	19.36%	惊喜	13330	6.09%
				厌恶	13207	6.03%
	负面	17370	28.89%	恐惧	16351	7.47%
				愤怒	16342	7.46%
				悲伤	28845	13.17%
上市后	正面	48893	61.61%	赞扬	282101	55.24%
				喜悦	51365	10.06%
	中性	7365	9.28%	惊喜	30369	5.95%
				厌恶	22987	4.50%
	负面	23101	29.11%	恐惧	46655	9.14%
				愤怒	26083	5.11%
				悲伤	51094	10.00%

2.情感分类解析

通过上文对于情感和情绪的数量分析，发现在国产新型冠状病毒肺炎疫苗上市之后，中性情感微博数量占比显著下降，占比不足10%；人们的情感倾向更加明显，正面情感微博占比高达61.61%，负面情感微博占比高达29.11%。这一系列的变化和代表情绪的单词数量占比存在一定关联度。整体来看，样本1的微博数量为60122条，本书从这些样本中识别出218991个代表着具体情绪的单词，即平均每条微博含有约3.64个情绪词；样本2的微博数量为79359条，本书从这些样本中识别出510654个代表着具体情感的单词，即平均每条微博含有约6.43个情绪词。可见，样本2微博中的情绪词含量更高。在疫苗上市之后，中国公众更加直接和鲜明地表达了自己的观点，这些观点正向或负向的倾向性十分明显，导致了中性情感占比的大幅下降。

对表3-4进一步分析，可判断"赞扬"情绪作为明显的正面情绪，与正面情感数量占比的上升存在正向相关，代表"赞扬"的情绪词多达282101个，成为正面情感占比高达61.61%的关键促成因素。而"恐惧"作为七个具体情绪中唯一上涨的负面情绪，对于负面情感微博数量的上涨也起到了一定的推动作用。正面情感、负面情感和中性情感的样本数量占比变化，还受到其他因素的影响，本书主要从情绪词的数量变化来探讨样本微博三种情感比例的变化原因。从情感和情绪分析结果来看，"赞扬"情绪的增长推动正面情感数量占比的增加，"恐惧"情绪的增长推动了负面情感数量占比的增加，各类情绪词数量增长使得中性情感数量占比降低。

3.情感与文本综合分析

根据上文的分析结果，"赞扬"和"恐惧"情绪对正面情感、负面情感的比例有较大的影响。为进一步探讨情绪背后关联的具体文本内容，本书通过统计情绪词的个数，抽取了样本1和样本2中"赞扬"和"恐惧"情绪最高的各1000条微博，即四个小组的数据，共计4000条。对这四组的样本，分别统计了词频，将各组内词频最高的单词罗列如表3-5所示。研究发现，在疫苗上市前，中国人所产生的"赞扬"情绪，主要来自对于疫苗即将上市的期望和疫苗临床试验成果的讨论，中国新型冠状病毒肺炎国产疫苗临床表现较好，社会各界对于这些成果予以肯定和赞扬，也有不少呼吁疫苗上市的声音。疫苗上市之后，中国人高度肯定政府免费给全国人民接种疫苗的做法，并且对于疫苗大规模生产表达了信心，免费接种政策和疫苗高速生产相关的话题都充满了"赞扬"的情绪。"恐惧"情绪所涉及的文本内容，在疫苗上市前后也表现出较大差异。疫苗上市前，人们对于疫苗研制过程的安全性和优先接种人群的选择表现出担忧：部分民众怀疑疫苗的安全性，拒绝成为优先接种者；部分民众相信疫苗的安全性，但是也拒绝成为优先接种者，理由是他们认为自身感染新型冠状病毒肺炎的概率较低，而医护人员、火车站工作人员等人群染病的风险较高。疫苗上市后，中国人的"恐惧"情绪主要体现在接种疫苗的不良反应上，且没有局限于本国疫苗副作用的讨论，反而通过辉瑞等疫苗的副作用对比来进行交流，进一步宣泄"恐惧"的情绪。

表3-5　"赞扬"和"恐惧"情绪下微博文本高频词

序号	国产疫苗上市前				国产疫苗上市后			
	"赞扬"情绪		"恐惧"情绪		"赞扬"情绪		"恐惧"情绪	
1	疫苗	1539	疫苗	1491	疫苗	1688	疫苗	1613
2	新冠	1271	新冠	1284	新冠	1114	新冠	1311
3	接种	577	中国	693	接种	941	接种	798
4	上市	308	药剂	527	免费	908	中国	603
5	中国	281	安全	518	大规模	320	反应	332
6	希望	212	试验	515	产能	294	辉瑞	302
7	临床	183	临床	514	全民	169	副作用	293
8	国家	179	接种	496	感谢	169	国内	271
9	成功	165	优先	332	政府	143	安全	224
10	国产	161	人群	324	满足	139	美国	218

四、研究讨论

（一）疫苗上市的官方新闻发布促进了中国公众对国产疫苗的接受态度

从语义网络分析可以看出，中国官方宣布国产新冠疫苗上市之前，公众对新冠疫苗议题关注的焦点在于疫苗的安全性和有效性方面，公众对于疫苗技术本身是否具备接种条件比较关心。在官方宣布以后，公众关注的焦点转变为疫苗接种的具体过程，以及疫苗生产的产能和规模方面，体现出公众对于如何接种疫苗以及当前的疫苗产能是否能够保证接种等疫苗接种的实践议题的关心。从官宣前后公众关注议题焦点的转变可以看出，疫苗上市的官方新闻发布在一定程度上稳固了公众对国产疫苗的认可与接受。另外，从情绪分析的结果可知，官方宣布疫苗上市以后，公众有关新冠疫苗发帖内容所呈现的情感倾向发生了变化，积极情绪占比提升了9.86%，尤其是"赞扬"的积极情绪提升显著，达到了6.14%。从体现"赞扬"情绪的文本来看，公众对于政府免费推广疫苗接种政策和加速疫苗生产确保产能等做法表示肯定。从公众的情感倾向也可以看出，官方宣布疫苗上市以及疫苗接种和生产的相关政策，对于促进公众接受国产新冠疫苗具有积极作用。

中国官方宣布新冠疫苗上市的新闻发布后，人民日报、新华社、中央电视台等中央级权威媒体以及地方各级媒体对此进行了积极报道。从官方新闻发布及报道的内容来看，主要有以下特点：首先，报道公布了国产疫苗上市经过严格审查、审评、核查、检验和数据分析的过程，从生产和上市层面确保了安全性；其次，公布已经上市的疫苗保护效力具体数据为79.34%，并说明已经达到世界卫生组织及国家药监局相关标准，告知公众当前疫苗的有效程度；再次，明确疫苗接种的推进计划，即在全民免费提供疫苗的基础上，倡导公众在知情同意、排除禁忌证的前提下，逐步有序推进分批次接种，最终是为了建立全人群免疫屏障；最后，向公众介绍中国已经全面做好新冠疫苗规模化生产的组织和保障工作，确保疫苗生产产能。报道从疫苗的安全性、有效性以及疫苗接种计划和产能建设情况等多方面向公众进行了解释。结合公众在微博关注焦点和情感倾向的变化，可以推断官方新闻发布和报道对于改变公众对国产新冠疫苗的态度有一定的推动作用。由此可见，中国官方有关新冠疫苗上市的新闻发布与报道，进一步印证了已有研究的结论：内容要素完备、有针对性的官方新闻发布和报道是推动公众疫苗接受的重要手段[1]。

（二）"安全性"和"有效性"仍是影响公众疫苗犹豫的重要因素

世界卫生组织将"尽管有疫苗服务，但是仍会延迟或拒绝接种疫苗"的行为认定为疫苗犹豫，并认为疫苗犹豫上升幅度之大已经成为全球健康的一个重要威胁[2]。已有研究认为，疫苗的安全性是影响疫苗犹豫的一个主要因素[3]，疫苗的副作用、有效性、保护时间等特异性因素会影响个人疫苗接种的

---

[1] Casciotti, D. M., Smith, K. C., Tsui, A., & Klassen, A. C. (2014). Discussions of adolescent sexuality in news media coverage of the HPV vaccine. Journal of adolescence, 37(2), 133–143.

[2] World Health Organization (2021). Ten health issues WHO will tackle this year.Available online at: https://www.who.int/news-room/spotlight/ten-threats-to-global-health-in-2019/ (accessed 21stMarch 2021).

[3] Borriello, A., Master, D., Pellegrini, A., & Rose, J. M. (2021). Preferences for a COVID-19 vaccine in Australia. Vaccine, 39(3), 473–479.

偏好[1][2]。在前期针对新冠疫苗接种的调查中，对新冠疫苗产生疫苗犹豫的原因主要包括对新冠疫苗安全性和有效性的疑虑[3][4]，人们对安全性和有效性的信念仍是预测疫苗接种意愿的重要因素[5]。

网络语义分析发现，官方宣布新冠疫苗上市前公众关注的议题集中于疫苗的"安全性"和"有效性"方面；有关疫苗优先接种人群的讨论，也在一定程度上反映出对疫苗安全性的担忧。从情感分析的结果来看，虽然官方宣布新冠疫苗上市后公众对于新冠疫苗整体的积极情感倾向有所提升，但是在负面情感中唯一不降反升的是"恐惧"情绪。从其体现的语义来看，主要集中在对接种疫苗的不良反应和副作用上，并且以美国辉瑞等疫苗副作用事件为议题展开讨论，以此对比国产疫苗是否存在类似问题。由此可见，尽管官方在新闻发布中介绍了疫苗研发和生产过程中确保安全性的措施，以及有效性的相关数据，但是部分公众对疫苗的安全性和有效性仍然持怀疑态度。

（三）公众对疫苗的态度呈现"刺激泛化"效应

"刺激泛化"（Stimulus Generalization）效应，来自巴普洛夫的条件反射实验，是指生物体在附有一定条件的特定刺激下做出的行为反应，在同样或类似的刺激下能够被再次唤起[6]。刺激泛化强调的是同样或类似的刺激对于生物体而言，能够形成同样或类似的行为反应。具体到网络舆论，同样或类似的

---

[1] García, L. Y., & Cerda, A. A. (2020). Acceptance of a COVID-19 vaccine: a multifactorial consideration. Vaccine, 38(48), 7587.

[2] Chou, W. Y. S., & Budenz, A. (2020). Considering emotion in COVID-19 vaccine communication: addressing vaccine hesitancy and fostering vaccine confidence. Health communication, 35(14), 1718-1722.

[3] Leng, A., Maitland, E., Wang, S., Nicholas, S., Liu, R., & Wang, J. (2021). Individual preferences for COVID-19 vaccination in China. Vaccine, 39(2), 247-254.

[4] Wang, K., Wong, E. L. Y., Ho, K. F., Cheung, A. W. L., Chan, E. Y. Y., Yeoh, E. K., & Wong, S. Y. S. (2020). Intention of nurses to accept coronavirus disease 2019 vaccination and change of intention to accept seasonal influenza vaccination during the coronavirus disease 2019 pandemic: A cross-sectional survey. Vaccine, 38(45), 7049-7056.

[5] Thunström, L., Ashworth, M., Finnoff, D., & Newbold, S. C. (2021). Hesitancy toward a COVID-19 vaccine. Ecohealth, 18(1), 44-60.

[6] Till, B. D., & Priluck, R. L. (2000). Stimulus generalization in classical conditioning: An initial investigation and extension. Psychology & Marketing, 17(1), 55-72.

言论或报道对于受众而言能够形成同样或类似的反应。

笔者发现，尽管在官方宣布疫苗正式上市之后，公众对于国产疫苗的积极情感倾向显著上升，但是负面情感中的"恐惧"情绪不降反升，值得关注。通过语义网络分析后发现，宣布疫苗上市后的"恐惧"情绪主要指向"不良反应""副作用""辉瑞"等关键词。究其原因，与媒体集中报道国外相关疫苗，尤其是美国辉瑞公司生产的疫苗接种后出现的副作用，尤其是死亡病例相关。例如：央视国际、腾讯新闻等媒体报道"葡萄牙医护接种辉瑞疫苗2天后死亡"[1][2]；新华社报道"美疾控中心：辉瑞疫苗接种后已报告21起过敏反应"[3]；等等。并且，从报道的媒体机构来看，包括一些主流媒体和影响力较大的网络媒体平台，具有一定的权威性。虽然报道的疫苗接种的副作用乃至死亡的案例都集中在国外，但是，对于公众而言，大量有关新冠疫苗的负面报道容易形成"刺激泛化"效应。换言之，公众对于国外疫苗接种负面案例所产生的负面情绪，同样会"泛化"到国产疫苗接种上，产生"恐惧"的负面情绪。这也进一步印证了已有研究关于"媒体有关疫苗的负面报道会影响公众对于疫苗接种态度"的结论[4]。

五、主要结论及研究提示

（一）主要结论

本书通过数据挖掘技术，获取了中国官方宣布新冠疫苗正式上市前后一周，公众有关新冠疫苗的所有微博文本，并通过语义分析和情感分析法获得

---

① CCTV. Portuguese medical worker died two days after taking Pfizer vaccine. CCTV (2021). Available online at: http://news.cctv.com/2021/01/06/VIDEUnw1d6vcOrUA7PWwjNv3210106.shtml/ (accessed March 31,2021).

② Tencent News. Portuguese medical worker died two days after taking Pfizer vaccine. Tencent News (2021). Available online at: https://new.qq.com/rain/a/20210104A0B1MU00/ (accessed March 20, 2021).

③ Xinhuanet. Nearly 4,400 adverse events reported in U.S. after receiving Pfizer-BioNTech COVID-19 vaccine. Xinhuanet (2021). Available online at:http://www.xinhuanet.com/english/2021-01/07/c_139646858.htm/ (accessed March 23, 2021).

④ Catal án-Matamoros, D., & Peñafiel-Saiz, C. (2019). How is communication of vaccines in traditional media: a systematic review. Perspectives in public health, 139(1), 34-43.

了公众对于新冠疫苗的态度及其变化。数据挖掘以及基于人工智能的分析技术，相比传统的问卷调查和深度访谈等研究方法，具有调查范围更广、数据处理更为科学等优势。鉴于新浪微博月活跃用户可达5亿人左右，因此，本书的调查结果能够很大程度上反映中国公众对于新冠疫苗的态度及变化。这有助于政府部门、公共卫生机构以及媒体更有针对性地传播疫苗信息，从而促进公众接种新冠疫苗的意愿。公众对待疫苗的态度受到很多因素的影响，且是一个动态变化的过程。阶段性的公众微博有关国产新冠疫苗的舆论分析，只能反映阶段性的公众态度。对公众态度的关注需要进行持续性的舆情监测。

（二）研究提示

本实证研究的结果对于考察灾害事件中官方媒体与公众网络舆情的互动关系方面，具有重要的意义，主要体现在官方媒体在灾害事件中具有较强的舆论引导能力，尤其是在公众关注的热点话题方面。

一是官方媒体的话题引导。从本实证研究的结果来看，在官方媒体开展有针对性的报道以后，公众在微博平台上有关国产疫苗讨论的焦点发生了重大变化，从单纯的安全性和有效性转向接种流程及注意事项，体现出传统官方媒体较强的引导能力。

二是官方媒体的情绪引导。从公众有关国产疫苗上市前后的情绪比较来看，疫苗上市以后的文本中呈现出的情绪更为积极，体现出官方媒体集中开展国家疫苗相关报道，尤其是接种效能层面的积极报道，产生了较为良好的效果。

三是负面话题的选择及情绪效应。从国产疫苗上市后，公众舆论中的负面情绪指向来看，大多指向疫苗接种的负面案例。而这些负面案例大多来自官方媒体对国外疫苗接种的报道，引发公众对国外疫苗负面案例的讨论，并呈现出负面的情绪效应。

综合而言，在灾害事件中官方媒体仍是影响公众情绪和行为的重要途径，是引导舆论、影响公众行为的重要力量。一方面，官方媒体可以通过议程设置功能来引导公众对一些重要话题的关注，并且在报道内容选择上有针对性地引导公众形成认知。另一方面，除了议程方面的设置，官方媒体需要关注网络媒体中的公众情绪，做好情绪层面的引导。情绪引导的前提是了解公众正面和负面情绪的指向，有针对性地通过设置相关的议题和话语方式来有效引导公众情绪。

由于信息传播对于灾害事件中公众采取恰当行为具有重要的意义，鉴于官方媒体在灾害事件中仍具有较强的引导能力，因此，官方媒体应思考如何通过议程设置和情绪引导来引导公众在灾害中采取恰当的行为，以体现其社会责任。

第三节　南京疫情中的媒体误导与网络情绪爆发

一、引言

（一）南京疫情突破性病例与新冠肺炎疫苗犹豫

自新冠疫情以来，中国采取了严格的应对措施，疫情得到了控制[①]。除了零星的输入性病例，本土感染偶尔会发生，这些感染病例可在2～3个潜伏期内清除[②]。2021年7月20日，南京禄口国际机场在对工作人员进行常规核酸检测时发现9例确诊病例[③]，这引发了新冠肺炎在江苏省省会城市南京的区域性暴发。由于机场是确诊病例的源头，疫情随后从南京迅速蔓延至16个省，截

[①] World Health Organization. Report of the WHO-China Joint Mission on Coronavirus Disease 2019 (COVID-19). Available online :https://www.who.int/docs/default-source/coronaviruse/who-china-joint-mission-on-covid-19-final-report.pdf?sfvrsn=fce87f4e_2 (accessed on 28 July 2021).

[②] National Health Commission of the PRC. Transcript of the Press Conference of the Joint Prevention and Control Mechanism of the State Council on 11th June 2021. Available online: http://www.nhc.gov.cn/xcs/yqfkdt/202106/e28487f08ad745c5952356e448a87f13.shtml (accessed on 11 June 2021).

[③] The municipal health commission of Nanjing. Notification of novel coronavirus positive in Nanjing Lukou International Airport. Available online: http://wjw.nanjing.gov.cn/njswshjhsywyh/202107/t20210721_3080544.html. (accessed on July 20, 2021).

至2021年8月3日，已报告400多例感染病例①。从南京开始并蔓延到全国的新一波新冠肺炎病例引起了公众的关注。

为了更好地控制疫情，中国大陆自2021年1月起向公众免费提供新冠肺炎疫苗②。此后，中国一直在全国范围内推广新冠肺炎疫苗接种，包括教育和提供疫苗知识，强调接种疫苗的必要性，并传播疫苗有效性的信息。截至2021年8月4日，中国的疫苗接种覆盖率已达到17亿多剂（每人两剂）③。因此，公众对南京疫情中的确诊病例之前是否接种过疫苗表示担忧。2021年7月23日，南京市政府通过官方媒体宣布，18例确诊病例中，除1名未成年人外，已有17人接种疫苗。由于大多数确诊病例症状轻微，医学专家在新闻发布会上重申了疫苗的有效性和接种疫苗的重要性④。南京疫情中突破性病例的出现让公众感到意外。在中国最大的社交媒体平台新浪微博上，人们对新冠肺炎疫苗的有效性进行了讨论，并发表了自己的看法，其中#南京大多数确诊病例都接种了疫苗#话题冲上热搜。

公众对各种类型的疫苗表现出恐惧和犹豫，包括新冠疫苗⑤。由于控制疫情的迫切需要，新冠肺炎疫苗的开发、生产和大规模推广比任何现有疫苗的进展都快，这引起了公众对疫苗有效性和安全性的担忧⑥⑦。一些研究人员已经

---

① Thepaper.cn. Local cases increased 71+15! The chain of transmission can be read in one picture. Available online: https://www.thepaper.cn/newsDetail_forward_13885578. (accessed on August 4, 2021).

② People's Daily. China approves the first domestic COVID−19 vaccine (Joint Prevention and Control Mechanism of The State Council Press Conference). January 1,2021;06.

③ National health commission of the PRC. COVID−19 vaccination status. Available online: http://www.nhc.gov.cn/xcs/yqfkdt/202108/8b14279dd96d4bb2a84000b4969c08e3.shtml. (accessed on August 4, 2021).

④ Yangtse.com. How about the confirmed cases in this outbreak? What are the treatment measures? Here are the responses from Jiangsu Medical experts. Available online: https://www.yangtse.com/content/1243485.html. (accessed on July 23, 2021).

⑤ Lyu, J. C., Han, E. L., & Luli, G. K. (2021). Topics and Sentiments in COVID−19 Vaccine-related Discussion on Twitter. Journal of Medical Internet Research.

⑥ Dubé, E., & MacDonald, N. E. (2020). How can a global pandemic affect vaccine hesitancy? Expert review of vaccines, 19(10), 899−901.

⑦ Lurie, N., Saville, M., Hatchett, R., & Halton, J. (2020). Developing COVID−19 vaccines at pandemic speed. New England journal of medicine, 382(21), 1969−1973.

开发并使用了量表来衡量疫苗的信心和犹豫[①]。特别是将疫苗信心指数（VCI）衡量个人对疫苗安全性、重要性和有效性的看法，作为公众对疫苗信心的核心指标[②]。此外，研究发现，对疫苗缺乏信心将成为实现群体免疫的障碍，而群体免疫对于结束疫情至关重要[③]。疫情期间对新冠肺炎疫苗信任度和犹豫度的多项调查表明，定期监测公众对新冠肺炎疫苗有效性和安全性的意见非常重要且必要[④]。跟踪公众对新冠肺炎疫苗的看法有助于决策者更好地理解疫苗犹豫背后的原因，以及如何更好地实施疫苗推广战略[⑤]。

（二）社交媒体话语和对疫苗的态度

社交媒体已经成为分享和寻找健康相关信息的主要手段，在这里人们可以自由地生成信息，发表评论，表达观点，并就特定话题与其他人交流[⑥⑦]。关于新冠肺炎事件的信息在社交媒体上引发了公众的极大兴趣和反响[⑧]，提供了

---

① Betsch, C., Schmid, P., Heinemeier, D., Korn, L., Holtmann, C., & Böhm, R. (2018). Beyond confidence: Development of a measure assessing the 5C psychological antecedents of vaccination. PloS one, 13(12), e0208601.

② De Figueiredo, A., Simas, C., Karafillakis, E., Paterson, P., & Larson, H. J. (2020). Mapping global trends in vaccine confidence and investigating barriers to vaccine uptake: a large-scale retrospective temporal modelling study. The Lancet, 396(10255), 898-908.

③ Nuzhath, T., Tasnim, S., Sanjwal, R. K., Trisha, N. F., Rahman, M., Mahmud, S. F., ... & Hossain, M. M. (2020). COVID-19 vaccination hesitancy, misinformation and conspiracy theories on social media: A content analysis of Twitter data.

④ Eibensteiner, F., Ritschl, V., Nawaz, F. A., Fazel, S. S., Tsagkaris, C., Kulnik, S. T., ... & Atanasov, A. G. (2021). People's willingness to vaccinate against COVID-19 despite their safety concerns: Twitter poll analysis. Journal of Medical Internet Research, 23(4), e28973.

⑤ Eibensteiner, F., Ritschl, V., Nawaz, F. A., Fazel, S. S., Tsagkaris, C., Kulnik, S. T., ... & Atanasov, A. G. (2021). People's willingness to vaccinate against COVID-19 despite their safety concerns: Twitter poll analysis. Journal of Medical Internet Research, 23(4), e28973.

⑥ Yang, S., Huang, G., & Cai, B. (2019). Discovering topic representative terms for short text clustering. IEEE Access, 7, 92037-92047.

⑦ Jiang, H., Zhou, R., Zhang, L., Wang, H., & Zhang, Y. (2019). Sentence level topic models for associated topics extraction. World Wide Web, 22(6), 2545-2560.

⑧ Wu, W., Lyu, H., & Luo, J. (2021). Characterizing discourse about COVID-19 vaccines: A reddit version of the pandemic story. Health Data Science, 2021.

一个了解公众对新冠肺炎疫苗看法的机会①。公众对疫苗的态度可以通过社交媒体上的帖子和评论反映出来②。一项关于新冠肺炎疫苗的推特帖子的研究对标记为负面情绪的帖子进行了主题分析，发现对疫苗安全性和有效性的担忧在所有主题中排名第二③。

此外，个人对疫苗的态度在很大程度上受在线信息和社交媒体上发布的观点的影响，特别是负面信息④。研究表明，在社交媒体上暴露关于疫苗接种的负面情绪加剧了疫苗犹豫和拒绝⑤。几项关于社交媒体和对疫苗态度的研究也分享了相同的发现，即在推特上接触错误信息、谣言和负面情绪后，疫苗接种会增加疫苗犹豫和拒绝，甚至导致疫苗接种率下降⑥⑦⑧。社交媒体上关于新冠肺炎疫苗的讨论提供了数据来源，对这些讨论的了解可以解释用户对新冠肺炎疫苗的态度、接受或犹豫⑨。通过社交媒体调查公众意见比传统的民意

① Karami, A., Zhu, M., Goldschmidt, B., Boyajieff, H. R., & Najafabadi, M. M. (2021). COVID-19 vaccine and social media in the US: Exploring emotions and discussions on Twitter. Vaccines, 9(10), 1059.

② Kim, H., Han, J. Y., & Seo, Y. (2020). Effects of Facebook comments on attitude toward vaccines: the roles of perceived distributions of public opinion and perceived vaccine efficacy. Journal of Health Communication, 25(2), 159-169.

③ Nuzhath T, Tasnim S, Sanjwal R et al.. COVID-19 vaccination hesitancy, misinformation and conspiracy theories on social media: A content analysis of Twitter data.

④ Wilson, S. L., & Wiysonge, C. (2020). Social media and vaccine hesitancy. BMJ global health, 5(10), e004206.

⑤ Nuzhath T, Tasnim S, Sanjwal R et al.. COVID-19 vaccination hesitancy, misinformation and conspiracy theories on social media: A content analysis of Twitter data.

⑥ Tomeny, T. S., Vargo, C. J., & El-Toukhy, S. (2017). Geographic and demographic correlates of autism-related anti-vaccine beliefs on Twitter, 2009-15. Social science & medicine, 191, 168-175.

⑦ Dyda, A., Shah, Z., Surian, D., Martin, P., Coiera, E., Dey, A., ... & Dunn, A. G. (2019). HPV vaccine coverage in Australia and associations with HPV vaccine information exposure among Australian Twitter users. Human vaccines & immunotherapeutics, 15(7-8), 1488-1495.

⑧ Dunn, A. G., Surian, D., Leask, J., Dey, A., Mandl, K. D., & Coiera, E. (2017). Mapping information exposure on social media to explain differences in HPV vaccine coverage in the United States. Vaccine, 35(23), 3033-3040.

⑨ Lyu, J. C., Le Han, E., & Luli, G. K. (2021). COVID-19 vaccine-related discussion on Twitter: topic modeling and sentiment analysis. Journal of medical Internet research, 23(6), e24435.

调查更具成本效益，能揭示更多元化和真实的看法[1]。

（三）社交媒体话语和情感分析

如上所述，社交媒体分析提供了公众对疫苗接种的态度和犹豫的见解[2]。在研究方法上，社交媒体分析通常通过大数据提取数据，通过情感分析和主题分析工具进一步分析数据。大量先前的研究试验旨在理解围绕新冠肺炎的公共话语和调查与疫情相关的主题的方法，如定性内容分析[3]、情感分析、词频分析[4]，以及主题建模[5][6][7]。这些研究提取了社交媒体讨论中与新冠肺炎疫苗相关的话题和情绪，并确定了话题和情绪随时间的变化，以更好地了解公众的意见、担忧和情绪[8]。

情绪分析在疫苗研究中尤为重要，因为反疫苗情绪已经在网上流行了很

[1] Henrich, N., & Holmes, B. (2011). What the public was saying about the H1N1 vaccine: perceptions and issues discussed in on-line comments during the 2009 H1N1 pandemic. PloS one, 6(4), e18479.

[2] Boucher, J. C., Cornelson, K., Benham, J. L., Fullerton, M. M., Tang, T., Constantinescu, C., ... & Lang, R. (2021). Analyzing social media to explore the attitudes and behaviors following the announcement of successful COVID-19 vaccine trials: infodemiology study. JMIR infodemiology, 1(1), e28800.

[3] Yu, M., Li, Z., Yu, Z., He, J., & Zhou, J. (2021). Communication related health crisis on social media: a case of COVID-19 outbreak. Current issues in tourism, 24(19), 2699-2705.

[4] Zhao, Y., Cheng, S., Yu, X., & Xu, H. (2020). Chinese public's attention to the COVID-19 epidemic on social media: observational descriptive study. Journal of medical Internet research, 22(5), e18825.

[5] Abd-Alrazaq, A., Alhuwail, D., Househ, M., Hamdi, M., & Shah, Z. (2020). Top concerns of tweeters during the COVID-19 pandemic: infoveillance study. Journal of medical Internet research, 22(4), e19016.

[6] Xue, J., Chen, J., Hu, R., Chen, C., Zheng, C., Su, Y., & Zhu, T. (2020). Twitter discussions and emotions about the COVID-19 pandemic: Machine learning approach. Journal of medical Internet research, 22(11), e20550.

[7] Karami, A., & Anderson, M. (2020). Social media and COVID - 19: Characterizing anti - quarantine comments on Twitter. Proceedings of the Association for Information Science and Technology, 57(1), e349.

[8] Kwok, S. W. H., Vadde, S. K., & Wang, G. (2021). Tweet topics and sentiments relating to COVID-19 vaccination among Australian Twitter users: machine learning analysis. Journal of medical Internet research, 23(5), e26953.

长时间，尤其是在欧洲和美国[①]。然而，来自不同文化和国家背景的社交媒体上的反疫苗信息可能有所不同。Stella等人[②]调查了意大利封锁期间的公众情绪和社会反响，意大利是第一个因疫情而全国封锁的国家。他们发现了复杂的情绪，其中愤怒和恐惧与信任、团结和希望共存。另一项研究比较了美国和中国在推特和新浪微博上的帖子，揭示了不同文化背景的人对新冠疫情的公众认知存在差异[③]。

　　情感分析是提取和分析公众意见和观点的一种重要方法，有相当多的成熟分析工具。情感分析的方法和工具主要包括两类：基于词典的分类和基于机器学习的分类[④]。在情感分析的准确性方面，即使是常用的词典也不能完全识别文本的情感倾向[⑤]，但是人工构建的情感词典比其他词典更准确[⑥]。然而，词典和字典的发展是耗时的，工作人员密集，成本高昂[⑦]。因此，大多数研究继续采用常用的字典和词典进行情感分析。

　　从一般领域词典中提取的词不能处理所有领域的情感[⑧]，这在一定程度上限制了情感词典方法的准确性。此外，社交媒体上的词语的含义可能会随着

① Featherstone, J. D., Ruiz, J. B., Barnett, G. A., & Millam, B. J. (2020). Exploring childhood vaccination themes and public opinions on Twitter: A semantic network analysis. Telematics and Informatics, 54, 101474.

② Stella, M., Restocchi, V., & De Deyne, S. (2020). # lockdown: Network-enhanced emotional profiling in the time of COVID-19. Big Data and Cognitive Computing, 4(2), 14.

③ Deng, W., & Yang, Y. (2021). Cross-Platform Comparative Study of Public Concern on Social Media during the COVID-19 Pandemic: An Empirical Study Based on Twitter and Weibo. International journal of environmental research and public health, 18(12), 6487.

④ Biltawi, M., Etaiwi, W., Tedmori, S., Hudaib, A., & Awajan, A. (2016, April). Sentiment classification techniques for Arabic language: A survey. In 2016 7th International Conference on Information and Communication Systems (ICICS) (pp. 339-346). IEEE.

⑤ Li, W., Jin, B., & Quan, Y. (2020). Review of research on text sentiment analysis based on deep learning. Open Access Library Journal, 7(3), 1-8.

⑥ Hong, Y., Kwak, H., Baek, Y., & Moon, S. (2013, May). Tower of Babel: A crowdsourcing game building sentiment lexicons for resource-scarce languages. In Proceedings of the 22nd International Conference on World Wide Web (pp. 549-556).

⑦ Mohammad, S. M., & Turney, P. D. (2013). Crowdsourcing a word-emotion association lexicon. Computational intelligence, 29(3), 436-465.

⑧ Kaity, M., & Balakrishnan, V. (2020). Sentiment lexicons and non-English languages: a survey. Knowledge and Information Systems, 62(12), 4445-4480.

语境而变化。此外，积极或消极情绪的提取通常基于极性取向，而不参考特定的上下文。在这种情况下，捕捉准确的态度倾向需要基于情感分析内容的详细分析，特别是结合上下文环境[1]。在本书中，我们使用内容分析来人工确定态度，以弥补情感分析工具的不足。

在南京暴发突破性病例的背景下，本书旨在探索公众对疫苗有效性的看法，并检查这波疫情是否影响了疫苗犹豫和不信任。因此，本书对新浪微博帖子进行了内容分析，标签为#南京大部分确诊病例已接种疫苗#，提出以下研究问题：

RQ1：社交媒体用户的评论是否普遍表明了对新冠肺炎疫苗的负面态度？

RQ2：这些评论是否明确表达了负面情绪或观点？

RQ3：在对新冠肺炎疫苗的态度和情绪的表达背后有什么深刻的见解？

二、研究方法

（一）数据采集及样本确立

在南京市政府发布同样的消息后，一个被标记为"#南京大多数确诊病例都接种了疫苗"的热点问题引起了公众的关注。2021年7月23日，这个标签成为微博上的热门话题，总时长135分钟，新浪微博热搜榜（HSL）和热搜指数为3258154[2]。仅在7月23日，带有标签的帖子就达到了6221个，这表明了公众对这一问题的极大关注和参与。因此，我们选择了带有这个标签的帖子作为研究样本。

这个话题持续升温了5～6天，之后该话题下的帖子数量趋于平稳。因此，我们将讨论最多的时间段作为研究样本，从7月23日到26日。我们用自己编写的Python脚本连接新浪微博的API，收集了该话题下的6883个帖子。然后，我们手动删除了带有表情符号的帖子、图片、视频，以及重复的、无关的广告

---

[1] Chiarello, F., Bonaccorsi, A., & Fantoni, G. (2020). Technical sentiment analysis. Measuring advantages and drawbacks of new products using social media. Computers in Industry, 123, 103299.

[2] Weibo Hot Search Engine. Most of the Confirmed Cases Had been Vaccinated. Available online: http://www.zhaoyizhe.com/info/60fa2bc46c6f9728e2a396b2.html (accessed on 23 July, 2021).

或者不正常的信息。最后，我们获得了一个包含1542个有效帖子的样本。

（二）数据处理

本书使用由珠海（中国）横琴博艺数据技术有限公司（中国珠海）开发的DivoMiner进行在线内容分析。该工具将传统内容分析与大数据分析相结合，允许创建样本数据库、设置代码簿类别、内在编码器可靠性测试、正式编码、质量监控、统计分析和结果可视化。在健康传播、国际传播和管理科学方面的研究已经广泛使用了这一工具，这一点已在许多出版的期刊中得到证实[①]。我们使用这个工具对选定的帖子进行了内容分析。

（三）类别设置

尽管以前的研究对新冠肺炎疫苗事件提供了有价值的见解，但在通过情感分析评估公众对疫苗的态度方面存在局限性。大多数与在线情感相关的研究集中在情感极性上，情感极性将情感分为积极、中性和消极[②]。简单的分类感知分析忽略了用户微妙的情感变化，不能反映复杂的心理世界。因此，基于多个类别的细粒度情感分析对于检查情感属性是必要的[③]。此外，网上帖子表达的情绪很复杂。既要考虑情感表象，又要考虑情感目标，这是很有意义的。情感分析是针对词汇情感倾向的，不能完全解释不同语境下的公众态度。因此，在这项研究中，我们使用人工编码来确定基于以往经验的态度。

就具体编码而言，我们建立了四个类别。第一类是对疫苗的态度，因为这项研究的重点是公众对新冠肺炎疫苗的态度。考虑到网络文本存在语境差异，我们在评估文本态度倾向时需要考虑具体的对象。因此，第二类是指不同情感取向的特定对象。另外两类是情感分析的常用指标，即情感极性和情感归因。

---

① Divominer. Examples of Research Using the DiVoMiner®Platform. Available online: https://me.divominer.cn/community(accessed on 17 July. 2021).

② Zhang, L., Wei, J., & Boncella, R. J. (2020). Emotional communication analysis of emergency microblog based on the evolution life cycle of public opinion. Information Discovery and Delivery, 48(3), 151−163.

③ Wang, Z., Chong, C. S., Lan, L., Yang, Y., Ho, S. B., & Tong, J. C. (2016, December). Fine−grained sentiment analysis of social media with emotion sensing. In 2016 Future Technologies Conference (FTC) (pp. 1361−1364). IEEE.

关于对新冠肺炎疫苗态度的评价，本书将态度分为四种类型：支持、中立、怀疑和不确定。如果用户明确表达了对疫苗的积极看法并支持接种疫苗，则该内容将被视为"支持"。如果用户质疑疫苗的有效性，帖子将被定义为"怀疑"。如果用户在谈论新冠肺炎疫苗时没有表示支持或怀疑，帖子将被判断为"中立"。"不确定"内容是指与疫苗无关的帖子，或者无法通过内容确定用户对疫苗的态度。

本研究采用人机结合的方法对情感极性和情感归因进行编码。大连理工大学情感词典[①]作为中国主流的情感分析工具，将情感极性分为积极、中性和消极三类，情感归因分为好、高兴、惊讶、厌恶、悲伤、恐惧、愤怒和其他八个维度。

在操作上，我们第一步引入了大连理工大学情感词典。词典中有2万多个常用的中文情感词，每个词都标有情感极性和情感归属。计算机将帖子中包含的词与词典中的词进行匹配，然后确定每个文本的情感极性和归属。然而，该工具是基于逐字分析的，在分析过程中不能考虑句子的上下文含义。考虑到这种情况下结果可能会有偏差，我们在第三步中手动检查并修正了结果。具体来说，我们参考大连理工大学情感词典来标注样本中包含的情感词。然后，综合标注结果和句子意义进行情感编码。表3-6展示了情感词的例子和评论的情感编码。表3-6展示了情感词的例子和评论的情感编码。最后，我们确定了不同情感取向的具体目标，包括新冠肺炎疫苗、疫情/COVID-19、媒体、政府/国家、发帖用户、公众和未确定者。表3-7显示内容分析的项目和编码规则。

表3-6　不同情绪的关键词及例句编码示意表

项目	示例词	示例句子
好	信任、可靠、理解、普遍接受、真诚、进取、合格、权威、祈祷、信心	科学家们一直在努力工作，他们会找到一个解决方案。我们必须相信国家，相信科学！

① Wang, M., Liu, M., Feng, S., Wang, D., & Zhang, Y. (2014, December). A novel calibrated label ranking based method for multiple emotions detection in Chinese microblogs. In CCF International Conference on Natural Language Processing and Chinese Computing (pp. 238–250). Springer, Berlin, Heidelberg.

续表

项目	示例词	示例句子
乐	方便、声誉、快乐、技能、微笑、可靠、轻松、有趣、兴奋、期待	接种疫苗可以避免重症，幸运的是，我做到了，哈哈哈！
惊	奇怪的、神奇的、突然的、罕见的、微弱的、发生的、向上的、令人震惊的、惊愕的、极端的	真的很奇怪，接种疫苗仍然不能防止感染，只是"防重症"。
恶	愚蠢、狡猾、谎言、夸张、可耻、垃圾、咒骂、虚伪、肮脏、狭隘	如此愚蠢的人！政府给你们免费接种疫苗，你们还诋毁我们的国家！那你就应该退出我们中国的国籍！
哀	无助、痛苦、悲伤、哭泣、忧郁、灾难、刺痛、内疚、失败、失踪	无尽的变异，感觉人类将与这种病毒共生。我怀念过去的日子，再也回不去了。
惧	疾病、惊慌、恐惧、无效、抽搐、弊病、困惑、狭隘、剧变、关键	大多数确诊病例实际上已经接种了疫苗……哦，不，我很害怕。
怒	愤怒、咆哮、骗子、暴怒、责备、痛苦、抗议、瞪眼、指责、垃圾	南京的绝大部分确诊病例都接种了疫苗？这是一个多么垃圾的话题啊！媒体是为了吸引注意力。
其他	词语中没有明显的情感含义	抵抗病毒和自己的身体素质也很重要。我需要更经常地去健身房锻炼身体。

表3-7　内容分析编码表

项目	编码规则	注释
对新冠肺炎疫苗的态度	1.支持 2.中立 3.怀疑 4.不确定的	分析样本如何讨论或评估新冠肺炎疫苗，了解发帖者对该疫苗的态度。
情绪极性	1.积极 2.中立 3.消极	根据情绪的极性，将帖子中表达的情绪大致分为三类。
情绪归类	1.好 2.乐 3.惊 4.恶 5.哀 6.惧 7.怒 8.其他	根据DLUT-情感本体论，将帖子中表达的情绪进一步分为八类。

项目	编码规则	注释
不同情绪取向的具体目标	1.新冠肺炎疫苗 2.疫情/COVID–19 3.媒体 4.政府/国家 5.公众 6.发帖用户 7.不确定的	由样本所表示的情绪极性和情绪属性所指向的对象。

（四）编码可靠性

我们构建了一个在线可靠性测试库，在DivoMiner随机选择10%的样本，由三个编码员独立编码。然后，我们将三个编码器的结果成对匹配，使用Holsti系数作为可靠性计算的指标[①]。通过对编码标准的多次修正和对每个变量的信度指标的组合，最终三个编码者的综合信度为0.82，达到标准[②]。

三、研究发现

（一）对新冠肺炎疫苗的态度

表3–8根据微博显示公众对新冠肺炎疫苗的态度，标签为#南京大部分确诊病例已接种疫苗#。我们发现，7.26%的帖子表现出怀疑的态度（n = 112），12.97%的帖子表示中立的态度（n = 200），45.14%的帖子表示支持（n = 696），不确定的态度占34.63%的帖子（n = 534）。总体而言，由于南京的突破性病例，公众对新冠肺炎疫苗表现出了极大的关注。然而，在这一波疫情期间，他们并没有强烈质疑疫苗的有效性。

---

① Lang, H. (1971). Content Analysis for the Social Sciences and Humanities.

② Kassarjian, H. H. (1977). Content analysis in consumer research. Journal of consumer research, 4(1), 8–18.

表3-8 编码结果统计（包括情感极性和情感指向）

项目	编码规则	共有	占比
对新冠肺炎疫苗的态度	1.支持	696	45.14%
	2.中立	200	12.97%
	3.怀疑	112	7.26%
	4.不确定	534	34.63%

不同情绪取向的具体目标								
项目	编码规则	1.新冠肺炎疫苗	2.疫情/COVID-19	3.媒体	4.政府/国家	5.公众	6.发帖用户	7.不确定的	占比
情绪极性	1.积极	178	4	11	7	0	0	0	200(12.97%)
	2.中立	150	22	21	8	58	5	53	317(20.56%)
	3.消极	69	24	517	15	118	257	25	1025(66.47%)
情绪归属	1.好	151	2	12	7	0	0	0	172(11.15%)
	2.乐	0	1	0	0	1	0	0	2(0.13%)
	3.惊	10	0	3	0	2	1	3	19(1.23%)
	4.恶	10	3	334	3	66	189	4	609(39.50%)
	5.哀	6	10	1	1	2	3	4	27(1.75%)
	6.惧	17	14	6	1	6	0	10	54(3.50%)
	7.怒	9	1	132	10	46	57	5	260(16.86%)
	8.其他	194	19	61	8	53	12	52	399(25.88%)
占比		397(25.75%)	50(3.24%)	549(35.60%)	30(1.95%)	176(11.41%)	262(16.99%)	78(5.06%)	1542(100%)

（二）情感分析

尽管微博用户没有强烈质疑新冠肺炎疫苗的有效性，表3-9表示显著的负面情绪极性和属性。判断为负面情绪的帖子占66.47%（n = 1025），而正面情绪的帖子仅占12.97%（n = 200）。此外，如表3-8所示，这些帖子中显示的主导情绪是厌恶（39.50%，n = 609）、愤怒（16.86%，n = 260）和其他（25.88%，n = 399）。只有11.15%（n = 172）反映了积极的情绪，对应于"好"属性。

（三）对新冠肺炎疫苗的情感取向和态度的相关性分析

如表3-8中所示，情绪取向和对新冠肺炎疫苗的态度之间存在相关性。那么，被定义为表达负面情绪（66.47%）的帖子是否反映了对疫苗的犹豫或不信任？表3-8显示在1025个带有负面情绪的帖子中，超过一半（n = 517，50.44%）指向媒体。负面情绪的第二和第三个最常见的目标是发帖用户（n = 257，25.07%）和公众（n = 118，11.51%）。此外，"厌恶"和"愤怒"的具体目标与负面情绪的目标相同。在"厌恶"的609个帖子中，334个帖子（54.84%）指向媒体，189个帖子（31.03%）指向发帖用户，66个帖子（10.84%）指向公众。

表3-9　对疫苗的情感取向和态度的皮尔逊相关系数和卡方分析

皮尔逊相关系数（对疫苗的情绪取向和态度）						
0.323**						
卡方分析（对疫苗的情绪取向和态度）						
项目	对疫苗的态度(%)				总计	χ²	p
	1.支持	2.中立	3.怀疑	4.其他			
情感取向 1.积极	184(26.44)	10(5.00)	0(0.00)	6(1.12)	200(12.97)		
2.中立	97(13.94)	111(55.50)	29(25.89)	80(14.98)	317(20.56)	374.835	0.000**
3.消极	415(59.63)	79(39.50)	83(74.11)	448(83.90)	1025(66.47)		
共计	696	200	112	534	1542		

注：* p<0.05，** p<0.01

表3-8还显示了新浪微博用户的情感取向和情感目标的基本交互结果，有397个帖子明确表达了对疫苗的情感取向。其中178个帖子（44.84%）是正面的，150个帖子（37.78%）是中性的，只有69个帖子（17.38%）是负面的。此外，200个阳性帖子中有178个是针对疫苗的。

总的来说，关于"南京大部分确诊病例都接种过疫苗"的讨论表明，公众主要还是支持新冠肺炎疫苗，而不是质疑其有效性。尽管公众表达了强烈的负面情绪，但他们的讨论针对的是媒体、发帖用户和公众，而不是新冠肺炎疫苗。

四、研究结果讨论

（一）为什么南京的突破性病例没有引发对新冠肺炎疫苗有效性的强烈质疑？

南京突破性病例的发生并没有引起对公众新冠肺炎疫苗有效性的强烈怀疑。根据微博用户对新冠肺炎疫苗态度的内容分析，只有7.26%（n = 112）的帖子对疫苗的有效性表示怀疑，并反对接种疫苗。除了34.63%的帖子我们无法确定其态度倾向，其余45.14%的人对新冠肺炎疫苗持支持和信任的积极态度，12.97%的人对疫苗持中立态度。另一项通过社交媒体讨论考察中美两国对疫苗态度差异的研究也得出了同样的发现。相比推特上大量的反疫苗讨论，新浪微博上类似的话语很少见[①]。先前的研究认为，亲疫苗信息通常围绕着潜在的副作用、疫苗不良反应、错误信息和阴谋论[②]。除了阴谋论，中国公众中的反疫苗讨论也显示了类似的话题。质疑疗效的用户明确表示"由于确诊病例已接种，疫苗无效"。还有人质疑媒体和医学专家提出的"疫苗可以降低严重感染的概率"的观点。他们认为，目前的证据不能证明疫苗接种和严重感染的低发病率之间的直接关系。此外，一些用户质疑国产疫苗是否会出现ADE效应，因为大多数确诊病例都接种过疫苗。人们普遍质疑疫苗，主要是因为"关于疫苗有效性的现有数据和证据不足"以及"媒体报道缺乏客观性"。这些发现与之前的研究一致，之前的研究以积极的语气为主。45.14%的帖子被标记为积极态度的事实表明，公众仍然对新冠肺炎疫苗持乐观态度，并期待该疫苗击败疫情。有些用户直接承认新冠肺炎疫苗的有效性，并认为该疫苗在控制疫情方面发挥了重要作用。例如，他们写道，"如果没有接种疫苗，更多的人可能会被感染"和"没有被感染的人可能会受到疫苗的保护"，表达了他们对疫苗有效性的认可和了解。此外，一些使用者认为，疫苗不能完全保护人们免受病毒感染，特别是在面对病毒的新变种时，但他们仍然认识到，疫苗接种可以减少严重感染的可能性。他们经常引用专业人士或媒体发布的观点，这表明他们同意这些意见。此外，尽管一些使用者没有说明疫苗的有效性，但他们认为接种疫苗比不接种疫苗更有助于建立保护机制。他们用隐喻来表达他们对疫苗的理解。比如，他们写道，"打疫苗就像给手机贴钢化膜"，还有"穿衣服比光着身子强多了"。总体而言，这些帖子显示了发帖用户对疫苗有效性的积极看法和态度，这些看法和态度源自对新冠肺炎疫

[①]　Gao, H., Guo, D., Wu, J., Zhao, Q., & Li, L. (2021). Changes of the public attitudes of China to domestic COVID-19 vaccination after the vaccines were approved: a semantic network and sentiment analysis based on sina weibo texts. Frontiers in Public Health, 9, 723015.

[②]　Deng, W., & Yang, Y. (2021). Cross-Platform Comparative Study of Public Concern on Social Media during the COVID-19 Pandemic: An Empirical Study Based on Twitter and Weibo. International journal of environmental research and public health, 18(12), 6487.

苗的了解[1]。他们的知识来源于疫苗接种时的教育和交流[2]，源于之前的疫苗接种宣传。在之前的大规模疫苗接种宣传后，人们获得了更多的知识和对疫苗更积极的看法，这进一步影响了他们对疫苗的态度。

标记为对疫苗持中立态度的帖子内容主要集中在四个方面，均与疫苗和防疫知识有关。第一，这些用户建议，即使他们已经接种了疫苗，也要戴口罩，定期洗手。第二，一些用户用客观的语言解释了疫苗的作用机制和其他知识。第三，一些用户质疑新冠肺炎疫苗能否保护人们免受病毒变异的侵害。第四，特殊群体，如孕妇和慢性病患者，询问是否可以接种疫苗。该内容表明公众对疫苗的了解程度很高，也预示着公众对疫苗的积极态度[3]。

此外，我们发现微博用户倾向于对政府表现出明显的尊重，并对新冠肺炎疫苗持更积极的态度。相比之下，推特用户倾向于分享个人疫苗接种经历，并表达反对疫苗接种的态度[4]。与美国的个人主义文化特征相比，中国公众表现出更多的集体主义文化特征。

（二）为什么这些帖子呈现出用户强烈的负面情绪？

与对新冠肺炎疫苗的积极和中立态度的主导地位相反，情绪分析在微博帖子中发现了显著的负面情绪和情感。这很有趣，因为以前的研究证明，情感分析可以洞察公众对疫苗的态度[5]。然而，这项研究表明公众对疫苗的态度

---

[1] Dutta-Bergman, M. J. (2004). Primary sources of health information: Comparisons in the domain of health attitudes, health cognitions, and health behaviors. Health communication, 16(3), 273-288.

[2] Kim, J., & Jung, M. (2017). Associations between media use and health information-seeking behavior on vaccinations in South Korea. BMC public health, 17(1), 1-9.

[3] Tabacchi, G., Costantino, C., Cracchiolo, M., Ferro, A., Marchese, V., Napoli, G., ... & ESCULAPIO working group. (2017). Information sources and knowledge on vaccination in a population from southern Italy: The ESCULAPIO project. Human vaccines & immunotherapeutics, 13(2), 339-345.

[4] Meadows, C. Z., Tang, L., & Liu, W. (2019). Twitter message types, health beliefs, and vaccine attitudes during the 2015 measles outbreak in California. American journal of infection control, 47(11), 1314-1318.

[5] Boucher, J. C., Cornelson, K., Benham, J. L., Fullerton, M. M., Tang, T., Constantinescu, C., ... & Lang, R. (2021). Analyzing social media to explore the attitudes and behaviors following the announcement of successful COVID-19 vaccine trials: infodemiology study. JMIR infodemiology, 1(1), e28800.

和情感倾向之间没有相关性。这一发现在一定程度上反映了使用情感分析调查公众态度的局限性。情感分析需要考虑上下文语义理解，即一些具有不同极性的话语放在一起时可能在文本中产生特定的情感极性，而没有极性的话语的集合可能有助于强烈的情感极性[①]。比如"除了感染，感染后对我们身体的伤害也是一个重要指标吧？令人欣慰的是，免疫接种可以使新冠肺炎对我们健康的影响类似于普通感冒。我不想面对更多的个人悲剧"。情绪分析工具判断这份声明中的"伤害"和"悲剧"是消极和悲伤的，但帖子表达了对新冠肺炎疫苗的积极态度。我们进一步解读了带有负面情绪和情感的帖子内容，发现负面情绪和情感与对媒体的不信任和对反疫苗信息的不满有关。

结果显示，尖锐的情绪和情感指向媒体、发帖用户和公众。根据这些帖子的内容，负面情绪和情感主要与用户对新浪微博本身的不满有关。他们认为"南京大部分确诊病例都接种过疫苗"的标签会误导人们对新冠肺炎疫苗有效性的看法。由于用户会认为即使接种了疫苗，他们仍然可能被感染，因此会产生"疫苗接种无效"的公众印象。许多用户使用讽刺和轻蔑的词语来表达负面情绪，以反映他们对新浪微博的厌恶。此外，他们还以质疑和问责的口吻表达了对平台的愤怒。对欧洲和美国社交媒体用户公众意见的研究也表明，对疫苗的负面态度和犹豫可能来自疫苗以外的外部来源。导致疫苗犹豫的原因可能是缺乏信息以及对政府、医生、医疗机构和媒体的不信任[②③]。信任也是使信息来源可靠和减少虚假信息影响的一个重要因素[④]。

公众的负面情绪和情感主要反映在他们对那些质疑疫苗有效性的人的不满上。南京疫情发生后，一些人开始怀疑疫苗的效力，甚至质疑国产新冠肺

---

① Mohammad, S. M., & Turney, P. D. (2013). Crowdsourcing a word-emotion association lexicon. Computational intelligence, 29(3), 436-465.

② Yaqub, O., Castle-Clarke, S., Sevdalis, N., & Chataway, J. (2014). Attitudes to vaccination: a critical review. Social science & medicine, 112, 1-11.

③ Loomba, S., de Figueiredo, A., Piatek, S. J., de Graaf, K., & Larson, H. J. (2021). Measuring the impact of COVID-19 vaccine misinformation on vaccination intent in the UK and USA. Nature human behaviour, 5(3), 337-348.

④ Nielsen, R., Fletcher, R., Newman, N., Brennen, J., & Howard, P. (2020). Navigating the "infodemic": How people in six countries access and rate news and information about coronavirus. Reuters Institute for the Study of Journalism.

炎疫苗的发展。作为回应，其他用户认为这些人文化水平低、智力低，并发表了诸如"无脑""未受教育"等攻击性言论。他们谴责质疑国产疫苗的人，认为"我们应该珍惜花大价钱研发的免费疫苗"。他们还使用了带有强烈情绪的词语，如"把疫苗从你身体里取出来"和"滚出中国"。他们指出，一些发帖用户自由表达了对疫苗的负面意见，甚至对疫情和疫苗一无所知。

总体而言，帖子的内容表明，负面情绪和情感的表达反映了对疫苗的客观态度，1025个负面情绪的帖子中有415个（40.49%）支持接种疫苗，这些帖子显示了微博用户对新冠肺炎疫苗的客观态度。这些发帖用户是活跃的社交媒体消费者，他们积极关注和获取信息，并表达自己的观点[1]。他们对疫苗有了更多的信息和知识，不同意媒体"一边倒"的表达，期待媒体和公众从科学的角度评价疫苗。换句话说，负面情绪的表达反映了活跃的社交媒体用户捍卫疫苗的科学传播。

然而，一些帖子与负面情绪的直接发泄有关，而不是对疫苗有效性的讨论。这种匿名发泄情绪的方式让网络空间显得不理智。研究表明，社交媒体上的情绪表达与在线自我展示一致，在线空间中的负面情绪表达比现实中更容易接受[2]。所以，像新浪微博这样的社交媒体很容易成为表达负面情绪的渠道。先前的研究也证明了客观的、有充分证据的健康交流可以增加说服力[3]。一个相关的问题是，如何在网上客观有效地交流健康问题？解决办法之一是建立公众对媒体的信任。一方面，媒体需要科学的议程设置，以避免误导话题；另一方面，当受众误解话题或疯狂发泄负面情绪时，新闻媒体应通过有价值和有针对性的信息引导网络舆论和情绪，因为健康问题，特别是新冠肺

[1] Chan-Olmsted, S. M., Cho, M., & Lee, S. (2013). User perceptions of social media: A comparative study of perceived characteristics and user profiles by social media. Online journal of communication and media technologies, 3(4), 149-178.

[2] Waterloo, S. F., Baumgartner, S. E., Peter, J., & Valkenburg, P. M. (2018). Norms of online expressions of emotion: Comparing Facebook, Twitter, Instagram, and WhatsApp. New media & society, 20(5), 1813-1831.

[3] Havers, F., Sokolow, L., Shay, D. K., Farley, M. M., Monroe, M., Meek, J., ... & Fry, A. M. (2016). Case-control study of vaccine effectiveness in preventing laboratory-confirmed influenza hospitalizations in older adults, United States, 2010-2011. Clinical Infectious Diseases, 63(10), 1304-1311.

炎，直接关系到人们的安全和健康，影响到整个人类的生存和发展。媒体应通过科学有效的传播，促进人们的健康行为。

（三）中国社交媒体用户表达疫苗态度时表现出的独特文化特征

如上所述，中国公众在社交媒体上表达的态度与美国推特用户表达的态度存在差异，两国之间的文化差异可以解释这种差异。一方面，中国和西方国家对疫苗的关注是不同的。微博用户将新冠肺炎作为一个公共健康问题进行讨论，而不是像西方社会那样作为一个社会和政治问题进行讨论。总的来说，推特用户（大部分是西方用户）高度参与了关于新冠肺炎的回应、政治和政策的讨论。相比之下，微博用户（大部分是中国人）更倾向于关注病毒和疫情，但不仅限于此[1]。此外，对疫情的具体关切表明了不同的价值取向。例如，推特用户更关心经济健康，而微博用户更关心公共健康。微博上的讨论有一个突出的"科学"焦点，强调通过科学研究方法控制疫情，如疫苗开发和科学实验。然而，用户表达了对外交事务、贸易政策、社会就业和经济状况的更多关注[2]，这与我们的发现一致。

另一方面，中国公众呈现出一种集体主义的文化认同。对中美社交媒体话语的比较研究，揭示了两国和平台之间的显著文化差异。美国用户广泛针对政府和政治，但中国用户很少针对同样的问题。与美国的推特用户相比，中国的微博用户更多地反映了对社会责任或其目标的道德相关层面造成损害的风暴[3]。我们的研究也证实了这一点，表明在关于南京疫情案例的讨论中，表达的负面情绪在很大程度上指向媒体的社会责任。此外，积极情绪指向支

---

① Chen, S., Zhou, L., Song, Y., Xu, Q., Wang, P., Wang, K., ... & Janies, D. (2021). A novel machine learning framework for comparison of viral COVID-19-Related Sina Weibo and Twitter Posts: Workflow Development and Content Analysis. Journal of medical Internet research, 23(1), e24889.

② Chen, S., Zhou, L., Song, Y., Xu, Q., Wang, P., Wang, K., ... & Janies, D. (2021). A novel machine learning framework for comparison of viral COVID-19-Related Sina Weibo and Twitter Posts: Workflow Development and Content Analysis. Journal of medical Internet research, 23(1), e24889.

③ Kim, S., Sung, K. H., Ji, Y., Xing, C., & Qu, J. G. (2021). Online firestorms in social media: Comparative research between China Weibo and USA Twitter. Public Relations Review, 47(1), 102010.

持政府，这是中国社交媒体用户集体主义的一种文化表达。这一特殊的论点支持了Sethi的发现，即企业社会责任与集体主义而非个人主义价值观密切相关，而中国等亚洲国家更倾向于表达企业社会责任[①]。另一项通过心理语言学分析微博和推特上与新冠肺炎相关的话语的研究也证实了社交媒体上帖子的文化差异[②]。微博用户比推特用户更喜欢使用"我们"[③]。例如，"鉴于疫情在国际上的现状，以及疫苗在预防严重感染方面的巨大优势，我们应该重点推广疫苗接种，以保护我们的人民免受重病"。"我们"的使用越来越多，这表明人们越来越认同一个群体[④]，反映了中国的一种集体主义文化。

中国微博用户和西方推特用户在表达积极取向（如信任政府和接受疫苗）和消极取向（如对媒体不满）方面表现出差异。这些差异也表明了社交媒体领域之外的现实世界中的差异，如文化背景、社会价值、健康传播和管理系统，为我们的进一步研究提供了一个视角。

五、研究总结及提示

（一）研究结论

调查公众对疫苗的态度方面具有局限性，需要更深入地分析才能获得可靠的结果。这项研究揭示了有趣的发现。通过进一步的内容分析——疫苗之外的外部来源可能会导致疫苗犹豫，如对媒体的不信任。本书具有一定的局限性。本书只监测了一个话题下的舆情，不覆盖所有舆情。此外，新浪微博

---

① Sethi, S. P. (2003). Globalization and the good corporation: A need for proactive co-existence. Journal of Business Ethics, 43(1), 21−31.

② Su, Y., Xue, J., Liu, X., Wu, P., Chen, J., Chen, C., ... & Zhu, T. (2020). Examining the impact of COVID−19 lockdown in Wuhan and Lombardy: a psycholinguistic analysis on Weibo and Twitter. International journal of environmental research and public health, 17(12), 4552.

③ Su, Y., Xue, J., Liu, X., Wu, P., Chen, J., Chen, C., ... & Zhu, T. (2020). Examining the impact of COVID−19 lockdown in Wuhan and Lombardy: a psycholinguistic analysis on Weibo and Twitter. International journal of environmental research and public health, 17(12), 4552.

④ Holmes, E. A., O'Connor, R. C., Perry, V. H., Tracey, I., Wessely, S., Arseneault, L., ... & Bullmore, E. (2020). Multidisciplinary research priorities for the COVID−19 pandemic: a call for action for mental health science. The Lancet Psychiatry, 7(6), 547−560.

用户的声音仅表明活跃用户的观点，并不代表公众的所有态度。我们将进行调查和深入采访，以扩大我们的研究，并进一步探索传播对公众关于疫苗的看法和态度的影响。

（二）研究提示

本书通过对2021年南京突发局部疫情期间新浪微博热点舆情的分析，探讨了网民对于官方媒体报道而引发的意见和情绪表达，着重探讨了公众对于国产疫苗有效性的认知和情绪披露。该实证研究结果提示出一个重要的问题，即媒体在灾害等突发事件中如何更好地体现社会责任。进一步而言，社交媒体用户的负面情绪表达，体现了公众对媒体的不信任，再次显现出媒介信任的重要性。

本书所提示的公众对媒体的不信任主要体现在两个方面：一方面，公众认为作为社交媒体的新浪微博平台，并没有在引导公众正确认知疫苗接种及其效果方面起到作用。甚至，从文本分析的内容来看，公众认为新浪微博放大了官方媒体采访中的语句，误导公众认为接种新冠疫苗仍然会感染，从而会影响公众在应对疫情时的行为选择。另一方面，从文本分析内容和负面内容取向来看，公众认为传统的官方媒体未能够及时对"突破性感染与疫苗接种"的相关议题进行客观性和科学性兼具的引导，从而导致突发疫情时，人们面对混乱复杂的信息，无法理性地作出判断。从灾害信息传播史的角度来看，在传统媒体环境下，灾害等突发事件发生后，往往因为物理条件的破坏，媒体会出现信息传播失灵的情况。相反，在新媒体环境下出现了新的问题，即诸多传播平台和渠道的出现，使得传播主体和内容混杂，尤其是在灾害情境下，信息的庞杂性和真实性成为问题。人们在混杂的信息传播环境中，如何挑选出值得信赖的信息来采取恰当的应急行为成为难题。因此，从信息传播层面而言，媒介的社会责任问题再次凸显。

本书研究结果提示的是公众对媒体的信任缺失，媒体如何构建公众信任成为难题。从信任建构的路径来看，媒体在灾害中的应急水平和能力，是否能够获得公众的积极回应，是否能够在信息传播层面切实起到防灾减灾的作用，需要通过完善日常和应急机制来解决。在应急层面，灾害等突发事件发生后，诸多媒体的应急措施和反应，直接影响公众对灾害事态发展的判断，为采取进一步行为提供依据。而对应急期媒体信息传播的信任，则与公众日常对该媒体的信任判断相关联。有调查显示，虽然社交媒体等网络平台在信息传播速度和丰富性等层面，具有绝对的优势，但是在灾害发生后人们依旧会首选广播电视等传统媒体作为重要的信息获取来源[①]。

媒体公信力和信任的构建，体现在日常的新闻传播活动、运营及社会服务层面，需要树立良好的形象，彰显社会责任。具体到灾害信息传播层面，媒体的重要责任之一是帮助公众形塑防灾减灾层面的正确认知，帮助公众形成应对突发事件的能力。无论是自然灾害还是传染病导致的疫病灾害，不同类型的媒体应在日常的信息传播活动中，在传播相关知识、应对措施的同时，帮助公众形成科学的认知和灾害应对能力。此外，在灾害等突发事件发生后的媒体应急行为，也是能够体现和塑造其形象和公信力的重要渠道。研究表明，媒体在提供信息层面的功能以外，在发动灾后社会动员、心理抚慰、经济恢复等层面均能够发挥重要作用。媒体在灾害事件中诸多功能的发挥，亦是其构建公信力、承担社会责任的重要体现。

---

① Martin‐Shields, C. P. (2019). When information becomes action: drivers of individuals' trust in broadcast versus peer‐to‐peer information in disaster response. Disasters, 43(3), 612‐633.

第四章 灾害事件中
社交媒体谣言传播及治理研究

从世界范围来看，灾害事件中媒体通过信息传播、组织动员、心理慰藉等多种功能，在确保人们采取积极应对措施、相关部门开展救援活动、灾害复兴重建等诸多方面发挥了积极作用。可以说，灾害信息是保护生命的最后堡垒。但是，从灾害信息传播史来看，媒体发挥的负面功能不可小觑。研究表明，当灾害信息和人们对信息需求之间出现信息真空之时，谣言、流言、不实信息等负面信息会出现并迅速扩散，甚至从信息传播层面引发社会集群行为。在传统媒体时代，大众传媒在灾害中因为传播技术本身，或遭遇物理性破坏而容易导致信息真空。相比较而言，新媒体时代诸多新媒介形式因技术赋予的优势功能，加之传播渠道的丰富性，使得信息通道全部遭遇物理性破坏而失灵的情况较为罕见，在灾害中出现信息传播真空的可能性降低。相反，新媒体传播的诸多属性，容易在灾害中导致信息传播混乱的局面，尤其是谣言、流言及不实信息等负面信息更容易加速扩散，从而使信息的生命堡垒功能受损。

从责任角度而言，新媒体环境下新的灾害信息传播格局，使责任主体变得更为复杂和多元。就信息传播媒介而言，大众媒体除了传统媒介渠道，也积极融入诸多新媒体平台，开展灾害信息传播。而新媒体平台，除了聚集传统媒体的传播主体以外，个人、政府部门、组织及企业等诸多媒体，都参与新媒体的信息传播实践。因此，在灾害事件中，多元主体共同传播信息的格局已经形成。而面对灾害谣言等负面信息，相应的主体如何应对或采取何种措施，以确保信息传播发挥积极功能，值得深入研究。从全球的应对实践来看，各国对待谣言、不实信息的应对策略存在差异，辟谣的责任主体也不一致。但是有一个共识，灾害的谣言应对需要权威部门或机构的介入，通过发布权威、可靠的信息来澄清事实，进而为人们采取应急行动提供指南。

从近几年国内外灾害事件中的信息传播来看，谣言、流言及不实信息传播较为集中的典型案例，当数发端于2019年末的新冠疫情中的谣言传播现象。新冠疫情期间大量不实信息在诸多平台上传播，引发信息混乱现象。世界卫生组织将其认定为信息疫情（infodemic），并认为信息疫情将使得人们难以找到可信赖的资源和可靠的行动指南。对此，世界卫生组织风险沟通和社交媒体团队进行密切跟踪，基于证据性信息对可能危害公众健康的最普遍的谣言进行驳斥，并通过包括推特、脸书在内的诸多社交媒体渠道提供公共卫生信息和建议。就我国而言，新冠疫情发生后，谣言在微信、微博等人们常用的社交媒体平台上也大肆传播。以中国疾控预防中心为首，疾控部门、政府相关部门开始在官方网站及社交媒体平台发布辟谣信息。其中，在新浪微博平台上，各地政府通过代表官方新闻发言渠道的政务微博账号，从各自的区域和视角出发，以政府官方的身份发布相关辟谣信息。如此大规模以政府部门及卫生疾控部门为首的辟谣行为，从世界灾害信息传播史来看，是少见且典型的现象。

基于此，本书以新冠疫情期间新浪微博政务账号的辟谣现象为研究对象，从辟谣所关联的谣言信息特征，辟谣的具体方式，辟谣效果以及影响辟谣效果的因素等方面，系统评估灾害事件中政务部门通过社交媒体平台的辟谣行为及效果。通过此项研究，一方面可以进一步明确灾害谣言传播中不同主体的责任，另一方面可为灾害信息传播失范行为提供治理策略。

第一节　灾害事件中社交媒体上的谣言与政务辟谣策略

一、灾害事件与社交媒体中的谣言传播

谣言是一种与时事相关，在未经官方证实的情况下为了使人信服而广泛流传的宣言[①]。谣言的产生与传播受到社会因素和心理因素的双重影响[②]，而社会情境因素通过影响人们的心理，进而导致谣言的产生与传播[③]。个人为了进行有效的行动，需要掌握与环境相关的精确信息，当重要信息比较模糊时，个体就会感到控制感缺失、焦虑感上升[④]。当无法获取解决问题的有效信息，或官方渠道的信息供应不能满足公众的信息需求时，谣言容易产生[⑤]。当灾害性事件发生后，人们往往受困于现实情境，无法及时了解外界具体情况，处于极度的不确定性和模糊性之中，便极易相信并传播谣言[⑥]。就公共卫生事件而言，由于疾病传播容易引发恐慌，相应的谣言、不实信息容易产生并得以传播[⑦]。不同于其他类型的灾害事件，疫病灾害与人们的生命安全直接相关，

---

① Knapp, R. H. (1944). A psychology of rumor. Public opinion quarterly, 8(1), 22−37.

② Allport, G. W., & Postman, L. (1947). The psychology of rumor.

③ DiFonzo, N., & Bordia, P. (2007). Rumor psychology: Social and organizational approaches. American Psychological Association.

④ Rosnow, R. L. (1991). Inside rumor: A personal journey. American Psychologist, 46(5), 484−496.

⑤ Shibutani, T. (1966). Improvised News: A Sociological Study of Rumor. Indianapolis and New York: The Bobbs−Merrill Company. Inc.

⑥ Smith, G. S., Houmanfar, R., & Denny, M. (2012). Impact of rule accuracy on productivity and rumor in an organizational analog. Journal of Organizational Behavior Management, 32(1), 3−25.

⑦ Ali, I. (2020). The COVID−19 pandemic: Making sense of rumor and fear: Op−ed. Medical anthropology, 39(5), 376−379.

人们对与疫情相关的信息需求也相应地爆发式增长[1]。一旦出现信息不对称及滞后的情况，人们容易处于信息缺乏、不安焦虑的心理状态，容易受到暗示轻信于人，为网络谣言传播提供了物理与心理空间，使谣言极易在短时间内便被制造、点击、转发，出现在各大社交媒体平台[2]。新冠疫情发生后，社交媒体平台同样成为谣言发布和传播的聚集地[3]。这些谣言阻碍了健康行为的实施，其所提倡的错误行为容易加剧病毒传播，导致身心层面不良的后果[4]。

有关新冠疫情期间社交媒体平台上流传的谣言内容，从国外学者所举的例子来看，大致集中在疾病传播源头、预防和医疗疾病的手段、疾病的认知以及应对疫情的具体治理手段等方面[5]。国内研究方面，周煜、杨洁[6]在参考SARS期间的谣言类型的基础上，将新冠疫情期间社交媒体流传的谣言分成恐惧谣言、病理学谣言、延伸性谣言及攻击性谣言四大类型。强月新、孙志鹏[7]将政务微博"@武汉发布"辟谣帖中的辟谣主题分为对政府部门及官员的质疑、防疫与医疗相关措施、疫情最新进展、物资捐款、医学健康知识以及社会防疫事件六个方面。

[1] Hou, Z., Du, F., Zhou, X., Jiang, H., Martin, S., Larson, H., & Lin, L. (2020). Cross-country comparison of public awareness, rumors, and behavioral responses to the COVID-19 epidemic: infodemiology study. Journal of medical Internet research, 22(8), e21143.

[2] Huo, L. A., Huang, P., & Fang, X. (2011). An interplay model for authorities' actions and rumor spreading in emergency event. Physica A: Statistical mechanics and its applications, 390(20), 3267-3274.

[3] Ali, I. (2020). The COVID-19 pandemic: Making sense of rumor and fear: Op-ed. Medical anthropology, 39(5), 376-379.

[4] Hossain, M. M., Tasnim, S., Sultana, A., Faizah, F., Mazumder, H., Zou, L., ... & Ma, P. (2020). Epidemiology of mental health problems in COVID-19: a review. F1000Research, 9.

[5] Islam, M. S., Sarkar, T., Khan, S. H., Kamal, A. H. M., Hasan, S. M., Kabir, A., ... & Seale, H. (2020). COVID-19-related infodemic and its impact on public health: A global social media analysis. The American journal of tropical medicine and hygiene, 103(4), 1621.

[6] 周煜,杨洁.疫情期间的谣言变迁与治理路径 [J].当代传播,2020(05):91-94.

[7] 强月新,孙志鹏.政治沟通视野下政务微博辟谣效果研究 [J].新闻大学,2020(10):1-15+118.

二、灾害事件中政务社交媒体的辟谣

在突发事件的应急管理中，政府信息的快速传播是打击虚假谣言传播、引导舆论的有效措施[①]。对于网络中的谣言信息，散布谣言的用户往往坚信其是真实的，一般不会在传播的同时去证实真伪，容易导致网络中的谣言泛滥[②]。谣言传播与病毒传播的传播机制相似，遏制它们则需要完全不同的策略，对付谣言可以通过在同一社交媒体平台上传播辟谣信息来实现[③]。基于成本效益和独特的适用性，政府和公共卫生机构可以利用社交媒体平台发布官方信息，迅速接触公民形成有效互动，引导人们浏览官方网站，避免虚假信息的传播[④]。诸如脸书、推特和微博等社交媒体越来越多地被政府机构运用到实际的辟谣工作中[⑤]。就中国而言，政务微博作为政府部门发布信息的重要渠道，在政务服务和舆情回应方面发挥了重要功能。在新冠疫情期间，政务微博针对社交媒体传播的谣言通过集中发布信息的方式进行辟谣[⑥⑦]。

政府部门辟谣的最终目的是消除谣言及其带来的不良影响[⑧]。研究已证实，在突发事件中谣言的传播会影响人们的健康行为和心理状态，不利于危

① Xu, J., Zhang, M., & Ni, J. (2016). A coupled model for government communication and rumor spreading in emergencies. Advances in Difference Equations, 2016(1), 208.

② Wang, B., & Zhuang, J. (2018). Rumor response, debunking response, and decision makings of misinformed Twitter users during disasters. Natural Hazards, 93(3), 1145−1162.

③ Tripathy, R. M., Bagchi, A., & Mehta, S. (2013). Towards combating rumors in social networks: Models and metrics. Intelligent Data Analysis, 17(1), 149−175.

④ Bertot, J. C., Jaeger, P. T., & Hansen, D. (2012). The impact of polices on government social media usage: Issues, challenges, and recommendations. Government information quarterly, 29(1), 30−40.

⑤ Guo, J., Liu, N., Wu, Y., & Zhang, C. (2021). Why do citizens participate on government social media accounts during crises? A civic voluntarism perspective. Information & Management, 58(1), 103286.

⑥ 强月新, 孙志鹏. 政治沟通视野下政务微博辟谣效果研究 [J]. 新闻大学, 2020(10):1-15+118.

⑦ 邓喆, 孟庆国, 黄子懿, 康卓栋, 刘相君. "和声共振"：政务微博在重大疫情防控中的舆论引导协同研究 [J]. 情报科学, 2020,38(08):79-87.

⑧ 王璐. 微博时代下政府辟谣之道——基于对 2011 年微博谣言的调查分析 [J]. 新闻界, 2012(13):46-51.

机的解决①。突发事件中权威机构辟谣的效果对突发事件的有效解决具有重大
意义②。政府等权威部门积极辟谣，可以帮助人们改变对事件的认知，转变消
极情绪至免疫或积极情绪③。因此，研究突发事件中政府的辟谣效果显得必要。
由于社交媒体已经成为政府部门的主要辟谣途径，辟谣效果的相关研究主要
聚焦在政府部门在社交媒体上发布的具体辟谣信息，就中国而言主要研究政
务微博的辟谣效果④⑤。

三、辟谣效果及影响因素

由上述文献可以得知，突发公共卫生事件中的辟谣效果对于危机的解决
具有重要意义。新冠疫情时期，中国各级政府通过新浪政务微博集中发布大
量辟谣信息，其辟谣信息是否能够在疫情防控期间起到积极的作用，需要判
断其效果。从辟谣效果研究的路径来看，一些研究者直接考察辟谣信息的转
发量、点赞量及评论量等社交媒体的显性指标⑥，而从用户评论角度考察如何
回应辟谣信息的研究相对缺乏⑦。在反谣言的有效性评估指标中，正面评论的

---

① Tasnim, S., Hossain, M. M., & Mazumder, H. (2020). Impact of rumors and misinformation on COVID-19 in social media. Journal of preventive medicine and public health, 53(3), 171-174.

② Mengfei, T., & Jiancheng, W. (2015). A Research on Rumorsrefuting Effects of Government Micro-blog in Emergency Based on The Case Study of Shanghai Bund Stampede Incident. Journal of Intelligence, 34(8), 36-98.

③ Zeng, R., & Zhu, D. (2019). A model and simulation of the emotional contagion of netizens in the process of rumor refutation. Scientific reports, 9(1), 1-15.

④ Mengfei, T., & Jiancheng, W. (2015). A Research on Rumorsrefuting Effects of Government Micro-blog in Emergency Based on The Case Study of Shanghai Bund Stampede Incident. Journal of Intelligence, 34(8), 36-98.

⑤ 强月新, 孙志鹏. 政治沟通视野下政务微博辟谣效果研究 [J]. 新闻大学, 2020(10):1-15+118.

⑥ Ma, N., Liu, Y., & Li, L. (2022). Link prediction in supernetwork: Risk perception of emergencies. Journal of Information Science, 48(3), 374-392.

⑦ Majid, G. M., & Pal, A. (2020, March). Conspiracy and Rumor Correction: Analysis of Social Media Users' Comments. In 2020 3rd International Conference on Information and Computer Technologies (ICICT) (pp. 331-335). IEEE.

数量是一个重要因素，表明用户对辟谣信息的支持力度[①]。因此，用户对于辟谣信息的态度倾向能够直接反映辟谣信息的效果。

研究表明，具体辟谣策略对辟谣效果存在影响，而辟谣内容是辟谣策略的重要体现方面。就辟谣内容而言，政府通过微博发布辟谣信息的目的是告知人们谣言的错误及不实，而对谣言内容进行事实核查是辟谣信息发布的前提。有研究表明，在辟谣信息中描述可信度较高的辟谣来源能够起到更好的传播效果[②]。从辟谣信息的叙事方式来看，已有研究认为政务新媒体的叙事方式主要集中于发布式叙事、反击式叙事、通缉式叙事、呼吁式叙事、转向式叙事等方面[③]。此外，有学者认为新冠疫情期间辟谣信息使用发布和反击等直接说服方式容易起到负面效果[④]。辟谣策略的另一方面为辟谣形式的使用。就辟谣形式而言，已有研究主要考察辟谣信息的文本呈现形式，并认为其会对辟谣效果产生影响[⑤⑥]。

第二节　研究设计

一、研究具体流程

研究者首先确定目标政务微博账号，通过网络爬虫采集这些账号在新冠初期的"辟谣"微博；其次，将收集到的微博文本、发布时间、转发量等数

① Li, Z., Zhang, Q., Du, X., Ma, Y., & Wang, S. (2021). Social media rumor refutation effectiveness: Evaluation, modelling and enhancement. Information Processing & Management, 58(1), 102420.

② 刘中刚. 双面信息对辟谣效果的影响及辟谣者可信度的调节作用 [J]. 新闻与传播研究,2017,24(11):49-63+127.

③ 胡杨涓,刘熙明,胡志方. 政务新媒体的辟谣话语策略研究 [J]. 中国记者,2019(06):61-64.

④ 强月新,孙志鹏. 政治沟通视野下政务微博辟谣效果研究 [J]. 新闻大学,2020(10):1-15+118.

⑤ Li, Z., Zhang, Q., Du, X., Ma, Y., & Wang, S. (2021). Social media rumor refutation effectiveness: Evaluation, modelling and enhancement. Information Processing & Management, 58(1), 102420.

⑥ Ma, N., Liu, Y., & Li, L. (2022). Link prediction in supernetwork: Risk perception of emergencies. Journal of Information Science, 48(3), 374-392.

据进行机器清洗，获取有效研究样本。根据研究样本，首先对其所包含的谣言文本进行主题提取，以了解谣言传播的内容分布；在此基础上，建立影响因素编码表，使用内容分析法对辟谣微博内容要素、叙事方式和呈现形式进行识别；建构辟谣效果编码表，通过人工评判评论文本的态度倾向。最后，研究者将前序编码结果合并为编码总表，并参考图4-1的研究框架路径，由相关性检验和回归分析来评价效果影响因素。

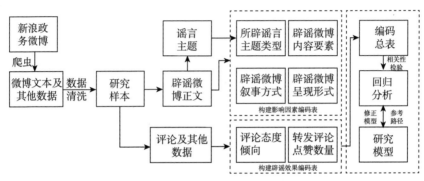

图4-1 研究整体设计

二、样本确定与数据采集

新浪微博平台根据政务微博账号的传播力、服务力、互动力和认同度四个维度，每月评比出最具影响力的前100名政务微博。从具体时间来看，新冠疫情首次规模性暴发且受到媒体关注时间为2020年1月中旬，而针对疫情带来的诸多谣言传播现象，中国疾控中心于1月18日首次进行官方辟谣。因此，本书依据新浪微博2020年1月和2月的政务微博排行榜，从中选出2个月中同时上榜的市级及以上政府机构的官方微博共80个作为研究对象，并将收集数据的时间段确定为2020年1月18日至2月29日。

三、数据处理方式

上述时间段内，研究者共收集到目标政务微博账号的1699条辟谣微博正文文本、评论文本及其他数据。通过清洗，删除内容重复、意义不清和存在缺失值的微博，所得到的有效样本情况如下：微博账号包括@北京发布、@武汉发布、@甘肃发布等共计80个；所选账号粉丝总量超过1.2亿人次，覆盖面较广；辟谣微博数量为501条，均为原创微博，其转发、评论和点赞量之和分别为7659、11968和33298。

表4-1 研究有效样本统计

微博账号 （n）	粉丝总数 （n）	微博数量 （n）	转发总量 （n）	评论数量 （n）	点赞总量 （n）
80	126316964	501	7659	11968	33298

四、主题建模

主题建模是一种高效的文本挖掘技术，也是一种有效提取大规模文本隐含主题的建模方法[①]。通过该技术对辟谣微博进行处理，有助于对辟谣微博进行语义分析和文本挖掘，进而对辟谣效果进行分析。本书中使用LDA来处理所收集的辟谣微博正文部分。LDA于2003年由D.M.Blei等人提出[②]，是一种基于概率图的三层贝叶斯模型，它包含词语、主题和文档三层结构。其基本思想是把文档看成其隐含主题的混合，而每个主题则表现为与该主题相关的词项的概率分布。LDA模型可以用一个有向概率图表示（见图4-2）。其模型结构具有三个层次，在该模型中，α和β需要推断，α和β是语料库层的参数，α反映了文档集合中隐含主题间的相对强弱，β体现了所有隐含主题自身的概率分布。θ_d、φ_k是文档层的变量，θ_d表示序号为d的文档的主题概率分布，Φ_k表示特定主题下特征词的概率分布，M表示文档集的文本数，K表示文档集的主题数。Z_{dn}和W_{dn}是特征词层级别的变量，W_{dn}表示序号为d的文档中的第n个单词，属于可观测变量；Z_{dn}表示W_{dn}的主题，属于隐藏变量。N则表示一篇文档中所包含的特征词数量。

① Hong, L., & Davison, B. D. (2010, July). Empirical study of topic modeling in twitter. In Proceedings of the first workshop on social media analytics (pp. 80-88).

② Blei, D. M., Ng, A. Y., & Jordan, M. I. (2003). Latent dirichlet allocation. Journal of machine Learning research, 3(Jan), 993-1022.

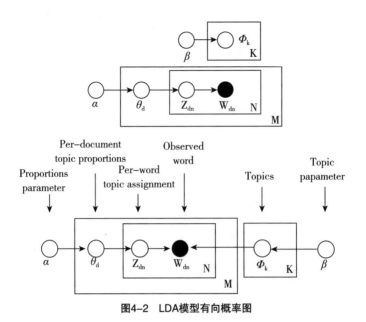

图4-2　LDA模型有向概率图

在数据收集阶段，本书已经对数据进行了初步清洗，由于中文句子中的词由多个独立的汉字组成并且字与字之间没有任何分割标记符，在进行主题建模之前，还需要对文本数据进行分词①。本书通过Python语言编写程序，调用Jieba分词库进行中文分词工作。Jieba作为一个强大的中文分词库，它的开发者通过大量的训练后，向其录入两万多条词组成基本的库。不仅如此，Jieba的实现原理也比较完善，设计的算法有基于前缀词典的有向无环图、动态规划、HMM模型等②。Jieba支持自定义专业词典和未登录词典，研究者可以通过建立补充词典来提高分词的准确率（Jieba中文分词）。本书将通过Jieba分词自带的词典，以及笔者构建的关于疫情话题的补充词典，实现较为准确的分词。在此基础上，本书去除了一些无意义的词语。例如，汉语中的停止词（如并且、此外、其中、除非，等等），以及绝对高频词语（如谣言、辟谣、疫情、肺炎，等等）。去除绝对高频词可以有效避免高频词同时属于多个主题的情况，也可以有效降低主题下具有更高概率的关键词倾向于高频词的比例。

① 汪文妃,徐豪杰,杨文珍,吴新丽.中文分词算法研究综述 [J]. 成组技术与生产现代化, 2018,35(03):1-8.
② 于重重,操镭,尹蔚彬,张泽宇,郑雅.吕苏语口语标注语料的自动分词方法研究 [J]. 计算机应用研究 ,2017,34(05):1325-1328.

此时，样本经过了数据的初步清洗、分词工具的切分及分词后的再次清洗，可进行LDA建模。

在实际操作中，本书将90%的数据作为训练集，10%的数据作为测试集。由于数据的数量级不多，所以用10%左右的数据来评估模型效果更为准确。通过设置，在每个主题下显示出现频率最高的10个词语，并且以主题个数为变量，通过改变主题个数来改变输出结果。经参数调整测试，研究发现设置主题数为5时，主题间聚类效果最佳。

五、辟谣效果及影响因素评判

在考察受众对辟谣帖的具体态度方面，本书基于相关文献和辟谣帖的实际情况，从积极、中立、消极及其他四个方面进行评判。具体到操作层面，由于评论文本的量较大，并且从评论内容来看较为分散，对于本书研究的意义不大。相比较而言，一些评论会受到网友的关注，并会通过点赞的方式予以认同。此类评论具有一定的代表意义，因此本书选取每条微博下点赞数量最多的评论，共计501条作为样本，进行态度评价。

本书从内容要素、叙事方式、呈现形式三个方面对辟谣帖进行内容分析。

在内容要素方面，按照是否讲述谣言内容的相关背景和关键性，将辟谣帖从"体现事实核查要素"和"未体现事实核查要素"两个方面进行评判。在叙事方式方面，有研究将辟谣信息的叙事方式分为发布式叙事、反击式叙事、通缉式叙事、呼吁式叙事、转向式叙事五类。我们在初步浏览辟谣帖内容时，发现一些辟谣信息不是采用了一种叙事方式，而是合并多种方式。因此，本书在五类叙事方式的基础上增加组合式叙事，从六个方面进行评判。在呈现形式方面，根据微博文本传播的基本特征，从纯文字文本、配有图片或视频两个方面进行评判。

据此，本书建构编码表（见表4-2）供内容分析使用。具体操作层面，由两名编码员独立进行编码，编码完成后使用Scott's Pi coefficient（π）进行信度检验，两名编码员间的评价一致度较高（π=0.9>0.75）。

表4-2　内容分析编码表

辟谣微博内容要素	1.体现事实核查要素		2.未体现事实核查要素			
辟谣微博叙事方式	1.发布式	2.反击式	3.通缉式	4.呼吁式	5.转向式	6.组合式
辟谣微博呈现形式	1.配有图片或视频		2.纯文字文本			
受众态度	1.积极	2.中性	3.消极		4.其他	

六、相关性检验与回归分析

回归分析是描述变量间关系、验证模型的常用手段；相关性检验是回归分析的准备工作，也可简单反映数据关系[①]。在本研究中，三个影响因素为自变量，且均为定类数据；效果指标为因变量，为定类数据。根据数据类型，本研究计算三个影响因素和效果指标之间的卡方值，判断它们之间的相关性。相关性检验合格后，再进行多分类Logit回归以验证三个影响因素对于辟谣效果的作用情况。具体操作设计如表4-3所示。

表4-3　相关性检验

因变量 ＼ 自变量		辟谣效果
		1234
辟谣微博内容要素	12	A
辟谣微博叙事方式	123456	A
辟谣微博呈现形式	12	A

注：A：相关性检验（卡方），回归分析（多分类Logit）

---

① 何晓群.现代统计分析方法与应用·第3版[M].北京：中国人民大学出版社，2012.

第三节　研究发现

一、描述性统计

（一）政务微博粉丝数量

图4-3显示了80个政务微博账号的粉丝数量的分布情况。7个微博账号的粉丝数量小于10万，23个微博账号的粉丝数量介于10万到50万之间，11个微博账号的粉丝数量介于50万到100万之间，19个微博账号的粉丝数量介于100万到200万之间，14个微博账号的粉丝数量介于200万到300万之间。此外，有6个微博账号的粉丝数量超过了500万，粉丝数量较大。其中，@武汉发布的粉丝数量为382万，在全部80个政务微博账号中，排名第10。总体来看，这80个微博账号的粉丝总和超过了1.2亿人次，其中有39个微博账号的粉丝数量超过了100万，占到全部账号的48.75%。

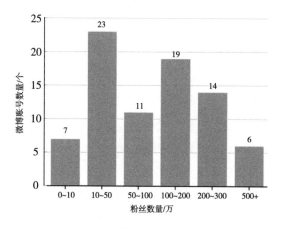

图4-3　所选政务微博账号粉丝数量分布

（二）辟谣微博发布数量推移

图4-4显示了清洗后的1242条辟谣微博在发布日期上的分布情况。2020年

1月21日，辟谣微博的数量开始激增，在1月26日出现了最高值91条，随后在2月1日回落到了15条。2020年2月2日开始，辟谣微博的数量再次出现了明显的增长趋势，于2020年2月6日达到了60条，随后再次下降。2020年2月15日，微博数量开始有小幅度的增长，但是从2月25日开始出现了连续下降的趋势。换言之，随着时间的推移，辟谣微博的数量出现了三次"先增长后降低"的变化趋势。

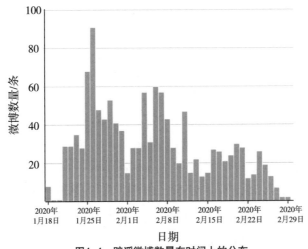

图4-4 辟谣微博数量在时间上的分布

为进一步解读三次辟谣微博数量变化趋势，基于前期的初步判断，本书按照日期对辟谣微博进行分组：第1组是2020年1月21日到2020年1月31日，第二组是2020年2月2日到2020年2月12日，第3组是2020年2月15日到2020年2月25日。通过计算这三组时间内辟谣微博数量之间的平均值、极差（即该组内单日最高数量与单日最低数量之差）、标准差，来进一步解读辟谣微博发布的趋势。如表4-4所示，第一组的平均值高达46，第二组的平均值为38，第三组为22。可见，随着时间的推移，辟谣微博的数量总体呈现降低的趋势。在极值方面，第一组的极大值为91，极小值为28；第二组的极大值为60，第三组的极大值仅为第二组的一半，第二组、第三组极小值都为15。从极差来看，三组数据极差大小差距明显，分别为63、45和15。通过对比三组数据的极差，研究发现第一组的最大离散范围最大，第二组次之，第三组最小。从标准差来看，第一组数据的标准差为18.37，第二组为15.11，第三组仅为5.91。三组数据的标准差从大到小变化，即三组数据的离散程度越来越小。通过对极差和标准差的分析，不难看出辟谣微博数量的波动在初期最大，随着时间的推移，逐渐趋于平缓。

表4-4　辟谣微博数量分三组进行对照分析

组别	时间	平均值（取整数）	单日最高	单日最低	极差	标准差
1	2020.1.21—2020.1.31	46	91	28	63	18.37
2	2020.2.2—2020.2.12	38	60	15	45	15.11
3	2020.2.15—2020.2.25	22	30	15	15	5.91

二、主题建模结果

本书通过LDA主题模型，将清洗后辟谣微博的正文进行主题建模，输出具有较高概率的前10个关键词。同时，研究者根据输出的关键词，结合专业知识和工作经验，归纳并总结每一个主题的标题。研究发现输出5个主题时，主题聚类的效果最优，较好展示了微博中潜藏的主题信息。LDA模型是一种典型词袋模型，所以各个微博此时都可以视为具有不同概率的主题的混合。为了让主题模型结果便于理解，研究者以最大的概率在每一个主题下选择并展示一个示例微博（见表4-5）。

表4-5　主题建模示例微博

主题	主题关键词	主题案例
社会系统运转	开学，流传，官方，社区，记者，学校，朋友，海关，蔬菜，周边	辟谣！北京大中小学3月初开学不实。今天，个别网民发布消息称北京大中小学将于3月初开学。对此，北京市教委明确表示，这是一条虚假信息。市教委强调，目前，防控疫情是首要任务，开学时间要视疫情发展来定。请广大网友从官方权威渠道获取信息，不传谣、不信谣！
疾病预防（生活防护）	病毒，预防，钟南山，新闻，真相，院士，说法，最新，传染，消毒	辟谣！喝酒、蒸桑拿……不能防新型冠状病毒肺炎！特殊时期个人怎样做好防护呢？市卫健委说：真正最好的防护还应该是戴口罩，勤通风，勤洗手。喝酒、蒸桑拿防病毒是无效的

主题	主题关键词	主题案例
疾病救治	病例，自来水，病人，物资，隔离，医疗队，湖北，发热，武汉市，患者	武汉城建局回应称：火神山医院严重漏水不实。据武汉市城乡建设局，2月14日晚至15日，武汉遭遇极端雨雪天气，网上流传"火神山医院昨晚被风吹走了"的消息，还有火神山医院严重漏水视频。经核实，漏水现象不在火神山医院，而是发生在雷神山医院尚未交付使用的病区，目前正抓紧维修整改。火神山医院自投入使用以来一直正常运转。针对集装箱式活动板房的简易结构形式，会强化措施
疫情应急通告	市民，通知，朋友，指挥部，全市，超市，部门，核实，消毒，公告	例：陕西省印发：冬春储备蔬菜投放工作的紧急通知。严厉打击哄抬物价，为发挥好冬春蔬菜储备作用，保障疫情防控期间全省居民日常基本蔬菜消费需求，陕西省印发了《关于做好2019/2020年度冬春储备蔬菜投放工作的紧急通知》，要求各市（区）要密切关注疫情变化，择机及时补充冬春储备蔬菜，及时发布冬春蔬菜储备投放、产销对接调运信息，配合有关部门加强对不实信息的监管，严厉打击恶意哄抬物价、囤积居奇等行为。确保蔬菜投放及时、调运得力，保障市场安全稳定供应
社会治理	公安，警方，发生，造谣，小区，散布，调查，核实，酒精，男子	上海警方辟谣：藏轿车后备厢进入上海不实。上海市公安局通报，2月8日晚，网上流传有多张照片，称上海查获多起人员藏匿于轿车后备厢以及有人跨越高速公路护栏进入上海金山的情况。经上海警方查证，相关信息不实，本市公安机关在工作中未发现相关情况。疫情防控期间，上海公安机关将严格落实道口查控各项工作措施，同时提醒市民群众关注官方发布的权威信息，并鼓励广大群众积极向警方举报相关违法犯罪线索

三、辟谣效果分析

本书抽取每条微博下点赞数量最多的评论进行态度判断，作为评判辟谣效果的依据。据统计（见表4-6），在501条有效样本中，38.72%的评论为积极，表达出对于政务微博辟谣信息的信任或对造谣传谣者的谴责；19.56%的评论为中性，这些评论的态度比较模糊，话语指向中立立场；39.32%的评论为消极，大都以政府及其工作人员为靶子，进行谴责和情绪宣泄。此外，还有一些评论充斥讽刺和谩骂的低级词语，但是没有明显的态度倾向，只占据2.40%。从所选的样本来看，对于政务微博的辟谣信息，接近六成的网友持反对或中立态度，且消极评论所占据的比例最高。从微博用户对政务微博辟谣帖的态度来看，可判定其辟谣效果不佳。

表4-6　辟谣效果评判

序号	态度倾向	数量（n）	百分比（%）	累计百分比（%）
1	积极态度	194	38.72	38.72
2	中性态度	98	19.56	58.28
3	消极态度	197	39.32	97.60
4	其他	12	2.40	100.00
合计		501	100.0	100.00

四、辟谣效果影响因素整体情况

1.辟谣微博内容要素

本书通过内容分析判断辟谣微博的内容要素完整程度，并进行频数统计（见表4-7）。53.49%的辟谣微博通过讲述背景、厘清谣言源头、展示客观证据等方式来体现事实核查要素。46.51%的微博未体现内容核查元素，直接指出谣言的虚假性。

表4-7　内容要素

序号	内容要素	数量（n）	百分比（%）	累计百分比（%）
1	体现内容核查元素	268	53.49	53.49
2	未体现事实核查要素	233	46.51	100.00
合计		501	100.00	100.00

2.辟谣微博叙事方式

通过内容分析和数量统计可知，辟谣微博的叙事方式较为分散（见表4-8）。28.54%的辟谣微博为发布式叙事，在六种叙事方式中占比最高，通过发布有关部门的公告、通知等可靠证据进行辟谣工作；25.15%为转向式叙事，大都通过讲述谣言"背后的故事"来揭示造谣者的险恶用心；11.98%为呼吁式叙事，通过唤醒公众的社会责任意识，以引导公众团结协力，共同抵制谣言传播；11.78%为反击式叙事，主要通过罗列谣言逻辑漏洞的方式反击谣言；4.19%为通缉式叙事，指出造谣传谣的法律后果，具备一定的威慑力。微博文本含有两种或以上组合式叙事方式的也不在少数，占比18.36%。

表4-8　叙事方式

序号	叙事方式	数量（n）	百分比（%）	累计百分比（%）
1	发布式	143	28.54	28.54
2	反击式	59	11.78	40.32
3	通缉式	21	4.19	44.51
4	呼吁式	60	11.98	56.49
5	转向式	126	25.15	81.64
6	组合式	92	18.36	100.00
合计		501	100.00	100.00

3.辟谣微博呈现形式

本书将辟谣微博呈现形式按照是否搭配图片或视频分为两类。配有图片或视频的辟谣帖略多于纯文字的辟谣帖，前者为51.90%，后者为48.10%（见表4-9）。从使用的目的来看，前一种类型的辟谣帖一般会将谣言传播的始末通过图片或视频的形式呈现；后一种类型则聚焦在文字层面进行辟谣。

表4-9　呈现形式

序号	呈现形式	数量（n）	百分比（%）	累计百分比（%）
1	配有图片或视频	260	51.90	51.90
2	纯文字	241	48.10	100.00
合计		501	100.00	100.00

五、数据的实证分析

（一）相关性分析

本书使用SPSS26.0分别计算三个假设的效果影响因素与辟谣效果之间的

卡方[①]，以进行相关性检验（见表4-10）。不难看出，内容要素、叙事方式和呈现形式与影响力之间呈现出显著性，不同内容要素、叙事方式、呈现形式对于影响力全部均呈现出显著性差异。其中，叙事方式和辟谣效果之间的卡方值最大，两者独立的概率最低，相关的可能性最高。

表4-10　影响因素-影响力卡方

变量	辟谣效果	
	x^2	p
内容要素	44.580	0.000**
叙事方式	414.804	0.000**
呈现形式	261.997	0.000**

注：*p<0.05　**p<0.01

（二）回归分析

以内容要素、叙事方式、呈现形式为自变量，受众态度为因变量，本文使用SPSS26.0分别进行多分类Logit回归分析[②]，得出似然比检验结果（见表4-11）和回归分析结果（见表4-12）。

从表4-12看，p值小于0.05（x^2=563.911,p=0.000），符合赤池信息量准则（AIC）[③]和贝叶斯信息准则（BIC）[④]，说明本研究的理论框架具有意义，内容要素、叙事方式、呈现形式等自变量对辟谣效果存在影响。此外，回归模型的McFadden　R^2值为0.812，这意味着三个影响因素可以解释81.2%的影响力变化，解释力较好，无须引入其他变量。

以积极态度为参照对比项，分析中性态度、消极态度、其他等三类态度倾向的相对发生概率，我们从表4-12总结出三个模型公式：

---

① Hosmane, B. S. (1986). Improved likelihood ratio tests and Pearson chi-square tests for independence in two dimensional contingency tables. Communications in Statistics-Theory and Methods, 15(6), 1875-1888.

② Peterson, J. J. (1999). Regression analysis of count data.

③ Sakamoto, Y., Ishiguro, M., & Kitagawa, G. (1986). Akaike information criterion statistics. Dordrecht, The Netherlands: D. Reidel, 81(10.5555), 26853.

④ Chen, J., & Chen, Z. (2008). Extended Bayesian information criteria for model selection with large model spaces. Biometrika, 95(3), 759-771.

ln（中性态度/积极态度）=4.434+2.081×内容要素-1.371×叙事方式-1.244×呈现形式

ln（消极态度/积极态度）=9.159+2.656×内容要素-1.761×叙事方式-4.419×呈现形式

ln（其他/积极态度）=2.138+1.491×内容要素-0.764×叙事方式-1.997×呈现形式

在表4-12中，三个影响因素所对应的p值均小于0.05，三个影响因素对于辟谣效果的作用具备统计学意义。其中，内容要素的回归系数均为正值，OR值均大于1，说明内容要素对辟谣效果产生显著的正向影响。叙事方式和呈现形式的回归系数均为负值，OR值均小于1，叙事方式和呈现形式对辟谣效果产生显著的负向影响。

表4-11 似然比检验

模型	-2倍对数似然值	似然比卡方值	df	p	AIC 值	BIC 值
仅截距	1145.237					
最终模型	581.325	563.911	9	0.000	605.325	655.925

表4-12 影响因素-影响力回归

		回归系数	标准误	p值	OR值	OR值95% CI
中性态度	内容要素	2.081	0.380	0.000	8.016	3.803～16.896
	叙事方式	-1.371	0.170	0.000	0.254	0.182～0.354
	呈现形式	-1.244	0.391	0.001	0.288	0.134～0.621
	截距	4.434	1.065	0.000	84.284	10.453～679.562
消极态度	内容要素	2.656	0.443	0.000	14.239	5.970～33.962
	叙事方式	-1.761	0.186	0.000	0.172	0.119～0.247
	呈现形式	-4.419	0.507	0.000	0.012	0.004～0.033
	截距	9.159	1.140	0.000	9495.035	1016.313～88708.621
其他	内容要素	1.491	0.657	0.023	4.441	1.225～16.104
	叙事方式	-0.764	0.253	0.002	0.466	0.284～0.764
	呈现形式	-1.997	0.637	0.002	0.136	0.039～0.473
	截距	2.138	1.641	0.193	8.486	0.340～211.754

第四节　主要研究结论

一、疫情期间谣言的主题分布

新冠疫情发生后，疫情相关的不实信息和谣言在各大社交媒体上进行传播，无论从数量还是转发频次来看，进行全面性的监测存在一定困难。官方微博发布的辟谣信息，一方面体现出相关政府部门治理谣言的状态，另一方面从这些信息可以看出这段时期社交媒体上所流传谣言的内容。从社会心理学的视角来看，谣言是一种由信息传播影响的集群行为。当社会系统无法满足其社会成员维系所期待的正常生活时，容易爆发集群压力继而产生集群行为[①]。通过对新冠疫情期间谣言主题分布的提取，可以从一个侧面获知这段时间内能够影响社会成员维系正常社会秩序的焦点所在。

从通过LDA模型主题提取的结果来看，这段时期内谣言所涉及最突出的是"社会系统运转"方面的内容，人们对于社会系统能否正常运转最为关注。人们对疫情发展情况的不确定性，与社会参与的实际需求之间产生了矛盾，加上缺失获取权威信息的渠道和能力，集群压力就容易爆发，有关社会系统运转的谣言就容易产生。有关"疾病预防"和"疾病救治"的谣言也较为突出，实际上反映出人们对新冠病毒、新冠肺炎以及治疗相关的医疗体系的不确定性。具体而言，由于新冠病毒的特殊性，其产生来源、传播机制、预防机制，对于专业的科研医疗人员而言，也是在不断摸索和研究的过程中逐渐了解的，同样存在不确定性。而面对突然出现的传染性病情，现有的医疗手段和体系能否应对，对国家医疗系统而言同样是难题。对于社会成员而言，疫情期间在"疾病预防"和"疾病救治"方面容易产生由未知而带来的恐慌，有关这些领域的谣言容易爆发。

---

① Barton, A. H. (1969). Communities in Disaster: A Sociological Analysis of Collective Stress Situations, Ward Lock Educational. Garden City, New York.

"疫情应急通告"主题下的谣言，主要是传播社会系统各部门面对疫情的应急措施方面的不实信息。从此类谣言传播的后果来看，容易给社会系统秩序带来直接的困扰。但是从另一方面，可以看出人们对社会系统各部门应急的期待，也体现出相应部门面对疫情应急措施的缺失。

"社会治理"主题下的谣言，其内容聚焦在公安等执法部门对疫情期间违法犯罪行为控制方面。从内容来看，此类型谣言有一部分集中在各地对疫区人员流动执法不力方面，还有一部分集中在疫情期间犯罪行为的失控方面。这一方面体现出有关社会治理权威信息发布缺失的可能，另一方面是社会成员对于疫情期间人身安全、社会安全是否能够保证的恐慌。

二、政务微博辟谣整体情况

本书根据新浪微博月度影响力排行榜抽样选取1—2月均在前100名，共计80个政务微博账号作为研究对象，以考察作为政府官方信息发布重要渠道的政务微博在新冠疫情初期辟谣的情况。虽然这些政务微博账号不能代表中国政府机构官方社交媒体的全部，但是从新浪平台的影响力、排行榜规则以及微博粉丝规模来看，具有一定的代表意义。

从辟谣信息发布量来看，80个样本账号中经清洗后的博文数量为1242条，评论总数为52878条，转发数量为31689条，具备一定规模。其中，由于武汉在新冠疫情中的特殊性，武汉市政府官方微博@武汉发布在所有账号中发文数量、评论数量以及转发数量在所选微博账号中较为突出。可以推论，在2020年1月至2月期间，武汉相关的信息在社交媒体平台上关注度较高，政府部门对武汉相关的不实信息、谣言的治理力度也较大。

研究所选时间段正值新冠疫情初期，从时间线来看辟谣微博发文数量的推移，在一定程度上能够反映出疫情初期谣言爆发及政务微博治理的状态。研究结果表明，自1月21日开始至1月底，相对应的辟谣发文总量最高，也能反映出这一时期是谣言爆发的高峰期。随着时间线的推移，辟谣发文数量逐渐呈回落趋势。虽在每个阶段有高低的波动，但是截至2月底，辟谣发文总体数量回落，且每日数量波动减弱。从中可以看出，这段时期内相关谣言传播逐渐回落并趋于平缓。对照新冠疫情的历史数据，2月18日中国大陆地区新冠肺炎新增出院人数反超新增确诊人数，疫情出现了下降的拐点。由此也可推断，谣言传播的规模与疫情发展存在一定的关联性。

三、事实核查、叙事方式以及表现形式影响政务微博辟谣效果

根据回归分析结果，本书得出以下基本结论：内容要素对影响力产生显著的正向影响，体现内容核查因素有助于产生积极态度。叙事方式对影响力产生显著的负向影响，叙事方式丰富多元（转向式、组合式等）更有助于产生积极态度。呈现形式对影响力产生显著的负向影响，纯文字微博更有助于产生积极态度。本书根据回归分析的结论，从事实核查、叙事方式以及呈现形式等元素出发，探讨与辟谣效果的关系。

（一）事实核查与辟谣效果

从辟谣策略层面来看，本书研究表明事实核查在辟谣信息发布中的重要性得以显现，直接影响辟谣效果。在新冠疫情早期，人们由于对新型冠状病毒的认知缺乏，亟须大量权威、专业的相关信息，以决定疫情期间的应对行为。而面对疫情后各种渠道发布的海量信息，如何确定所传播的信息是否不实、是否为谣言，则需要回归信息源头和内容进行核实。已有研究表明，对于新闻业而言，更正、核实和事实核查是简单而有效的消除错误信息的方法[1]；相比较而言，针对社交媒体信息，依靠个人的知识积累和能力素养，往往难以甄别信息的真伪，进而无法采取应对决策与行为。权威机构由于其在协调社会资源、信息渠道等方面的优势，在获取信息、核查信息方面具有权威性和专业性。

就谣言而言，其核心危害在于其内容的不实，容易对人们认知的形成和行为决策产生负面影响。因此，辟谣的核心在于指出内容的不实之处。而何以断定其不实，需要寻找一定的证据。有研究表明，虽然事实核查并不总是能够弥补错误信息造成的损害，但仍然有助于减少错误信息[2]。本书中体现事

---

[1]　Tambuscio, M., Oliveira, D. F., Ciampaglia, G. L., & Ruffo, G. (2018). Network segregation in a model of misinformation and fact-checking. Journal of Computational Social Science, 1(2), 261-275.

[2]　Nyhan, B., Reifler, J., & Richey, S. (2012). The role of social networks in influenza vaccine attitudes and intentions among college students in the Southeastern United States. Journal of Adolescent Health, 51(3), 302-304.

实核查元素的辟谣帖，说明了谣言的产生背景和传播过程，帮助网民对谣言的逻辑漏洞和社会危害产生比较清晰的认知。因此，在发布辟谣信息之时，相比较直接公布结果而言，一并公布确定结果的核实方法和过程显得更为重要，需要在辟谣信息中体现事实核查元素。同样，有研究发现提供证据的反驳信息被认为比断然否认谣言更生动、更有说服力[①]。

（二）辟谣的叙事方式与辟谣效果

新冠疫情初期，针对谣言和不实消息，大量辟谣信息在各大社交媒体平台上传播，其中直接发布辟谣帖的方式占据多数。但相比较而言，用户更加青睐以讲述谣言背后故事体现造谣者实质的反向叙事方式。反向叙事强调的是揭露谣言背后的细节和要素，来证明谣言的虚假性和造谣者的实质。相比较直接阐述谣言不实的结果而言，这一叙事方式强调的是用户对辟谣信息内在逻辑思考的过程。有研究表明，诉诸逻辑的辟谣信息比诉诸情绪的信息效果好，更容易产生积极的态度[②]。另外，用户对于组合式叙事方式态度较为积极。这体现的是受众不满足于单一的叙事方式，而对多元化的叙事方式有着需求。多种叙事方式相结合的信息，容易体现新鲜感的同时，呈现出更为翔实的内容，有助于提升传播效果。同时，本书研究发现，反向叙事和组合式叙事的辟谣文本往往篇幅较长，但是并未影响其辟谣效果。这从一个侧面说明，即便是在崇尚碎片化阅读的新媒体时代，人们对于深度阅读的需求仍未减退，尤其是在突发事件中与行为决策相关联的辟谣信息方面，人们更倾向于通过阅读生动、多元的信息来形成认知、进行决策。

（三）辟谣信息的呈现形式与辟谣效果

从辟谣信息的呈现形式来看，本书研究表明纯文字的辟谣信息更有助于产生积极态度。这一结论与前期的一些相关研究有所差异。有研究表明，新

① Paek, H. J., & Hove, T. (2019). Effective strategies for responding to rumors about risks: the case of radiation-contaminated food in South Korea. Public Relations Review, 45(3), 101762.

② Lim, J. S. (2019). The effectiveness of refutation with logic vs. indignation in restoring the credibility of and trust in a government organization: A heuristic-systematic model of crisis communication processing. Journal of Contingencies and Crisis Management, 27(2), 157-167.

媒体环境下，人们越来越青睐于图片、视频等直观的图像阅读，生动形象的表现形式更有利于传播效果[①]。然而，本书中有关辟谣信息的阅读方面，纯文字的辟谣帖相比配有图片、视频的辟谣帖而言更受到用户的肯定。究其原因，图片或视频虽然便于阅读和理解，但是容易导致信息过载和记忆点模糊等负面作用[②]。尤其是在突发事件的情境下，纯文字的辟谣微博相比较而言更为严谨端正，虽然趣味性略显不足，但可以帮助网民在较短时间内接收到足量的信息。

第五节　谣言治理：
政府如何有效应对突发事件中的信息疫情

一、日常公信力的构建：辟谣效果提示政府公信力的重要性

尽管社交媒体已经成为诸多国家进行危机传播的工具，但是其是否能够获得成功取决于社交媒体的访问量、传播主体以及信任度[③]。已有研究发现，对政府的不信任会助长谣言的传播。而相反，谣言在信任的氛围中无法获得传播的动力[④]。本书的文本分析部分也得出了一致的结论。评论中反映出的公众对政府和媒体的信任度不够乐观，说明政府微博的反谣言帖子未能产生积极的效果。一些负面评论是对政府部门日常行政行为的不满积累和延续。其他的则是对政府和相关部门在疫情初期反应不力的不满。在某种程度上，这也反映了这一时期人们对政府和官员缺乏信任。

---

① 王朝阳,魏杰杰.移动短视频新闻用户认知效果的比较实验研究 [J]. 新闻与传播评论,2021,74(01):13-25.
② 王娜,陈会敏.泛在网络中信息过载危害及原因的调查分析 [J]. 情报理论与实践,2014,37(11):20-25.
③ Arora, N. (2022). Misinformation, Fake News and Rumor Detection. In Principles of Social Networking (pp. 307-324). Springer, Singapore.
④ DiFonzo, N., & Bordia, P. (2007). Rumor, gossip and urban legends. Diogenes, 54(1), 19-35.

另外，信任对辟谣有一定的调节作用[①]，当人们对政府有较高的基本信任时，他们更有可能相信政府的谣言回应[②]。来自可信来源的辟谣能有效地消除焦虑和不确定性，但来自不信任来源的辟谣则效果不佳[③]。具体到中国，政府在早期对疫情的反应不足，特别是武汉地方政府，导致了疫情的蔓延[④]。正如抽样评论所显示的，公众对政府应对突发事件的能力和政府微博账号发布的辟谣信息提出了质疑。因此，建立信任对于辟谣具有重要意义。

二、治理策略：应对信息疫情的具体措施

本书从官方社交媒体辟谣出发，以公众情绪为评估指标，相关实证研究结论能够为政府等管理部门应对信息疫情提供一些参考和建议。

本书认为，应对信息疫情首先要建立一个由政府主导、多种主体共同参与的应对机制。谣言治理需要体系化、多方参与的贡献，比如普通公民、科学界、政府及媒体机构[⑤]。首先，政府应该认识到谣言应对和社交媒体谣言治理是政府管理的一部分。同时，政府部门应启动日常谣言和舆情监测机制，倾听公众的信息需求，跟踪社会心理动态，并采取有针对性的实施措施。其次，政府也可以利用社交媒体来发现谣言信息，并及时进行干预[⑥]。此外，谣言治理应针对社交媒体信息的特点，如传播的广泛性和快速性。例如，政府

---

① Dirks, K. T., & Ferrin, D. L. (2001). The role of trust in organizational settings. Organization science, 12(4), 450−467.

② Paek, H. J., & Hove, T. (2019). Mediating and moderating roles of trust in government in effective risk rumor management: A test case of radiation - contaminated seafood in South Korea. Risk Analysis, 39(12), 2653−2667.

③ DiFonzo, N., & Bordia, P. (2007). Rumor, gossip and urban legends. Diogenes, 54(1), 19−35.

④ Pan, S. L., & Zhang, S. (2020). From fighting COVID−19 pandemic to tackling sustainable development goals: An opportunity for responsible information systems research. International Journal of Information Management, 55, 102196.

⑤ Tangcharoensathien, V., Calleja, N., Nguyen, T., Purnat, T., D'Agostino, M., Garcia−Saiso, S., ... & Briand, S. (2020). Framework for managing the COVID−19 infodemic: methods and results of an online, crowdsourced WHO technical consultation. Journal of medical Internet research, 22(6), e19659.

⑥ Eysenbach, G. (2020). How to fight an infodemic: the four pillars of infodemic management. Journal of medical Internet research, 22(6), e21820.

可以在发布信息时引导社交媒体用户传播辟谣信息以及开展事实核查。

再次，为公众建立可信赖的信息来源应对机制至关重要。应对机制包括官方社会媒体、专家和第三方组织。官方社交媒体需要增强其权威性，及时发布信息来为危机中的人们提供线索，防止他们被误导[①]。具体到虚假谣言的应对，我们还建议在权威媒体上发布信息，以及引用值得信赖的专家的信息。根据对评论的定性分析，我们发现如钟南山等医学专家的声音，获得了公众对媒体信息的信任，有助于抑制谣言的传播。

再次，事实核查在辟谣中具有积极作用。当公众的健康信息素养较低时，事实核查是至关重要的。日本、美国和欧洲国家允许第三方机构对信息进行专业的事实核查。对信息进行专业的事实核查，有助于公众发现虚假谣言[②]。同时，公众通过事实核查平台逐渐形成了检测谣言的信息素养，为谣言治理做出了贡献。对于中国和缺乏事实核查机制的国家，可以通过第三方事实核查评估来帮助政府进行谣言管理。

最后，回到微观的谣言应对策略，本书认为，了解公众在接受社交媒体信息方面的偏好对谣言治理具有重要意义。互动是社交媒体最明显的特征，信息管理可以关注官方自上而下的沟通，赋予公众内部的沟通，改善政府、媒体和公众之间的对话[③]。根据本书的抽样文本，公众在评论中表达了他们的意见，但官员们并没有给予互动反馈。

从干预的角度来看，政府应该设有专门的工作人员来处理来自社交媒体用户的询问，及时发现并回应谣言[④]。此外，分享是社交媒体的另一个特点。在社交媒体上发布信息的策略强调在公众中引发传播和扩散，鼓励公众参与

---

① Weinberg, S. B., Weiman, L., Mond, C. J., Thon, L. J., Haegel, R., Regan, E. A., Kuehn, B., & Shorr, M. B. (1980). Anatomy of a rumor: A field study of rumor dissemination in a university setting. Journal of Applied Communication Research, 8(2), 156-160.

② Cheng, M., Wang, S., Yan, X., Yang, T., Wang, W., Huang, Z., ... & Bogdan, P. (2021). A COVID-19 rumor dataset. Frontiers in Psychology, 12, 644801.

③ Spialek, M. L., & Houston, J. B. (2019). The influence of citizen disaster communication on perceptions of neighborhood belonging and community resilience. Journal of Applied Communication Research, 47(1), 1-23.

④ Arora, N. (2022). Misinformation, Fake News and Rumor Detection. In Principles of Social Networking (pp. 307-324). Springer, Singapore.

谣言管理。我们的研究结果表明，谣言应对的核心是说服，而理性与情感相结合的反应可以获得更多的积极回应，如喜欢、评论和转发等[1]。因此，以事实为依据的理性说服和通过强调或呼吁谣言不可信的感性说服相结合，能够很好地抵制谣言传播。

---

[1] Chen, S., Xiao, L., & Mao, J. (2021). Persuasion strategies of misinformation−containing posts in the social media. Information Processing & Management, 58(5), 102665.

第五章　新媒体环境下
灾害信息传播的新特征及影响因素

本书从三个维度深入探讨了新媒体环境下不同类型灾害事件的信息传播。尽管研究的视角和具体的灾害事件各有差异，但仍可以明确地识别出新媒体环境中灾害信息传播的普遍特性和存在的问题。基于这些洞察，进一步概括了新媒体环境下灾害信息传播的关键影响因素，并为在这种环境下建立媒介的社会责任机制提供了理论基础。

第一节　应用研究总结：
新媒体环境下灾害信息传播呈现出的新特征

一、新媒体环境下灾害信息传播呈现出多主体共同参与的复杂性

从前文的应用研究可以看出，新媒体环境下灾害信息传播已经形成一个新的格局。整体而言，它是由多个不同主体共同参与并且发挥各自功能的完整体系。不同主体在灾害信息传播中所处的地位、发挥的作用以及互动关系，构建成新媒体环境下灾害信息传播的格局。当前，我国参与灾害信息传播的主体主要是党和政府、传统大众媒体、社会组织、网络意见领袖以及公众。区别于传统媒体背景下的灾害信息传播，社会组织、网络意见领袖以及公众在新媒体环境下能够更为直接地参与灾害信息传播，并且发挥各自的作用。

就我国灾害的应对情况来看，党和政府部门成为灾害权威信息发布的重要来源。这些权威信息主要包括灾害的发生和进展情况，灾害救援工作的安排，受灾人员疏散及安置等需要官方统筹安排的工作开展情况。这些都是政府部门灾害应急能力的体现，也是相关救援安置工作的重要依据。以往，这些信息都通过新闻发布会或传统媒体进行发布。在新媒体环境下，党和政府部门已经将新媒体作为日常信息发布和政务服务的平台。因此，灾害情境下党和政府部门利用新媒体平台信息传播速度和广度等优势，在第一时间将相关信息进行发布。本书实证研究一中，西昌森林火灾发生后，当地政府和消防部门第一时间在新浪微博平台上发布了火灾的最新进展、救援信息以及伤亡人员等灾害相关的基础信息。并且，当地政府和消防部门还通过及时更新网络通告的方式，来解答公众有关火灾的疑问。已有大量研究证实，政府及相关应急部门已经将新媒体作为灾害应急发布的重要渠道[1]，并且将新媒体平台的信息发布作为政府应对灾害公开、透明程度的表现[2]。

作为灾害事件中长期信息发布的主体，传统大众媒体除了在原有的媒介平台上发布信息以外，开始通过诸多新媒体平台发布信息。从灾害信息传播史的角度来看，大众媒体在灾害中因为其存在的短处而出现信息传播失灵的状态。例如，印刷媒体时代的日本关东大地震中，报社和杂志社因为灾害物理性破坏而导致无法印刷纸质媒介，并且由于次生灾害火灾而导致编辑部损坏，导致灾害发生后较长一段时间处于信息真空的状态[3]。同样，电视媒体由于传输介质依赖电力设备以及移动性弱的原因，在灾害应急层面也存在一定的弱势。基于网络技术的新媒体平台与传统媒体的融合式发展，在某种程度上弥补了传统媒体的缺憾，成为传统媒体发布、更新灾害信息的重要渠道。另外，传统媒体使用互联网平台发布灾害信息，能够延续其长期以来在大众认知中的信赖度和公信力。长期以来，传统媒体在现场报道与采访、社会动

[1] Reuter, C., Ludwig, T., Kaufhold, M. A., & Spielhofer, T. (2016). Emergency services' attitudes towards social media: A quantitative and qualitative survey across Europe. International Journal of Human-Computer Studies, 95, 96-111.

[2] Lee, G., & Kwak, Y. H. (2012). An open government maturity model for social media-based public engagement. Government information quarterly, 29(4), 492-503.

[3] 高昊. 日本灾害事件中的媒介功能：以20世纪以来日本重大地震为例 [M]. 北京：社会科学文献出版社，2020.

员以及社会联系层面积累的经验，使其在灾害事件中能够充分发挥其功能，从而成为人们获取信息的重要来源[①]。

　　长期以来，社会组织和机构参与灾害信息传播，往往需要借助大众媒体的力量展开，通过大众媒体发布业务范畴内的信息，或参与社会救援，或提供社会支持。随着社会组织和机构在新媒体平台中的日益渗透，它们可以相对直接地参与到灾害的各个阶段中，通过新媒体的力量发挥作用。本书的实证研究—西昌大火事件中，壹基金及四川的志愿者组织，配合党和政府、大众传媒参与了火灾相关的舆论引导工作。

　　在传统媒体情境下，公众参与灾害信息传播的方式较为有限，往往都是处于被动接受政府、大众媒体等相关部门或机构信息的状态。虽然有研究表明，灾害中的人际传播与交流在一定程度上也能够发挥作用，但是人际传播的实际有效性仍值得研究。尤其是未经核实、消息来源不明等的流言、谣言容易从人际传播的渠道扩散，会给灾害的应急救援带来干扰。在新媒体环境下，公众可以自主地通过各种平台来发布灾害中的状态、提出救援诉求、回应相关部门的应急反应以及情绪表达，等等。公众参与灾害信息传播的渠道、范围以及层次都有不同程度的提升。另外，公众在实际参与网络传播的过程中，其权力地位也在发生分化，一些在网络空间或网络事件中占据核心地位的舆论领袖，在网络舆论中能够发挥一定的引领作用。从本书的实证研究一中可以看出，西昌火灾事件中娱乐明星、兴趣博主、学界专家等不同类型的意见领袖，参与了有关火灾的意见表达和舆论引导。

　　整体而言，新媒体环境下，在灾害事件中参与信息传播的主体呈现出多元化的样态，并且不同主体在灾害信息传播中发挥的具体功能有所差异。在多元化主体共同传播的情况下，主体和主体之间的互动关系和配合程度，一定程度上决定了灾害信息传播的质量。政府部门、大众媒体在信息传播层面发挥既有经验作用的同时，如何进一步适应新的传播环境？尤其是当公众作为重要的力量参与其中时，政府部门和大众媒体如何回应公众、与公众开展

---

① Sommerfeldt, E. J. (2015). Disasters and information source repertoires: Information seeking and information sufficiency in postearthquake Haiti. Journal of Applied Communication Research, 43(1), 1—22.

良好的沟通、获得公众的信任等，都将成为灾害信息传播中的重要问题。

二、新媒体在灾害事件中发挥作用的两面性

如前文所述，新媒体环境下诸多主体在新媒体平台上参与灾害信息传播，改变了原有的灾害信息传播格局。从信息需求的角度而言，有研究表明人们在紧急情况下，会自发地对信息产生更高要求，并且通过各种渠道来大量搜索信息，以消除不确定性[1]。在传统媒体情境下，大众媒体传播的单向性和互动的局限性，使得人们只能被动地接受相关信息。互联网实时连接以及海量信息发布等特征，使得人们逐渐习惯从网络媒体上搜索相关信息。由于参与灾害信息传播的主体多样化，处于灾害中心的公众可以实时发布灾害及求助信息。相较于传统媒体的信息发布，人们能够更加快捷、便利地获取到更丰富的信息。因此，在灾害事件中，人们越来越多地选择新媒体平台获取和发布信息。根据已有研究，2011年海地地震期间推特平台发布了328万条推文[2]，2011年东日本大地震期间至少发布150万条推文[3]，2012年飓风"桑迪"期间发布了2000万条推文[4]。本书实证研究也表明，在近些年中国发生的西昌森林大火、新冠疫情热点事件中，新媒体已经成为人们获取灾害进展、政府及相关组织回应、救援动员等信息的重要平台。新媒体凭借其传播和平台优势，弥补了以往政府、社会组织、传统媒体在灾害中信息发布的缺陷，提升了灾害信息传播乃至灾害应急回应的效能。

---

[1] Yulianto, E., Yusanta, D. A., Utari, P., & Satyawan, I. A. (2021). Community adaptation and action during the emergency response phase: Case study of natural disasters in Palu, Indonesia. International Journal of Disaster Risk Reduction, 65, 102557.

[2] Sarcevic, A., Palen, L., White, J., Starbird, K., Bagdouri, M., & Anderson, K. (2012, February). "Beacons of hope" in decentralized coordination: learning from on-the-ground medical twitterers during the 2010 Haiti earthquake. In Proceedings of the ACM 2012 conference on computer supported cooperative work (pp. 47−56).

[3] Doan, S., Vo, B. K. H., & Collier, N. (2011, November). An analysis of Twitter messages in the 2011 Tohoku Earthquake. In International conference on electronic healthcare (pp. 58−66). Springer, Berlin, Heidelberg.

[4] Olanoff, D. (2012). Twitter releases numbers related to hurricane sandy: More than 20M tweets sent during its peak. Retrieved from TechCrunch: http://techcrunch.com/2012/11/02/twitter−releases−numbers−related−to−hurricane−sandy−more−than−20m−tweets−sent−between−october−27th−and−november−1st.

但是，不能仅仅看到新媒体平台在灾害中功能积极的一面，而且需要关注其带来的或潜在的消极影响，其中新媒体平台上信息的可靠性和准确性的问题尤其显著。已有研究也强调了灾害中新媒体平台上谣言、不实信息以及虚假信息传播给应急管理带来的问题①。本书发现在新冠疫情期间，网络媒体平台上的谣言肆虐，并造成了社会恐慌、集群行为的出现。从实证研究的结果来看，针对网络谣言，尤其是涉及公共健康的谣言，需要在第一时间通过有效的策略进行回应。公众对政务微博辟谣信息的态度和文本表达，也反映出谣言治理的难度和空间。另外，一些新媒体平台在舆论引导和情绪把控上面仍显得缺失。例如，借助一些热点新闻事件，在事实调查尚不明确的情况下进行炒作和放大，从而形成网络热点，吸引公众的关注和参与。本书发现，2021年南京疫情期间对国产疫苗有效性的讨论，公众直接表明新浪微博存在"带节奏"的嫌疑。诸如此类，灾害事件中新媒体平台在信息传播层面的负面问题，仍需要持续关注。

三、传统媒体在灾害事件中仍发挥积极作用

新媒体环境下，一般的观点认为传统媒体的地位和功能已经呈现出衰退之势，唱衰传统媒体的论调随处可见。事实上，一种新的媒介形式的出现不可能完全替代之前旧有媒体的所有功能，某种程度上是对旧有媒体缺失功能的一种弥补②。灾害情境下，虽然新媒体被认为能够发挥其优势，补足传统媒体无法发挥的功能，但是传统媒体在灾害事件中仍可以发挥较大的优势功能。在日本灾害史中，也多次出现因为地震、海啸而导致诸多新的媒介形式失灵，而使用广播、号外等较为传统的信息传播方式进行信息传播，并且在关键时候发挥了重要作用的案例。例如，在3·11东日本大地震中，位于地震震中的宫城县石卷市的地震强度达到6强级别，当地报纸《石卷日日新闻》因为印刷纸被冲走而无法正常出版，为维系正常信息传播，该报社在当地诸多避难所

①　Alexander, D. E. (2014). Social media in disaster risk reduction and crisis management. Science and engineering ethics, 20(3), 717−733.

②　Anduiza, E., Cristancho, C., & Sabucedo, J. M. (2014). Mobilization through online social networks: the political protest of the indignados in Spain. Information, Communication & Society, 17(6), 750−764.

以墙壁号外的形式进行关键信息的传达，起到了较好的效果[①]。

另外，本书的实证研究结果也表明，即便是在新媒体背景下，从灾害事件中的网络舆论传播格局来看，传统媒体仍具备较强的舆论和情绪引导力。例如，2020年长江流域洪水期间，中国气象局有关洪水灾害的信息发布，获得了公众较为积极的参与和反应；2020年中医药参与新冠肺炎治疗、2021年新冠疫苗上市等事件中，官方媒体对中医药的疗效、疫苗的实际效用等方面的报道，引导了公众的积极情绪和反应。

因此，本书认为，在灾害情境下考察媒介功能的发挥，不能简单地从新媒体和传统媒体的视角来看待。首先，需要考虑媒体的抗灾性能，如传统的广播媒体、纸质号外等在灾害传播的实践中被证明可以发挥关键性作用。其次，需要考察媒体的基本属性，在灾害的不同阶段和区域，不同媒体所发挥的功能存在区别。最后，需要考察媒体的优势功能，往往在灾害中反而能够被凸显。例如，传统媒体长期以来形成的现场报道见长、突发事件报道中的公信力以及议程设置能力等，在网络舆论引导中能够彰显出强大的功能。

四、公众在灾害事件中的意见和情绪表达已成为常态

传统的灾害信息传播研究中，很少从公众的视角来展开研究。传播主体的相对权威性和垄断性，使得公众较难参与到传播的过程中。在新媒体环境下，公众在灾害信息传播过程中的地位和作用逐渐进入研究者的视野。已有研究表明，在灾害中无论是否受到事件的直接影响，公众都会使用社交媒体进行情感交流，试图理解那些不确定和有压力的情况[②]。本书实证研究也验证了这一结果。一方面，直接受到灾害影响的公众，会直接通过社交媒体平台表达其状态、情感诉求以及情绪。2020年长江流域洪灾中，受灾地区的网络舆论热度要明显高于非受灾地区，并且在情绪表达方面较非受灾地区显得更

① 高昊.日本灾害事件中的媒介功能：以20世纪以来日本重大地震为例[M].北京：社会科学文献出版社，2020.
② Olteanu, A., Vieweg, S., & Castillo, C. (2015, February). What to expect when the unexpected happens: Social media communications across crises. In Proceedings of the 18th ACM conference on computer supported cooperative work & social computing (pp. 994–1009).

为消极。另一方面，虽然没有直接受到灾害的影响，但是同处于灾害的大背景下，公众会就灾害中的一些热点事件，尤其是与更为广泛群体利益相关的事件和应对措施，进行意见和情感表达。例如，2021年南京疫情事件中有关国产疫苗有效性的讨论，公众明确表达对国产疫苗的支持以及对新浪带节奏的反感。进一步而言，研究结果提示，政府、灾害相关主管部门能够有效面对公众积极参与灾害事件的意见和情绪表达，在灾害中实现良好有效的对话和沟通。

对于灾害信息传播而言，不能够仅仅放置在灾害应急的层面。按照灾害社会信息论的观点，媒体的灾害信息传播应当实现防灾和减灾的功能[①]。然而，从已有研究来看，鲜有研究关注相关机构和媒体日常的防灾信息的传播。实际上，当灾害真正来临时，人们是否具备应对灾害的相关知识和素养，在很大程度上能够决定在灾害中是否能够选择恰当的行为。公众在灾害中的应急能力被认为与相关知识储备关联，但是同时也存在较大差异。而媒体对公众科学知识的传播，尤其是新媒体环境下，是否能够弥合公众在应对灾害相关知识层面的鸿沟，值得关注。本书的实证研究结果表明，公众在新冠疫情相关知识层面存在一定鸿沟，并且新媒体的使用会扩大这一鸿沟。对此，一个现实而亟待解决的问题，即媒体如何切实承担相关责任，以提升公众应对灾害的素养问题。

五、信任成为新媒体环境下灾害信息传播不可回避的问题

虽然实证研究部分的具体研究对象和灾害事件背景有所差异，但是从实证研究的结果来看，一个共同的问题再次凸显，即灾害信息传播中的信任问题。一方面，从研究结果来看，在灾害情境下，信息传播的有效性与公众对传播主体的信任存在一定关联。尤其是在开放的互联网情境下，灾害信息传播的效果通过公众的公开表达即可以获得。本书发现，政务微博发布有关新冠疫情谣言的辟谣信息时，公众会直接表达对信息的态度，其间显现出对政

---

①　Palttala, P., Boano, C., Lund, R., & Vos, M. (2012). Communication gaps in disaster management: Perceptions by experts from governmental and non - governmental organizations. Journal of contingencies and crisis management, 20(1), 2–12.

府和相关部门应对措施的负面评价，并延伸至对其日常行政能力的评价。另一方面，在具体的媒介传播平台方面，公众也会直接或间接表达其信任程度。例如，2021年南京疫情期间的网络文本显示出，公众对网络社交媒体平台的不信任；在中医药参与新冠治疗，以及国产疫苗上市的相关议题讨论中，公众的积极情绪反应被证实与大众媒体的正面引导相关联，这也从侧面体现出公众对传统大众媒体的信任。已有研究证实，公众对媒体和政府等相关部门的信任程度，一定程度上决定了灾害应急和救灾的效果[①]。因此，媒体的公信力和公众对其信任程度对于灾害信息传播而言至关重要。

第二节　新媒体环境下灾害信息传播的核心影响要素

有关灾害信息传播的实证研究，一方面是为了验证灾害信息传播的效果及呈现出的新特征，从灾害信息传播的整体格局、灾害主管部门政务新媒体传播效果的验证，到灾害事件中新媒体的负面功能的治理，再到公众对灾害信息传播的反应等方面的研究等；另一方面从结果中可以提炼出新媒体环境下灾害信息传播的新要求，这些新要求都是与灾害信息传播高度相关的因素。结合实证研究的结果，本书发现灾害信息传播主要受到灾害应急制度建设、媒体传播机制以及社会监督等方面的影响。

一、制度层面：完善的灾害应对机制和信息治理机制

（一）从信任出发，建构灾害应对机制

从信任的主要内涵来看，一般基于三个特征，即能力、仁慈和正直，它

---

① Liu, W., Xu, W. W., & Tsai, J. Y. J. (2020). Developing a multi-level organization-public dialogic communication framework to assess social media-mediated disaster communication and engagement outcomes. Public relations review, 46(4), 101949.

们构成了个人或组织的可信度，用于评估导致信任的特征和行为[1][2]。感知能力被定义为能够在特定领域内产生影响的技能和能力[3]；感知仁慈是指受托人被认为希望为委托人做好事的程度[4]；感知正直是指受托人遵守与委托人相关的标准、原则和价值观[5]。当感知信任的能力、仁慈和正直越高时，信任程度则越高。就信任内涵而言，信任取决于个体对于个人或相关组织有关能力、仁慈和正直等方面的感知。

从信任的内涵出发，灾害信息传播的主体需要思考如何构建公众信任的灾害应急机制。新媒体环境下，虽然公众日益参与到灾害信息传播的舆论场，但是从信任制度构建的角度而言，政府及相关主管部门仍是主要的责任者，需要思考如何建构完善的灾害应急机制。对于政府及相关部门而言，从本书实证研究的结果来看，不仅仅需要构建灾害发生后的反应机制，而且需要在日常的政务活动中构建良好的形象，以及制定应对灾害等突发事件的预防机制。换言之，公众可信任的灾害应急机制，建立在日常良好政务形象基础之上，包括防灾减灾在内的完备机制。

（二）从传播主体的复杂性出发，建立信息层面的协调和发布机制

政府及相关部门除了考虑构建相对宏观的灾害应急机制以外，还需要确立相对具象的信息传播机制。一方面，根据灾害的特殊属性，灾害事件发生后的信息收集涉及多个部门，分散的信息传播容易带来信息传播的混杂，给公众带来信息接受和认知层面的困扰。因此，需要构建一个顺畅的协调机制，以确定主体之间的信息统筹和协调。另一方面，灾害发生时，社会系统的各

---

[1] Mayer, R. C., Davis, J. H., & Schoorman, F. D. (1995). An integrative model of organizational trust. Academy of Management Review, 20,709-734.

[2] Schoorman, F. D., Mayer, R. C., & Davis, J. H. (2007). An integrative model of organizational trust: Past, present, and future. Academy of Management review, 32(2), 344-354.

[3] Mayer, R. C., Davis, J. H., & Schoorman, F. D. (1995). An integrative model of organizational trust. Academy of Management Review, 20,709-734.

[4] Mayer, R. C., Davis, J. H., & Schoorman, F. D. (1995). An integrative model of organizational trust. Academy of Management Review, 20,709-734.

[5] Tomlinson, E. C., & Mryer, R. C. (2009). The role of causal attribution dimensions in trust repair. Academy of management review, 34(1), 85-104.

个方面以及公众对信息的需求会在短期内增长，尤其是需要权威、可信的信息来源。因此，在协调机制基础之上，相关政府机构需要建立公开、透明以及完善的信息发布机制，指导媒体、相关部门以及公众采取合适的应急行为。

（三）从信息传播的混杂性出发，完善互联网信息治理机制

在新媒体时代，灾害信息传播的另一特征是混杂性，尤其是诸多新媒体平台以及公众参与到信息传播中以后，使原有相对单一的传播路径和内容变得复杂化。尤其是在后真相背景下，公众往往会从自我的情绪，而非从事实出发来面对和处理信息，使信息传播变得更为混杂。由于灾害情境下的信息传播，关乎社会稳定和生命安全，因此，需要完善信息的治理体制。从各国的经验来看，政府部门是灾害事件中信息治理的责任主体。尤其是考虑到我国的现实情况，政府部门需要切实承担起灾害信息治理的责任。灾害信息治理，一方面需要依托于日常信息管理制度，完善信息监控机制；另一方面，需要制定灾害时期相关应对制度，以应对灾害发生后可能出现的信息传播混乱的情况。

二、媒体层面：体现社会责任和媒介伦理的信息传播机制

（一）大众媒体：提升信息传播和舆论引导的效果

随着新媒体时代的到来，诸多新媒介形式出现并发挥着强劲的功能，使得传统的大众媒体功能日益式微。事实上，从媒介属性本身来看，任何一种媒介形式不可能完全被另一种所取代。尤其是在灾害情境下，新兴的媒介形式不一定能够完全发挥功能。另外，灾害信息传播的特殊性，对信息传播主体的权威性、专业性和信赖程度均有要求。而传统媒体在日常报道和应对灾害事件时积累了大量的经验，因此仍可以发挥积极功能。

从本书实证研究的结果也可以发现，大众媒体在灾害事件中仍发挥着重要的作用，尤其是在议程设置和舆论引导层面。新媒体环境下，大众媒体可以借助新媒体平台，进行重要议题的议程设置，直接让公众参与到话题的探讨中来，并且可以根据公众的意见和情绪反馈，持续进行相关的议程设置。另外，大众媒体在灾害事件中应通过辟谣、事实核查、科普等手段，来帮助公众厘清信息混乱问题。此外，针对公众普遍反映的情绪和社会心理问题，

大众媒体应该有针对性地回应和报道，以发挥其舆论引导的功能。

（二）网络媒体：强化把关人意识

作为当前灾害信息传播的重要渠道，网络媒体在灾害事件中发挥了积极的功能。但是，基于海量数据生产和多传播主体的情形，灾害中网络信息传播容易带来谣言、错误信息、不实信息以及信息混乱等问题。相较于传统媒体，网络媒体在信息把关层面，无论从技术手段还是在意识层面，都相对缺失。鉴于灾害情境下网络传播平台的重要性，网络媒体平台首先应当切实承担起把关的责任意识，从技术和日常制度层面，强化对信息的治理。大量已有研究和本书的实证研究也发现，灾害事件中存在大量谣言和不实信息传播的情况，给公众采取恰当的应急行为带来困扰[1]。从治理层面来看，单靠政府和相关部门远远不够，各平台本身需要强化责任意识。

三、社会层面：完善信息监督机制，强化公众信息素养

（一）信息监督机制的完善

在多主体参与传播的灾害信息传播格局中，单靠政府和媒体的力量来完善社会责任体系是远远不够的，还应当发挥社会层面的监督功能。一方面，网络媒体本身就可以承担起社会监督的功能，公众在诸多社交媒体平台上的意见和情绪表达，能够帮助相关部门迅速了解灾害信息需求和公众回馈。另一方面，诸如事实核查机构、行业协会等社会机构，可以有针对性地核实灾害中的热点信息，并公布事实核查结果，以帮助公众明辨是非。此外，行业协会可以从伦理层面出发加强对从业人员的伦理道德的约束。本书的实证研究也表明，灾害事件中公众网络意见和情绪表达，能够起到"晴雨表"的作用；而第三方事实核查机构和行业协会的功能，在我国的灾害事件中相对缺失，需要思考如何发挥社会机构的积极作用。

---

[1] Hughes, A. L., & Palen, L. (2012). The evolving role of the public information officer: An examination of social media in emergency management. Journal of homeland security and emergency management, 9(1).

（二）强化公众信息素养

事实上，新媒体环境下灾害信息传播的交互性决定了原有的单一传播模式已经不适用于灾害情境。灾害信息传播的最终目的是帮助公众依据相关信息来实施灾害回应行为，其落脚点是灾害中的人。而新媒体环境信息传播的复杂性以及灾害事件本身的特殊性，决定了灾害信息中的很大一部分内容区别于日常的信息。更为重要的是人们需要依据灾害信息作出行为决策，这一过程依赖于较强的信息处理能力。因此，从公众层面而言，需要具备较高的信息素养能力，其中包括对灾害信息的获取能力、理解能力以及处理能力等多个层面。本书的实证研究表明，随着新媒体环境的到来，公众有关灾害的知识沟与媒介使用存在关联。因此，帮助公众建构完备的灾害信息素养以及消除灾害知识沟，需要包括政府、媒体等机构的共同努力。

第六章 灾害情境下媒体社会责任的理论思考及机制建设的对策与建议

第一节 灾害情境下媒体社会责任的理论思考

本书以灾害事件为背景，考察新媒体环境下媒体在灾害情境下的信息传播行为。在实证研究的基础上，本书对照国外灾害信息传播的先进经验，提出建构我国媒体灾害信息传播责任体系的策略。事实上，无论是自然灾害还是其他类型的灾害，都将伴随着人类社会的发展。而信息传播在灾害事件中的重要作用，经过漫长的灾害历史得以检验。随着人们在灾害信息传播中不断积累的信息传播经验，在应对一些灾害时已经形成相对固定的传播模式和机制。但同时，灾害在和人类的互动过程中也出现新的样态和特征，不断挑战人们固有的应对经验和模式。从信息传播的角度而言，在媒介环境、媒介形式的发展变化之中，也将面临新变化和新问题。除了实践层面的变化和发展，研究者在理论层面对灾害信息传播进行思考和积累。本书绪论部分所梳理的核心理论主要聚焦在灾害社会学和媒介传播两大领域。结合本书的研究结果，拟从这两个方面进行思考，以期为后续研究提供基础和方向。

一、灾害社会学视野下灾害信息传播的思考

由于灾害的复杂性和综合性，其研究一般涉及诸多学科领域。从灾害研究的历史来看，最早起源于自然科学，社会科学的进入相对较晚，并且在研

究路径和范式上的争论至今仍然存在。不同学者从各自学科出发开展研究，其视角丰富多元的同时，又带来一个学科属性的问题。起源于西方的灾害社会学至今仍未能形成一个相对成熟的学科体系，学者们的争议在于是用社会科学的视角来研究灾害，还是作为一个社会学的分支相对固定下来。这实际上，在一定程度上会影响对灾害的相关领域研究的路径选择。

（一）灾害社会信息理论的内涵与发展

就灾害信息传播而言，也涉及多学科多领域的交叉。尤其是在新媒体环境下，灾害信息传播硬件基础和传播技术层面的研究相对丰富。虽然早期有关灾害中的媒体报道研究发端于美国，也逐步形成灾害研究的信息传播路径，但是相比较而言，日本关于灾害信息传播的研究较为丰富。并且，在几代学者的努力下，也逐步明确灾害社会学信息传播研究的路径。这一方面说明灾害的社会科学研究仍处于相对边缘的位置，另一方面说明该领域的研究与一个国家或地区所面临的灾害风险相关联。作为频遭灾害侵袭的国家，如何应对灾害已经渗透到日本社会的方方面面。这也不难解释，日本在灾害信息传播的机制层面相对完善。再具体到我国，相比较自然科学领域的灾害研究，社会科学层面，尤其是信息传播层面的研究仍有待发展。从我国的情况来看，2008年汶川地震是灾害信息传播领域研究的分水岭，在这之后，有关媒体报道、信息传播以及应急管理相关的研究相应地得到发展。

从灾害信息传播研究的主要范畴来看，日本学者认为灾害信息传播需聚焦在灾害中信息的有效传播、灾害信息传播过程的常态化、灾害中的心理与行为及灾害信息传播效果研究[①]。从已有研究来看，有关灾害中信息的有效传播较为集中，即考察信息传播主体如何将灾害相关信息有效传播。在新媒体环境下，对灾害信息传播过程的常态化的研究尤为突出，研究者力求从新技术层面确保信息生产、传播和接受的常态化；灾害中的心理与行为的相关研究，主要是从信息接受层面考察公众的心理及相应的行为；另外，随着公众在社交媒体平台互动的深入，灾害中公众在网络上的意见及情绪表达也成为当前研究的热点。而有关灾害信息传播效果研究，即如何发挥灾害信息传播

---

① 田中淳．災害情報論の布置と視座，災害情報論入門．東京：弘文堂，2008：20-23．

的正向功能、减轻灾害带来的负面影响，这是灾害信息传播研究的重要方向。从灾害信息传播史的角度而言，历次灾害中都会出现因信息传播而导致的负面事件，尤其是谣言引发的社会恐慌和混乱。2019年底开始出现的新型冠状病毒，再次将研究者的视野转向灾害研究的范畴，有关新冠疫情的媒体报道和信息传播的研究仍然在持续。从世界范畴来看，对新冠疫情背景下的信息传播除了关注媒体日常的功能发挥以外，学者们尤其注重从效果视角来研究，特别是由信息传播混乱而导致的信息疫情。这充分说明，灾害信息传播的负面效果不可小视，特别是在媒介环境日益复杂的当下，尤其需要注重灾害信息传播的正面效果。

（二）灾害社会学的范式与媒介信息传播

从西方灾害社会科学研究的主要范式来看，周利敏认为主要经历了经典灾害社会学、社会脆弱性及社会建构主义的发展进程[①]。经典灾害社会学实际上是早期西方学者开始用社会科学的视角来研究灾害，也是功能主义取向，认为社会各系统对于灾害而言都担负着社会功能[②]。具体到信息传播层面，认为媒体作为社会系统的一环，在灾害事件中能够且理应发挥社会功能，相关研究也聚焦考察大众媒体在具体灾害事件中的功能和作用。功能主义取向下的经典灾害社会学的研究，与从媒介社会功能论的视角来看媒体在灾害中的具体信息传播行为的研究方式是匹配的。而灾害的社会脆弱性研究视角，认为灾害源自人类本身的脆弱性，致力于探讨社会地位、社会阶层和社会经济对受灾风险分布及灾害冲击的重要影响[③]。这一视角在灾害信息传播领域的研究相对较少。本书的实证研究之一，针对新冠疫情中不同经济和社会地位的人们，在接受相关信息及相关知识领域存在的差异，探讨媒介使用对于解决知识沟的作用。这一研究可以视为脆弱性视角的体现。但是整体而言，相关研究仍较少。社会建构主义路径下的灾害社会学研究，逐渐成为灾害社会科

①　周利敏.从经典灾害社会学、社会脆弱性到社会建构主义——西方灾害社会学研究的最新进展及比较启示 [J].广州大学学报 (社会科学版),2012,11(06):29-35.

②　周利敏.社会建构主义与灾害治理 : 一项自然灾害的社会学研究 [J].武汉大学学报 (哲学社会科学版),2015,68(02):24-37.

③　周利敏.社会建构主义与灾害治理 : 一项自然灾害的社会学研究 [J].武汉大学学报 (哲学社会科学版),2015,68(02):24-37.

学领域最受关注的新范式，试图规避前两种取向的不足，并整合前两种取向的优势[①]。其中有关信息传播，灾害社会建构主义提出了媒体建构论的视角，认为媒体在建构社会大众对灾害的认知上起到了重要的作用[②]。媒体建构论认为，新闻媒体不仅仅报道和呈现灾害，而且也在有目的性地定义灾害、介入灾害传播，从而影响人们对灾害事件的认知。实际上，媒体建构论的前提是承认媒体在灾害事件中的功能和作用，强调的是通过媒体的诸多功能来建构灾害，影响人们对灾害的认知。在灾害建构主义的理论下，媒体可以通过议程设置和舆论引导的方式，影响公众的认知和情绪表达。从社会责任角度而言，灾害建构主义的核心理念更需要灾害中的媒介信息传播主体承担社会责任意识。

虽然灾害社会学的研究范式仍处于变化发展的过程当中，不同的范式下信息传播研究开展的视角也不尽相同，但是却存在一些共性的内容。实际上，媒体的社会功能是贯穿于这三种范式之中的，不论是强调功能主义的经典灾害社会学研究，还是脆弱性视角分析中信息传播对不同群体的影响，或是社会建构主义视角下有关灾害观念的形塑，都肯定了媒体在灾害事件中的重要作用，也最终都指向一个不可回避的话题，即灾害中的媒介社会责任问题。

二、灾害情境下对经典媒介理论的审视

从媒介传播的视角来看灾害情境下的信息传播，主要涉及媒介功能、媒介责任理论等。换言之，在灾害的情境下来考察传统的媒介传播相关理论的适用性，以及特殊情境下相关理论的新解释。区别于常态化的传播情境，受到物理条件、基础设置、社会心理等诸多因素的影响，媒体功能的发挥会存在失灵的状态，甚至会激发其负面功能。基于此，灾害情境下更需要强调媒介的社会责任。另外，起源于西方的媒体社会责任理论，是否适用于我国的媒介传播实际，尤其是灾害情境下的适用性问题值得进一步思考。

---

① 周利敏.社会建构主义与灾害治理：一项自然灾害的社会学研究 [J].武汉大学学报（哲学社会科学版),2015,68(02):24-37.

② 周利敏.社会建构主义与灾害治理：一项自然灾害的社会学研究 [J].武汉大学学报（哲学社会科学版),2015,68(02):24-37.

（一）灾害情境下经典媒介功能论的重新审视

媒介功能论是西方研究者基于社会学的功能主义理论，对媒介在社会系统中所发挥作用的检验，其基本理论假设是尽管大众媒体可能会带来潜在的功能失调后果，但是其主要功能是倾向于促进社会整合、延续及维持社会秩序①。媒介功能论从整个社会系统来考察媒体在其中所发挥的作用，以及与社会系统其他成员之间的联系和互相作用方式，为媒体研究提供了一个功能主义的分析框架。媒介功能论经过几代传播学者的研究和发展后，基本确定了媒体在社会系统中的几项基本功能，并被研究者不断检验和丰富。然而，整体而言，已有对媒介功能的研究基本是在一种常态的样态下展开的，而对于灾害情境下媒介功能的系统检验仍属于少数。从灾害信息传播史来看，在灾害情境下媒体的常规、基本功能会出现失灵的情况，尤其是物理性破坏带来的传播基础设施崩溃，使得正常的信息传播活动无法开展。因此，在灾害情境下，首先要确保灾害信息传播的基本开展，即灾害信息传播理论中所提及的确保信息传播的有效性。

遵循这一逻辑，需要打破常规的模式，引入抗灾性的视角来看待媒介功能。即，在灾害情境下能够发挥信息传播基本功能的传播渠道均有效。从信息传播历程来看，在技术的不断推动下，层出不穷的媒介形式在信息传播中发挥各自优势，客观上推动了人类信息传播的发展和飞跃。但是，在灾害情境下往往越是依赖技术基础的传播形式，越容易面临传播失灵的状况。正因如此，在灾害事件中，一些相对古老的信息传播行为往往能够发挥至关重要的功能。如2011年日本关东大地震中的手写墙报"号外"；看似被现代媒介环境淘汰的广播媒体，在国际范围内仍是不同灾害中信息传播的"救命稻草"。另外，灾害情境下因为信息传播失灵导致的"信息真空"，以及因为信息传播过剩、无序而导致的"信息灾害"或"信息疫情"，均是媒介信息传播负面功能的体现。由此可以推论，灾害情境下技术绝对论的技术优势神话被打破。因此，随着新的灾害事件的出现以及媒介技术的新发展，媒介社会功能论在灾害中需要重新被审视，本书将持续关注。

---

① Denis McQuail,McQuail's Mass Communication Theory(6th edition),SAGE Publications Ltd,2010,p64.

（二）灾害情境下媒介社会责任的内涵与发展

源自西方的媒介社会责任论，其发端的初衷是在保障媒体自由的情况下，媒体对社会承担一定的义务，以实现负有责任、积极的自由。在这个理念下，西方媒体应承担社会责任，来确保媒体自由不被其他力量所干涉。不同于西方，我国媒体属于党和国家事业的一部分，与生俱来具有为党和国家、人民和社会服务的责任和义务。如果说西方媒体所崇尚的媒介社会责任是具有一定前提的有条件的责任论，那么我国媒体所担负的是站位更高的责任，所包含的责任内涵比西方所倡导的媒介责任丰富和深刻得多。尽管中西方媒介社会责任的出发点不同，但是在媒体必须对社会及公众承担责任这一点上是一致的。

在灾害情境下，由于媒体的责任范畴、认知以及媒体体制的差异，各国媒体在灾害中所担负的社会责任不尽相同。诸如NHK等公共广播电视媒体从公共性出发，在灾害信息传播活动及机制的建设方面相对成熟和完善。就我国而言，媒体的社会责任与党和国家的政策、方针是一致的，强调的是人民利益至上的责任内涵。因此，在灾害情境下媒体不仅在信息传播层面，而且在政务沟通、社会动员以及服务公众层面需要发挥更为广泛的功能。此外，随着新媒体环境的到来，灾害信息传播主体的多元化，主流媒体仍需要通过议程设置、舆论引导等方式在传播格局中发挥积极作用。进一步而言，在灾害情境下媒介社会责任的建构，不是媒体单方面可以实现的，必须通过政府、媒体以及公众等多方的共同努力。尤其是在新媒体环境下，政府在通过诸多的新媒体平台发布相关信息的同时，也要进行信息传播相关失范行为的治理；公众在通过新媒体平台进行意见和情绪表达的同时，也承担了解和监督媒体是否积极发挥功能、满足社会和人民需要的义务和责任。因此，在新媒体环境下需要从我国实际出发，来思考灾害情境下媒体社会责任的内涵与发展，这也将成为本书课题组后续关注的重点。

第二节　构建灾害信息传播社会责任机制的对策与建议

一、政府层面：完善灾害应急法律体系，构建灾害应急机制

（一）加强灾害应急管理的法制建设

灾害应急管理的法律体系是灾害应急管理工作中的决策依据。面对突发灾害，很多的应急决策往往在不确定情况下被制定，决策本身存在一定的风险。决策者承担决策风险，因此在现实的灾害应急管理工作中，决策者往往倾向于选择最保守的措施，以规避决策风险对自身的不利影响。但是保守性决策在灾害的应急处置方面可能达不到应有的效果，不利于灾害应急机制的迅速、有效执行。在灾害应急状态下，为了促进决策者根据实际情况，制定谨慎、大胆、有效、合适的灾害应对决策，需要赋予决策者在决策程序和决策内容等方面必要的权变选择空间[①]。为此，需要为决策者提供必要的法律规范与依据，在确保顺应法律规定的前提下，制定适用性与灵活性更强的应急决策。

加强灾害应急管理法制建设、规范应急管理法律和法规的目的在于，通过法律条例对政府行为和公民权利义务进行规范和制约，依法建构紧急状态下的主体责任体系，明确一切主体的责权利，确保政府应急机构依据法律授予的职权，在规定的程序指导下，及时启动适用于各个灾害危机的治理工作程序[②]。实现灾害应急管理法制化，不仅可以为政府治理灾害事件提供应有的法律保障，还能切实维护公民的合法权益，避免灾害应急管理过程中随时可能出现的错误和疏漏。近年来，我国虽然已经制定并颁布了一系列灾害危机应对和管理方面的法律法规，但在世界范围内进行横向对比，我国在灾害应

① 张希琳 . 自然灾害应急管理中政府决策质量的提升 [J]. 领导科学 ,2012,511(26):55-56.
② 左雄，官昌贵 . 突发自然灾害应急管理问题探讨 [J]. 商业时代 ,2009,441(02):56-58.

急机制方面的法律体系仍然存在很大的提升空间，完善灾害应急管理的法律体系，将灾害管理纳入国家一般管理体制中，把"非常态"的灾害事件纳入"常态"化管理中，是提高政府灾害应急管理法治化水平的应有之义①。

1.以高位阶法律统一规范灾害应急管理机制

以高位阶大法统一规范灾害应急管理机制，可以从整体性的高度提升应急管理法律对实际工作的宏观指导作用。目前在我国，应急管理部以大部制的形式建立，虽然对应急管理的多个部门职能进行了整合后，其行政地位和行政资源得到显著提升，但是在法律建设方面，应急管理的职能内容未能在宪法中得到体现，最高仍然以部门单行法的形式存在。换句话说，在法律地位上，我国灾害应急管理的重要性与其对应的法律级别与数量并不相称②。我国如今仍缺乏灾害应急管理的基本法，单灾种和区域性灾害法律也尚未体系化。因而提高灾害应急法律体系的建设，需要从整体性的高度制定灾害应急管理的基本法，以高位阶大法统一规范灾害应急管理机制，为灾害应急管理提供权威性规范；同时在灾害应急管理的基本法的基础上，完善各类单灾种和区域性灾害法律，为多种灾害应急管理和主体责任划分提供明确的法律依据，兼顾应急管理法律的宏观规范和细节指导。在灾害应急管理法律制定方面，日本经历多年的研究，已经发展出一套较为完善的法律体系，日本的突发事件应急管理法律体系分为基本法类、灾害预防和防灾规划法类、灾害应急法类、灾后重建和复兴法类、灾害管理组织法类五大类型。日本1961年颁布的《灾害对策基本法》，更是对防灾相关组织、防灾计划、灾害预防、灾害应急政策、灾后重建、财政金融措施、灾害紧急事态和惩罚细则等事项作了明确且具体的规定③。由于立法水平高，规定详细，《灾害对策基本法》被誉为日本的"抗灾宪法"，也是日本在灾害预防和管理等方面的根本大法。日本还在《灾害对策基本法》的基础之上，相继制定并颁布了200多部有关防灾救灾

---

① 左雄，官昌贵.突发自然灾害应急管理问题探讨[J].商业时代,2009,441(02):56-58.
② 张铮，李政华.中国特色应急管理制度体系构建：现实基础、存在问题与发展策略[J].管理世界,2022,38(01):138-144.
③ 高冲.浅谈我国灾害应急救援体制的法律制度构建[J].消防科学与技术,2011,30(03):246-249.

以及紧急状态的法律法规[①]。

通过高阶位的法律形式对灾害预防与应急管理作出综合性、基础性的规定，可以从根本上提升灾害应急管理的法律地位，提高应急管理的法治化水平，并为后续法律体系的进一步完善提供依据，便于各级政府部门迅速应对灾害事件，制定灾害应急预案，开展灾害应急管理与救援工作。

2.构建完善的灾害应急管理法律体系

构建完善的灾害应急管理法律体系的意义在于，为灾害应急管理提供可操作性和针对性更强的指导依据。在灾害应急管理的法律体系建设方面，我国虽然制定了众多单灾种和区域性灾害防御的法规，但是我国的灾害应急管理法律体系尚不完善，不仅缺乏灾害应急基本法，而且灾害应急管理相关法律的系统性和可操作性也较差[②]，存在部分制度内容相对孤立、法律功能分散、法律规定内容与部门权责不配套等的问题[③]。为了提高我国应急管理的法治化水平，在增设灾害应急管理基本法的基础上，有必要对相关的法律内容进行补充，例如针对灾害管理的监测、预警、预防、救援和恢复等多个阶段分别立法[④]。同时明确各主体在抗灾救灾过程中的权力和责任，对各级政府之间、同级政府各部门之间的协调合作机制作出明确规定。这方面可以借鉴日本、美国的灾害法律体系。日本不仅颁布了《灾害对策基本法》作为国家灾害对策的根本法，并且按灾种、灾害发生的不同阶段分别制定了多种针对性强的法律法规。此外，日本的灾害法律体系还对中央和地方的防灾组织结构、形式等都作了具体的规定，国家、地方政府、公共企事业团体以及公民在防灾减灾中的义务和责任都可以找到相应的法律依据。美国的灾害应急法律体系也较为完善，在国家层面拥有防灾减灾的基本法（如《灾害救助法》），地域管理上拥有地域性防灾法律（如《沿海区域管理法》等），在不同灾害类型的

---

① 高萍,于汐.中美日地震应急管理现状分析与研究 [J].自然灾害学报,2013,22(04):50-57.

② 辛吉武,许向春,陈明.国外发达国家气象灾害防御机制现状及启示 [J].中国软科学,2010(S1):162-171+192.

③ 张铮,李政华.中国特色应急管理制度体系构建：现实基础、存在问题与发展策略 [J].管理世界,2022,38(01):138-144.

④ 高冲.浅谈我国灾害应急救援体制的法律制度构建 [J].消防科学与技术,2011,30(03):246-249.

管理上拥有单灾种法律（如《洪水灾害防御法》等）。通过上述法律的互相补充和体系化发展，既可以提高防灾工作的针对性，也可以增强法律的可操作性[①]。

构建完善的灾害应急管理法律体系，除了推动宏观层面的灾害管理立法工作，完善灾害应急管理的法律框架和体系之外，还需要对具体的规定细节进行补充。例如，当前我国有关灾害应急管理的法律中，存在大量有关"相关部门"的表述，但是法律条文并没有对责任主体进行明确阐释[②]。加之我国的灾害应急管理采用条块结合、多部门联动的模式，存在多头管理的情况，责任主体的模糊化容易导致管理职责的交叉、重复、缺位等负面问题[③]。因此，构建完善的灾害应急管理法律体系需要细化相关的法律法规，在管理主体、权责分配、事后追责等方面作出更加具体的规定。例如，制定多元主体参与灾害应急管理的法律法规，赋予地方政府在灾害应急处置方面的应有权限，以法律的形式明确各级政府和同级部门之间的权责规范。

3.将灾害应急管理纳入国家常态化管理体制

为了提高我国灾害管理法治化水平，应加快灾害管理的立法，将灾害预防与应急管理纳入国家一般管理体制之中，在常态化的管理过程中强化对于非常态灾害事件的应急管理能力[④]。具体而言，在危机管理框架下，不仅需要构建灾害应急管理的法律体系，也需要兼顾日常化的灾害管理机制，建立常设性的公共危机应急机构，形成全国性的公共危机应急系统。在这方面，日本作为世界上自然灾害频发的国家之一，无论是灾害事件的应急机制还是灾害事件的日常管理，相关的法律体系都比较完善。日本在应对突发公共卫生事件的长期实践中，形成了日常公共卫生管理及公共卫生危机应对相关法律两大部分。在日常公共卫生管理领域，日本的相关立法几乎涉及国民生活的

① 辛吉武,许向春,陈明.国外发达国家气象灾害防御机制现状及启示[J].中国软科学,2010(S1):162-171+192.
② 张铮,李政华.中国特色应急管理制度体系构建：现实基础、存在问题与发展策略[J].管理世界,2022,38(01):138-144.
③ 辛吉武,许向春,陈明.国外发达国家气象灾害防御机制现状及启示[J].中国软科学,2010(S1):162-171+192.
④ 左雄,官昌贵.突发自然灾害应急管理问题探讨[J].商业时代,2009,441(02):56-58.

各个方面，如传染病防控、食品卫生、药品、兽医、生活卫生、环境卫生等。例如，《传染病预防与传染病患者医疗法》是日本传染病预防及应对的专门法，按照传染性和危害程度高低将传染病分为5大类共109种，分别规定了相应的管理措施，包括信息收集公布、患者诊断治疗、污染场所消毒、治疗责任与费用分担等[①]。而对于突发公共卫生事件，日本政府也从危机管理层面制定了相应法律，例如《流感特措法》是2009年日本在应对新型流感（A/H1N1）经验的基础上，由《新型流感对策行动计划》改订而来[②]。该法主要对突发传染性疾病发生时的应急流程、主要措施以及相关部门的应对职责等进行了详细的规定，尤其是当传染病存在威胁国民生命可能性时，该法提供了明确的应急指南。

将灾害应急管理纳入国家常态化管理体制，从法律规定和机构设置两方面推动灾害应急常态化管理的建设和实践，可以在常态管理中为应对可能发生的自然灾害提供更多的空间和准备，迅速完成常态化和灾害状态下的决策对接，为灾害应急决策争取最有利的条件。

（二）完善灾害事件的应急管理机制

就灾害危机管理而言，日常非危机阶段的预防工作对于灾害的预防和应急管理十分重要。建立和完善灾害预警机制，通过实时监测、收集和管理预警信息，能够将灾害风险控制在苗头阶段，也有利于政府快速、有效地回应和应对突发灾害事件。因此，依据灾害预防和应急管理的相关法律和政策，政府应当建立一整套应对灾害事件的监测预警和应急管理机制。

1.明确灾害预警信息发布机制

对于潜在灾害事件的风险等级评估和及时预警有助于公民提高对于灾害事件的风险意识，也有助于政府尽早部署和采取相应的灾害预防措施。由于灾害事件的发生及其后果存在突发性和不确定性，因此需要对灾害危机预警信息的发布机制作出明确规定。对于灾害事件风险级别的设定需要遵循具体

---

① 感染症の予防及び感染症の患者に対する医療に関する法律 .https://elaws.e-gov.go.jp/document?lawid=410AC0000000114.

② 新型インフルエンザ等対策特別措置法 .https://elaws.e-gov.go.jp/document?lawid=424AC0000000031.

的科学依据，同时需要综合考虑灾害情况的严重性，例如判断灾害危机的发展速度和升级的可能性，及时发布和更新警报级别，升级对应的应急预案，保证灾害预警的科学性、动态性和持续性。韩国的《灾害与安全管理基本法》对于灾害预警信息发布机制作出了详细的规定，其中明确提及当突发灾害等危机事件来临时，相关部门应当及时发布警报，以便公民及相关机构组织判断风险等级，正确识别灾害，采取正确的应对措施。在发布危机警告时，需要明确体现灾害情况及严重性的内容，如灾害发展的速度及升级的可能性等。如果灾害事件的社会关注度高，在判断危机预警时还需考虑媒体报道和舆论[①]。

2.搭建科学先进的灾害监测与预警系统

灾害监测是预警、应急的基础，加强危机监测是建立预警、应急机制的关键手段[②]。我国的灾害监测系统建设与发达国家相比仍有一定差距，美国等沿海发达国家已经形成了以地理信息系统技术为平台、以海上浮标和海洋站为数据源的全球海洋观测系统，对海洋环境的监测实现了观测自动化、数据传输卫星化、数据处理自动化的效果[③]。新时期背景下，我国要形成科学高效的灾害监测系统，需要充分利用高新科技技术，及时分析可能的持续性危机征兆信息，作出相应的灾害判断与风险评估，向群众发布危机警告。同时为了提高灾害监测与预警的系统化运作和管理效率，各地区需结合实际，因地制宜，建立适用于本地区的灾害监测网络，设立专职机构，安排专职人员进行管理。同时确保各级政府灾害监测与预警系统之间的信息共享与快速响应，形成以基层监测预防为基础，中央进行宏观管理，多层级联动，专人负责的灾害监测预警和应急管理体系。以美国的灾害监测体系为例，美国国家天气局负责气象灾害应急管理中的监测预警工作，该局下属的121个气象台负责制作与发布各种灾害性天气预警信息，每个气象台均设有1名专职气象灾害警报

① 박남희 황연정 안용철 위기경보수준 관리를 위한 요소 도출 한국재난정보학회정기학술대회 논문집 259 면 .2019.

② 左雄,官昌贵.突发自然灾害应急管理问题探讨 [J].商业时代,2009,441(02):56-58.

③ 刘明.海洋灾害应急管理的国际经验及对我国的启示 [J].生态经济,2013,271(09):172-175.

协调官,专门负责气象灾害的警报应急工作,这样的体系可以较好地协调和开展灾害监测与应急管理工作[①]。

灾害监测的功能在于预知灾害发生的可能性,尽可能争取灾害应急时间,而灾害预警系统的作用在于迅速向公众警示灾害危机,尽可能减少灾害可能造成的人员伤亡和财产损失。日本作为地震灾害高发国家,在全国范围内建成了地震紧急应对系统。并在该系统的基础上构建了应对各种灾害事件的"全国瞬时警报体系",通过防灾行政无线、广播电视媒体及紧急速报短信等途径进行突发事件信息警示。瞬时警报体系虽然无法预测灾害,但是能在灾害发生的第一时间实现警示功能,让有关部门和公众做好灾害应急准备,在一定程度上可以减少人员伤亡,降低财产损失[②]。

在某种意义上,灾害监测与预警系统互为补充,对于灾害的预防和应急管理工作具有积极作用。在全国范围内科学构建有效的灾害监测与警示系统,运用先进科技进行灾害监测,收集与分析各种危机信息,评估和预测灾害发生的可能性与潜在风险,实现灾害预警信息共享,可以有效辅助灾害危机的预警和应急管理工作。

3.构建合理、高效、灵活的危机预警组织体系

我国的灾害管理采用条块结合,多部门联动机制,机构设置上尽管有应急办、减灾委、防汛抗旱指挥部等多个部门,但是存在职责重复、交叉、错位等情况[③]。在灾害应急工作的统一管理、信息共享、协调部署等方面,对部分组织计划和管理权限等尚未做出明确的划分与管理。与美国、日本等发达国家相比,我国的应急救援机制过于注重国家总体层面的应急协调,应急管理的具体职能划分不够具体,灾害应急部门之间的协调性较差,信息共享机制和协助机制被弱化,应急管理工作效率相对低下[④]。

---

① 辛吉武,许向春,陈明.国外发达国家气象灾害防御机制现状及启示 [J].中国软科学,2010(S1):162-171+192.

② 高昊,郑毅.日本灾害信息传播应急机制及对我国的启示 [J].山东社会科学,2020,296(04):38-43.

③ 辛吉武,许向春,陈明.国外发达国家气象灾害防御机制现状及启示 [J].中国软科学,2010(S1):162-171+192.

④ 高萍,于汐.中美日地震应急管理现状分析与研究 [J].自然灾害学报,2013,22(04):50-57.

为了提高我国的灾害应急管理水平，需要构建合理、高效、灵活的危机预警组织体系。具体而言，可以通过法律或政策文件的形式，对灾害应急管理相关部门的职能进行明确的规定。在坚持法律框架和中央统一管理的前提下，给予灾害管理相关部门和地方政府因地制宜，灵活制定与更新灾害应急预案的权力。这一点可借鉴澳大利亚的灾害应急管理体系。澳大利亚的灾害应急管理体系由司法部负责，实行"国家—州—地方"三级管理，区域管理模式遵循"属地原则"，国家一级设立政策机构、管理机构和协调机构。协调联邦和州在应急管理制度和程序上的利益、制定法律之外的灾害应对计划、帮助各州政府处理各自辖区内的减灾工作；而各州可以通过自己独立的立法权力，构建适合本州灾害应急管理的组织体系，设置灾害应急管理委员会开展减灾工作咨询，向州政府提出减灾方面的建议；而各地方政府通常设有应急管理委员会，负责编制所辖范围内的灾害预防、备灾、响应和恢复等规划工作，多个地方政府可以联合建立应急管理委员会，开展跨地域工作[1]。

除了给予地方政府权力之外，构建合理、高效、灵活的危机预警组织体系还需要以政府为主导，对灾害应急管理相关的部门进行合理整合，根据各部门主要职能，从整体上进行统一规划，使得各部门之间的职责更加清晰，减少履职过程中可能出现的职能交叉、重复工作的问题。减少管理成本，方便各部门进行工作协调，开展跨部门合作，进而提高灾害应急管理的工作效率。美国联邦政府在"9·11"事件后，将22个机构合并组建了国土安全部，在整个国家层面对灾害应急体系中的组织管理体系、机构设置等进行了统一规划。联邦应急管理署隶属国土安全部，是重大突发事件时进行协调指挥的最高领导机构，署长由总统直接任命。美国的应急管理体制遵循"联邦政府—州—地方"的三级管理模式。联邦政府级别设立联邦紧急事务管理署，全面负责国家层面的规划与实施。该署在全美划分了10个应急区，区办事处实质为联邦紧急事务管理局的派出机构。州政府设置应急管理办公室，办事处工作人员与责任区内各州合作制定灾害预防和应急管理计划[2]。

---

① 辛吉武,许向春,陈明.国外发达国家气象灾害防御机制现状及启示 [J].中国软科学,2010(S1):162-171+192.

② 高萍,于汐.中美日地震应急管理现状分析与研究 [J].自然灾害学报,2013,22(04):50-57.

二、媒体层面：强化灾害舆论引导，完善应急把关机制

灾害信息传播既是一种公共议题，也是一种社会责任。媒介作为信息传播渠道，在灾害信息传播中扮演着重要角色。但近年来，灾难的复杂性、不确定性、传播性及突发性等特点导致了媒体在媒介建构灾害信息传播情境下的社会责任体系存在诸多不足之处。本节从媒体层面出发，就建构灾害信息传播情境下的社会责任体系提出建议。

（一）提升灾害信息传播能力

建构灾害信息传播情境下的社会责任体系需要主流媒体进一步提升灾害信息传播能力。具体而言，灾害信息传播能力的提升可从三个层面展开。

一是建立集约统一的灾害信息传播系统。媒体应通过各类移动终端、灾害信息数据库等子系统，提高灾害信息的发布频次，扩大灾害信息的传播范围，从而实现灾害信息有效传播。集约统一的灾害信息传播系统离不开立体化的灾害信息发布体系，媒体需要建设覆盖城乡的立体化信息发布体系，优化灾害信息接收终端、灾害预警信息内容建设，扩大灾害预警信息的受众覆盖面。

二是需要突出灾害信息传播的重点。加强灾害信息传播的针对性，实行分级、分类、分层的灾害信息处理流程。对于突发灾害事件以及一些特殊的灾害事件，要注重与政府相关部门的沟通与协作，选择在合适的时间发布灾情信息。媒体要积极做好灾害发生期间的信息保障工作，以保障人民群众的人身、财产安全和社会稳定。在商业区、医院、学校、交通枢纽等其他人员密集的场所，要注重发布与日常生活、出行相关的信息，积极开展各类灾害科普宣传。对于灾害易发的地区与时间段，要注重对灾害信息发布的时效性，及时更新订正过时失效的灾害信息。对于受灾害影响较大的农林牧副渔产业区，要重视灾害事件对农业生产的相关影响，可以增设相关市场信息，切实提升灾害信息的针对性和有效性。

三是要培养灾害信息传播的专业人才，增强灾害信息报道能力。由于灾害信息传播具有不确定性和风险性，因此媒体应培养专业的灾害信息传播人才，提高对灾害信息传播的专业性。首先，媒体需要加强对灾害新闻报道人才的培养。通过对记者编辑进行专业培训，使他们熟悉各种重大突发事件的

报道方式及相关技术手段，以便能够及时准确地进行重大灾害的信息收集、传播和反馈。其次，新闻采编人员需加强专业素养及应急报道的能力。要根据突发灾害事件的特点制定合理的新闻采编流程，做到合理安排各项任务、提高突发事件新闻性和时效性等。最后，媒体应积极培养灾害信息传播的复合型人才。随着互联网时代的到来，传统媒体也需要与时俱进地建立起一支专业型人才队伍，积极主动做好灾害信息传播工作。

（二）发挥舆论传播引导能力

灾害信息的传播不是单向度的信息传播，而是一种多向、多维度的信息传播。灾害发生期间，受众极易产生质疑和抵触情绪。因此，主流媒体要正确引导公众和社会舆论。主流媒体在灾害信息传播中既要发挥好信息传播作用，也要发挥好舆论引导作用。灾害信息传播不能被忽视或遗忘，在灾害信息传播过程中不仅要及时发布与灾害相关的信息，也要避免引发公众负面情绪、对救灾工作造成不利影响及舆论不可控等问题。

一方面，主流媒体要及时发布与灾难相关的公共议题。公共议题指涉的是公共利益，没有公共利益作为价值指向，公共议题就会失去公共性[1]。互联网时代，多元化、交互化的信息源提升了议题的文本与意义空间[2]。舆论走向因参与者在议题建构能力上的强弱对比以及话语地位的优劣对比而容易在公共议题、个人议题与谈话议题之间的博弈之中失去方向，从而导致议题分散、失去焦点。原生灾害因此有可能因处置不当产生负面舆情导致次生灾害。次生灾害造成的危害甚至高于原生灾害，二者共同作用最终将形成灾害链，促使舆情态势进一步恶化、发酵，对主流媒体的公信力、灾区人民生活以及社会稳定造成极大的伤害。这提示主流媒体在关注灾害信息传播的同时，必须重视舆情态势，要避免舆情次生灾害。灾害信息的传播过程中，媒体应及时准确地向公众发布与灾害相关的公共议题，让受众了解灾害信息传播中的负面因素，避免无关议题对舆论造成不良影响。

另一方面，媒体要发挥媒体自身的舆论监督功能，促进公众对灾情信息的正确理解。灾害发生期间，灾情信息的真实性与客观性无法保证，网络等

---

① 张波，丁晓洋.乡村文化治理的公共性困境及其超越[J].理论探讨,2022(02):83-90.
② 贺艳花.突发事件网络舆情议题流变方向分析[J].中国报业,2015,(12):24-25.

新媒体在一定程度上冲击了传统媒体的舆论监督功能，这导致公众容易对媒体、政府产生质疑情绪。此外，当前灾害信息传播情境下信息生产多元化，所有人都可能成为灾害信息的传播者、生产者，导致灾害期间的信息爆炸现象，良莠不齐的灾害信息在一定程度上负面影响了主流媒体对舆论的引导。主流媒体需正确转换自身在灾害信息传播中的角色，在传播灾害信息、报道新闻事实的过程中，应肩负起舆论监督的责任。在新的传媒环境下，存在分权问题。不论是传统媒体，或是互联网自媒体，在发展和革新的同时，都需要根据各自的利益均衡，采取不同的舆论引导策略。所以，主流媒体必须重视表现客观性和真实性，切实起到引导公众的作用。在此基础上，主流媒体需要区别于网络自媒体，注重信息权威性的塑造。在灾害发生期间，要把舆论监督工作渗透到灾害发展的不同阶段，并在公众工作生活的各个方面履行好舆论监督职能。灾情发生期间，主流媒体不能仅把自身当作"传声筒"，而是要在确保新闻的客观性和真实性的前提下，引导公众更深入地了解灾情的相关信息，防止谣言掩盖真相。在传播灾害信息的过程中，要充分利用主流媒体的优势和影响力，及时发现灾情热点，掌握新闻传播的主动权，充分发挥主流媒体的舆论引导功能与价值。

（三）增强主流媒体的公信力

主流媒体作为国家和社会的舆论引导者，肩负着传播信息、引导舆论的重要责任。主流媒体通过专业素养、公信力等优势塑造自身的公信力和影响力，在灾害事件中通过报道准确及时地传达出官方消息，避免负面信息的传播，在社会治理中发挥着重要作用。主流媒体通过发布权威的灾害信息，一定程度上能够缓释受众对社会事件和灾难事件的神秘感与恐惧感。而作为受众，面对突发事件时会感到恐慌与无助是正常现象。此时，媒体需要将事实真相告诉受众，同时还要做好心理安抚工作。但是在灾害事件发生时，主流媒体在传播信息时应遵循三个原则。

其一，客观报道事实真相。主流媒体在灾害信息传播中应秉持客观原则，要在第一时间将权威的灾害信息传达给受众，让受众在灾害事件发生后能够获取有效的信息。主流媒体作为公共舆论监督和传播主体，其所发布的新闻资讯要能够反映出真实的社会问题，引导大众形成正确的舆论导向。首先，主流媒体发布新闻时应当保证信息的真实性和客观性。其次，主流媒体在报道事实真相时需要注意报道方式和措辞方式。主流媒体应避免发布夸大和虚假报道，要把权威消息及时准确地传达给受众。最后，主流媒体还应积极开展舆论引导工作，对社会议题进行深度挖掘、深入探讨。

其二，尊重受众的信息需求。信息时代的灾害信息传播情境中，受众不仅是灾害信息的被动接收者，也是重要的传播者。主流媒体作为国家和社会的舆论引导者，需要注重灾害信息传播中受众的反馈，尤其一些突发灾害事件中更是如此。当发生灾难或事故时，大多数人对灾难事件存在一定程度的恐慌和恐惧心理。而这也是主流媒体传播的重要内容之一。在灾难或事故发生时，主流媒体需要考虑灾害信息传播过程中最大可能地减少人们对灾难事件的恐惧与担忧，主流媒体既需要将真实情况告诉受众，同时要注意倾听受众的意见和心声。从一定程度上讲，这也符合新闻传播规律，即主流媒体在报道灾害事件和信息时要遵循受众的信息需求，根据不同需求来选择报道的新闻内容。此外，受众的信息需求也体现在主流媒体灾难报道的传播方式方法的选择上。

其三，确保灾害信息不被扭曲和歪曲。为了减少和避免负面信息对受众造成的伤害，主流媒体要避免灾害信息被扭曲和歪曲。首先，主流媒体要做好权威发布工作，确保正确的政治导向。主流媒体在报道灾害信息时应当坚持正确舆论导向及政策导向，以避免其成为谣言的"集散地"。其次，主流媒体应做好正确宣传工作，确保相关新闻能够真实、客观、公正地反映灾害事件。主流媒体发布有关灾害事件报道时，应当避免不实、片面化或极端化的报道方式和报道内容；应当注意加强对相关信息来源的把关力度，及时澄清传言；避免以娱乐化和煽情化的报道方式为灾害事件增添刺激性的色彩。最后，主流媒体要避免对灾难信息进行恶意扭曲或夸大不实的报道。

（四）健全灾害报道应急机制

建构灾害信息传播情境下的社会责任体系，需要媒体综合提升灾害信息发布能力，根据不同灾害的特点、发展阶段、风险区划和防范经验，科学合理编制灾害报道应急机制，并在实践中不断修订完善，增强灾害报道应急机制的科学性、规范化和标准化。

一是建立健全灾害信息发布机制。健全的灾害信息发布制度是及时高效达到灾害信息传播目的的前提条件。首先，媒体应树立灾害信息公开意识，重视灾害信息发布对防灾救灾的积极意义；制定灾害信息发布应急预案，由专门的团队负责灾害信息发布。其次，做好灾害信息发布保障工作，多渠道进行灾害信息发布。媒体自身需要做好灾害信息发布的后勤与设备保障工作，特别是电力、通信等设施保障，确保可以通过多种方式及时有效发布灾害相关信息，确保群众能够及时了解到最新的灾情信息。此外，媒体需要搭建多层次多渠道的信息发布平台，扩大灾害信息的传播范围，结合灾区群众和公众的信息需求进行灾害信息发布。因为灾害发展阶段的特征不同，灾区群众和其他民众对灾害信息的需求也存在差异。灾害预警信息是灾害发生之前公众的重要信息需求。在灾害发生后的初期和中期，媒体及时、准确地公布灾情概况或伤亡信息，可以有效地防止各类流言传播；同时，媒体也需要注意发放救灾物资的临时避难场所、救灾物资发放地点等信息。在灾害后期，应将信息发布的重心转移到灾后重建、防病上，并对此次灾害进行反思与总结。在发布信息的时候，也要避免发布悲天悯人、推卸责任、自吹自擂等负面影响舆论的信息。

二是及时传递权威声音，减少不确定性。信息论创始人申农认为："信息是用以消除不确定性的东西。"①全面、及时地传达权威信息，对减少灾区群众生命财产损失、安抚灾区群众情绪、减少谣言产生与传播及维护社会治安等方面具有不可替代的作用。防灾减灾专业机构对灾害的科学解释能最大限度地消除民众对灾难的恐惧和怀疑，并能让民众对各种不同渠道来源的灾害消息有一个明确的判断标准，从而使其在灾害信息的二次传播中减少谣言与伪科学信息的传播。媒体要不断地建立和完善灾害信息的权威发布机制，以保证其信息发布的科学性、权威性、及时性与准确性。灾害发生期间，媒体要开展与权威机构之间的互动渠道，提高灾害防治权威机构、专家声量，用权威专家提供的灾害信息作为灾害事件的信息供给，使灾区群众及社会公众第一时间了解灾害事件的真相。此外，媒体要积极主动建设与公众之间的防灾减灾信息互动渠道，使公众及时获得真实可靠的"线上"灾害防范知识帮助，

---

① 王勇,黄雄华,蔡国永.信息论与编码[M].北京:清华大学出版社,2013.

减少社会对灾害的恐惧与忧虑。

三是改善主流媒体的灾害报道方式。主流媒体对灾害的报道与政府形象、救灾工作的开展以及社会的稳定有着密切的联系。主流媒体要了解公众的信息需求，对灾害进行准确客观的报道，回归新闻报道的本质。首先，主流媒体要努力提升灾害报道的专业性，避免主观情绪影响报道。主流媒体要从新闻从业人员专业性的培养与训练入手，不断提高灾害报道的专业性。其次，主流媒体要合理科学编排不同类别灾害信息的报道顺序与报道内容比重，全面真实展示灾情概况和防灾减灾工作进展。最后，主流媒体需要强化对新闻内容的解读，增加解释性报道比重。在防灾减灾过程中，公众对防灾减灾工作的实际进度可能产生一些质疑，这就要求主流媒体进行专业性的解读报道。主流媒体应该组织建设专业的团队，建立规范化的灾害知识培训流程，以增强灾害新闻报道的专业性。

（五）完善媒体平台把关机制

目前，在灾害信息传播过程中，新闻媒体往往处于被动的局面。这是由于媒体平台把关机制的缺失，众多媒体在灾难信息传播中经常出现信息失真、失实等现象。因此，完善媒体平台把关机制对于优化灾害信息传播效果至关重要。

其一，主流媒体要加强对新闻网站的自我监管。新闻网站是灾害信息传播中重要的信息源之一。新闻网站作为一个主流媒体的重要窗口之一，更应该承担起应有的社会责任，通过完善自身的把关机制来确保信息的真实性。主流媒体在对内容进行审核时，应当充分考虑到灾害信息传播中产生的社会影响，对于涉及公众利益、群众关心、易引发矛盾冲突的内容更应提高警惕和审查力度。例如，在对一些谣言进行辟谣时，应当充分考虑到当前互联网等新兴媒体发展迅速和信息海量化这一现实情况。网络信息传播具有传播速度快、范围广等优势以及受众群体庞大等特点。主流媒体应该利用好这些优势进行有效宣传和辟谣工作，同时要注意防止一些居心不良者发布刻意抹黑党和政府及救灾人员等方面内容。此外还需要注意加强对网络新闻中虚假信息的打击力度。

其二，主流媒体要完善网络平台发布内容的审核机制。主流媒体在灾难信息传播中应建立完善的审核制度，加强新闻发布内容和渠道的监督，提高审核工作效率。一是要明确审核责任、细化审查标准，完善审核工作流程；二是要制定合理的奖惩制度，建立奖惩机制，充分调动员工的积极性，制定明确的、合理的审核标准；三是要建立并落实相关检查与反馈制度，加大对新闻网站编辑、记者在灾害事件中应负职责方面内容进行检查与考核的力度，将监督作为一种制度去建设；四是要设立信息质量管理部门来对网络信息进行定期或不定期的检查和考核。

其三，主流媒体要遵循灾害报道的原则，坚守新闻职业道德。主流媒体作为灾害信息传播过程中的"把关人"，起到选择内容的作用，其在一定程度上决定着新闻内容选择。然而，近年来，部分地区出现一些自媒体网站、公众账号等，它们为了追求流量和经济利益，一味迎合网民兴趣、无底线地进行信息传播。例如，一些网站及自媒体账号发布一些没有经过证实的信息，甚至编造虚假信息；部分公众账号为博人眼球和获取利益恶意炒作话题；有些媒体为了提高自身影响力和知名度，对灾害事实不负责任地进行片面或夸大报道，严重损害了媒体的社会形象以及公众声誉。这是目前值得引起媒体"把关人"注意的不良倾向。

其四，主流媒体要加强自我把关意识。在当今媒介环境中，受众越来越多地依靠大众传播媒介获取灾害信息，这就对灾害新闻采编人员的职业素养和职业道德水平提出了更高的要求。灾害新闻采编人员作为灾害信息传播的第一个把关人，其角色至关重要。自我把关意识首先体现在对新闻报道的真实性和质量的审查上。灾害新闻稿件的质量，直接关系到新闻稿件的选择。其次，编辑在审稿时，要体现社会和群众的利益，抱有强烈的责任感和使命感，以事实、政策、法律、社会伦理等准则为基础，最大限度地履行媒体把关人和社会把关人的使命。

（六）充分利用新兴媒体优势

灾害是人类社会面临的重大挑战之一，灾害信息传播也逐渐成为全社会关注的热点。在国家高度重视以及新媒体发展迅猛的背景下，灾害传播已经从过去单一的文字、图片、视频等方式发展为如今的新媒体多种形式。在网络上通过微博、微信公众号、短视频等方式进行信息传播，能够有效地向公众传递信息，并且可以根据灾害事件不同阶段的特点进行灾害信息传播。

首先，相关部门应该利用好微博、微信、抖音短视频等新媒体平台做好灾害预警以及防灾减灾知识普及服务。当下移动互联网平台已成为青年群体的主要网络聚集地。一方面，相关部门应通过建设网络平台官方账号，及时发布灾害预警信息，积极进行灾害知识普及活动。另一方面，防灾减灾部门应该积极与主流媒体沟通协作，充分利用主流媒体受众面广、权威性高的优势，加大防灾服务信息、防灾减灾知识科普等方面的宣传，不断扩大灾害信息传播覆盖面。此外，应积极开展移动终端服务。针对灾害频发的地区，当地有条件的部门应尝试开发手机APP客户端，向公众及时推送灾害信息，提供灾害知识普及、预报预警查询、手机互动等功能，提升灾害信息综合发布能力。

其次，利用新媒体互动性强的优势，加强与公众互动。公众的反馈是评判灾害信息传播效果的重要指标之一。新媒体时代的防灾减灾服务应该积极主动与公众进行沟通，从受众的角度考虑其需求，通过反馈、整改、再反馈，不断提升受众的满意度和信任度。防灾减灾部门应积极拓展灾害预警服务互动新模式，真正达到解决问题和提供帮助的目的，互联网语境下的灾害信息传播模式转变本质上是互联网思维的嵌入融合。随着互联网的发展，人们获取灾害信息的渠道和效率逐步便捷。相关的思维也要做出相应的调整。以往，防灾减灾部门是灾害信息的拥有者，从信息消费的角度而言对于公众不平等。当下，应该充分利用新媒体互动性强的优势，为公众赋权，促进公众之间信息交流，增强灾害消息传播的广泛性和互动性。

最后，主流媒体进行灾害信息传播，应具备媒体融合思维。灾害信息的传播过程主要包括三个方面：灾害信息生产、灾害信息发布、灾害信息反馈。每个阶段对于所需的媒介技术都有特定的要求。主流媒体在利用新媒体优势进行灾害信息传播的同时，应具备媒体融合思维，充分考虑传统媒体、新媒体的各自特征与优势，最大限度优化灾害信息传播效果。例如，在灾害发生之初，灾害信息传播可能会因受到空间维度的限制，可以利用的媒介种类有限。此时，灾害信息采编人员应具备媒体融合思维，综合利用不同媒体平台，确保灾害信息能够最大限度地传播。在灾害信息发布的过程中，应着重于将灾害信息及时传递到受灾地区，以帮助救灾工作。而在灾害信息传播过程中，需要通过对灾情信息的反馈，判断灾害信息的传播效果。因此，主流媒体应建立专用的灾情信息反馈通道，以优化灾害信息的传播过程。

（七）加强媒体伦理道德建设

灾害信息对全社会都会产生一定程度上的影响，因此灾害信息传播既有可能达到凝聚社会共识，助力防灾减灾工作的良好效果，也有可能产生增加公众恐慌与忧虑心理、增加社会不稳定因素等负面效果。总而言之，灾害信息传播必须要加强媒介伦理道德建设，主流媒体在进行灾害新闻报道时，必须恪守一定的道德伦理规范。具体而言，灾害信息传播的伦理规范建设可以从以下三个方面展开：

一是加强灾害新闻报道的伦理规范建设。主流媒体应当加强灾害新闻报道的规范建设。在制定具体的灾害报道规范过程中，媒体必须要充分发挥团队参与人员的主体意识。以部分新闻伦理规范的制定流程为例，新闻伦理道德规范准则的制定并不是只有管理人员商讨决定的，所有团队成员都应该参与到新闻伦理道德规范准则制定的过程中。应当通过全体成员的商议讨论、投票表决不断优化新闻伦理道德规范准则。灾害新闻报道的伦理规范建设也应当如此，所有参与灾害信息传播的人员都应当参与到伦理规范准则的制定中，这样既能激发他们对于从事工作的认同感与主人公意识，也能够让他们自觉遵守团队共同制定出的伦理道德规范准则。

二是提升媒体从业人员的专业素养。媒体从业人员是灾害信息传播中的重要一环，是一切道德伦理规范的基础与起点。在灾害信息生产、发布、传播的过程中，从业人员应当自觉提高自身的道德素质，以积极主动、认真负责的态度，认真学习领会有关灾害信息传播的相关法律法规。对于灾害信息传播过程中可能涉及的一些道德伦理矛盾，往往需要媒体从业人员作出预先思考与模拟演练，以便在实际工作中能够合理应对各种紧急情况。媒体在日常工作中，应该加强对从业人员人文、科学、责任、道德等方面的教育培训，使从业人员意识到灾害信息传播中道德伦理规范的重要性。灾害信息生产、发布、传播过程中偶有道德伦理失范现象出现，一定程度上是因为媒体从业人员的综合素质与专业素养不高。媒体从业人员不仅应该学习大量新闻工作的专业知识，其他如法律常识、科学常识、人文常识等也应该纳入日常学习中，这样才能尽量减少在灾难性报道中因为媒体工作者自身素养缺乏而出现的道德伦理失范现象。

三是应加强传播实践中伦理失范问题的监管。媒体在制定了具体的灾害新闻的伦理道德规范准则后，不能只停留在形式层面，要确保有力度地执行。没有处罚的规定只会随着时间流逝而逐渐失去约束力。所以，媒体要制定明确的惩罚规则。根据情节轻重，采取警告、罚款、记过、开除等相应的惩罚手段。媒体内部可以成立独立的道德伦理审查部门，用以检查媒体从业人员是否违反了道德伦理规范。此外，整个媒体行业也可以联合成立专门的监督机构。这个机构应当是各家媒体联合成立的，其权力架构独立于媒体之外，为了保证公正性，在其中应有第三方组织的成员份额。这一机构应该制定具有媒体行业共识的伦理规范准则，针对不同程度、不同形式的失范行为，明确相应的处罚措施。规范制定后，可以与媒体从业人员签署协议，如有违反，将视情节轻重给予批评、停职甚至辞职等处罚。

三、社会层面：开展灾害信息舆情监督，整治灾害不实信息

灾害事件发生后，灾害信息传播在灾情传达、组织动员、开展救援、心理慰藉等方面具有重要作用。及时、有效、正确的灾害信息在确保灾情传达、提醒人们采取积极应对措施，避免不必要的人员伤亡和财产损失方面具有重要价值。但是后真相时期下的灾害信息传播存在不确定性和情绪主导性，错误信息与真实信息具有同样的社会影响力。因而，在多主体参与灾害信息传播的过程中，需要警惕谣言、流言等负面信息形式的出现，在信息传播的多个阶段，降低信息真空以及不实信息出现的机会。在社会层面需要积极开展灾害信息的舆情监督工作，整治和纠正灾害事件发生前后的错误信息，避免不必要的舆情危机与社会混乱的发生。

（一）建立面向灾害的大数据网络舆情监管系统

新媒体时代的信息传播具有快速、海量、实时等特点，公众对于网络信息的检索需求也呈现几何级的增长态势。为实现对海量灾害信息的科学高效管理，有必要建立基于大数据、情感分析等新兴技术的灾害舆情信息智能监测系统，根据灾害事件下的网络话题，通过大数据技术及时挖掘和收集相关

的网络舆情信息。并对舆情信息进行情绪分析，及时掌握公众的情绪动态，判断舆情态度的倾向性，快速了解特定灾害事件下的舆情动态。为保证舆情监测的连续性，可以安排专人对灾害事件相关的热点问题和信息保持持续、动态的关注，以便于及时发现异常舆情，提前预警上报，实现对异常舆情的及时有效监管。另外，为提高灾害舆情管理的高效性，可以构建多层级一体化的舆情监测监管体系，共享舆情监测信息，当出现负面灾害舆情时可以快速联系各级负责人，实现多层级的协同响应，既能够获取公众对于灾害事件的关注热点，也能为灾后的紧急救援和心理安抚提供依据。

目前，世界各国都在积极建设灾害网络舆情管理平台，利用大数据技术通过互联网络收集灾害事件的相关信息，及时掌握热点问题和舆情动态，实现灾害应急管理能力的提升，其中英国与澳大利亚的舆情监测与管理系统具有一定代表性，2011年英国伦敦发生抗议政府削减公共开支的示威游行活动，Facebook、Twitter等社交媒体随之出现负面舆情。英国《卫报》利用用户体验可视化技术，一方面对260万条关于骚乱的推特信息进行分析，将海量信息分类编码为重复、驳斥、质疑、评论四大类，并据此对舆情信息进行可视化处理，以便于工作人员更好地把握舆情发展趋势，进而开展有针对性辟谣工作。另一方面，按照时间顺序，制作交互时间线，公众可以点击不同的时间节点，了解不同时间段的数据信息，从而对事件进行客观判断[①]。澳大利亚的ESA系统基于云平台，根据关键词对突发灾害事件进行话题监测与分析，提供灾害预警、应急救援等相关信息，并在Google地图进行地理标注，以便灾害管理决策人员快速了解灾害的影响范围、影响人群及相关灾情信息[②]。

（二）建立完善的事实核查体系

灾害危机管理中对于谣言以及错误信息的正确、快速处理，往往体现了一个国家和社会应对灾害危机的综合能力，建立事实核查体系的作用就在于规模化核查与处理灾害事件相关的信息，减少可能发生的舆情危机。虽然政

---

① 储节旺，朱玲玲.基于大数据分析的突发事件网络舆情预警研究 [J].情报理论与实践，2017,40(08):61-66.

② 吕雪锋，陈思宇.自然灾害网络舆情信息分析与管理技术综述 [J].地理与地理信息科学，2016,32(04):49-56.

府机构是发布灾害信息与辟谣的权威部门，但是互联网时代背景下，单一政府主体无法应对海量的事实核查和辟谣工作，而普通公众受限于专业技术手段、专业知识等因素，难以独立辨别谣言和不实信息。因此，面对海量的网络信息，需要第三方事实核查专业机构的介入，通过在社会层面开展事实核查实践，对灾害相关信息进行技术与人工的双重核查机制，针对不实信息及时进行辟谣，制止灾害危机中的不实信息传播乱象，维护舆论环境的和谐稳定。

1.设置事实核查专业机构，规范事实核查行为

我国的事实核查起步较晚，目前的事实核查大多由新闻媒体机构的记者和编辑负责①，事实核查工作和人员队伍储备并不相配，事实核查尚未形成完整体系。未来需要增加第三方事实核查机构的数量与规模，逐渐扩大事实核查的工作范围，并积极推动事实核查形成一个专门的工作岗位，明确事实核查的工作性质与职能，构建更加专业化的机构与人才队伍。另外，为提高事实核查的效率，事实核查机构之间应该加强合作，努力促进核查数据的资源整合共享。可以尝试对事实核查的各类资源进行整合，通过组建一个统一的专业机构，组合与协调社会多方资源参与事实核查工作，通过有效分工和合作协调，进一步提升事实核查的效率。这一点可以借鉴邻国日本的先进管理经验，日本的事实核查倡议组织（Factcheck Initiative Japan，FIJ）是推进与普及该国事实核查活动的平台型机构。FIJ组织本身不直接参与事实核查的具体行动，具体业务由其合作的媒体机构来完成，分为事实核查信息发布型和合作支援型两类。FIJ作为平台型机构，其主要职能是聚集事实核查所需的信息资源和技术资源，以协调、协助合作机构顺利开展具体的事实核查业务。FIJ虽然不直接进行事实核查实践，但是其作为一个专业的事实核查机构，可以聚合多种资源，对事实核查工作进行统一管理，确保事实核查活动的顺利开展。

扩大事实核查机构的数量和规模理论上对于灾害相关信息的事实核查工作具有积极意义，但是如果缺乏明确的行业规范，事实核查的具体工作可能

---

① 王君超，叶雨阳. 西方媒体的"事实核查"制度及其借鉴意义 [J]. 新闻记者，2015，390(08):21-26.

出现混乱。因而当事实核查发展到一定规模时，需要对事实核查的各个流程和工作原则进行明确规定，可以在整个行业层面上对事实核查的工作进行统一规范。日本的事实核查倡议组织（FIJ）作为整合型平台机构，其制定的事实核查指南就对事实核查的各个环节做出了明确的界定，便于事实核查工作者操作的同时，规范了合作机构单位的事实核查工作。"国际事实核查网络"（International Factchecking Network，IFCN）也发布了适用于全球事实核查的原则章程，目前已有多个国家成为IFCN原则章程的签署方[1]，承诺遵守共同的规范和准则，推动事实核查的制度化发展。

2.加强国际合作，融入国际核查体系

目前，事实核查已经逐渐成为一项世界性运动，但我国的事实核查与发达国家之间存在差距，并且在全球化的背景之下，灾害信息往往能在全球范围内进行传播，灾害相关的错误信息也能在世界范围内产生巨大的负面影响。因而在事实核查的过程中，国内的事实核查机构在核查方面也应该关注国际化内容，同时可以探索国际化的合作渠道，与国际接轨，融入国际核查体系。事实核查的国际化合作的典型案例，是新冠疫情初期"国际事实核查网络"领导成立的#CoronaVirusFacts / #DatosCoronaVirus联盟。该合作联盟的工作目的是联合全球的事实核查人员发布、分享和翻译有关新型冠状病毒的事实。如今该联盟的冠状病毒事实数据库是COVID-19虚假信息方面最全面、最活跃的数据库，总计涵盖了88个组织以44种语言发布的5000多份事实核查报告[2]。在这个庞大的众包项目中，成员们通过共享的电子表格和即时通信应用程序进行合作，以保持数据库每天更新，这种国际合作方式既提高了工作效率也接触到了更多的受众。

3.运用技术手段，减少人工核查负担

灾害事件的发生具有突发性的特点，灾害事件发生后的信息传播往往较为集中、快速，应用自动化、区块链等技术辅助人工进行事实核查，可以减

---

① Slick. (n.d.). IFCN code of Principles. Retrieved January 22, 2023, from https://www. ifcncodeofprinciples.poynter.org/know-more/code-of-principles-1st-year-a-report.

② Slick. (n.d.). IFCN code of Principles. Retrieved January 22, 2023, from https://www. ifcncodeofprinciples.poynter.org/know-more/code-of-principles-1st-year-a-report.

少人工核查的负担，提高灾害信息的事实核查效率，更快速地遏制错误灾害信息的传播。目前，在自动化核查方面领先的是英国的无党派事实核查机构"Full Fact"，该机构的发展目标是开发一个自动事实核查的全球基础设施。Full Fact于2016年开始研发自动化事实核查工具，并多次和全国性的媒体机构合作，例如2017年与BBC和ITV一起对选举辩论进行实况核查，2019年与阿根廷的核查机构Chequeado对阿根廷参议院的一场辩论进行了实时的自动化事实核查。

（三）强化媒体责任意识，开展行业和平台监督

虽然互联网和社交媒体的发展促进了传播主体的多元化发展，但是面对灾害信息，媒体依旧是灾害信息发布与传播的重要主体，包括传统媒体和新兴媒体在内，在灾害事件报道以及灾害事件的社会舆情引导方面具有重要作用。因而在社会层面规范灾害信息传播，整治灾害不实信息需要对各类媒体机构进行监督和管理。

一方面，需要强化媒体自身的责任意识，督促媒体机构在行业规范的框架下，制定内部工作指南，明确和规范事件报道的具体流程与工作原则。灾害事件的发生具有突发性和不确定性，因此对灾害事件的报道更需要有明确的操作准则，这样才能规避不必要的错误，避免对灾害救援和社会舆情造成负面影响。同时对从业人员进行必要的职业培训，使行业原则成为所有人员共同遵守的准则，严格限制错误行为。目前，国际上知名的媒体机构对于新闻伦理和工作准则都有详细的规定，《纽约时报》内部存在明确的新闻伦理规范，该报编撰的《新闻和舆论部门的价值观和实践手册》不仅对一些基本的专业实践进行了规范，如核实事实的重要性、引用的准确性、照片的完整性等，同时明确承诺会秉承宪法第一修正案所规定的责任，保持新闻道德的最高标准，以实现工作的根本宗旨，维护《纽约时报》的公正性、中立性和报道的完整性[①]。同为国际知名媒体机构，美国全国公共广播电台也在内部的新闻标准中为新闻报道的准确性、公正性、完整性、独立性、透明性等方面提

---

① By. (2018, January 5). Ethical journalism. The New York Times. Retrieved January 22, 2023, from https://www.nytimes.com/editorial-standards/ethical-journalism.html#.

供了指导原则①。

另一方面，在社会层面规范化灾害信息的传播行为，不仅仅依赖媒体机构提高自身的责任意识，也需要对各类媒体机构进行外部监督和管理。由于网络的开放性，政府监督调控的边际成本越来越高，行业协会等非政府组织在规范媒体行为方面发挥着重要作用。在政府监管部门出台的政策法规框架下，行业协会可以制定并发布相关行业规范和自律公约，为行业自治提供必要的依据②。同时，考虑到社交媒体的快速发展和影响力，在整治不实信息的过程中，需要强化媒体平台的监管作用，通过在平台层面制定信息发布规则，规范各类信息发布主体的信息传播行为，同时开展信息核查与监管工作，及时发现和处理错误信息，以便对灾害信息进行把关和应急处理。

（四）加强灾害信息教育，号召公众参与监督

无论是灾害应急还是灾害信息的传播与监督，公众都是重要的参与主体之一，基层社区和社会组织等机构可以积极开展防灾减灾救灾的知识科普工作，将灾害教育纳入日常文化活动中，提高公众对于灾害危机的风险意识和自救能力，帮助公众形成对于灾害信息的基本判断能力。同时社会事实核查机构可以号召用户积极参与信息监督和核查工作，为事实核查提供信息来源，减少信息核查的压力。这方面可以参考日本的事实核查倡议组织（FIJ）的做法，FIJ在官网上设有信息征集专栏，面向社会公开征集待核查信息。FIJ会针对公众提供的信息，面向公众募集志愿者，组成仲裁队伍对社会信息进行人工审核，判断是否需要进一步提供给相关机构继续核查。FIJ号召公众参与事实核查活动，不但能够丰富核查信息的来源，而且可以在集公众所长的基础上减轻事实核查的压力，在新冠病毒核查项目中，FIJ组建的国际化研究团队中大部分成员是来自各高校的学生志愿者。

---

① NPR. (2019, February 11). These are the standards of our journalism. NPR. Retrieved January 22, 2023, from https://www.npr.org/ethics/.

② 田维钢,刘倩.自媒体短视频内容监管的内涵要求、逻辑生成与实现路径 [J].当代传播,2022,227(06):90-94+107.

四、公众层面：加强灾害素养教育，提升灾害认知能力

建构灾害信息传播情境下的社会责任体系需要具有较高灾害信息传播媒介素养的社会公众。提升公众素养的必要性在于灾害信息传播本身具有显著的危机特征，这是对社会成员综合素质教育的一种挑战。在灾害信息传播情境下，应加强公众媒介素养教育，培养公众媒介使用能力，提高公众媒介参与度，深化公众对灾害的认识，培养公众理性表达能力。

（一）加强公众媒介素养教育

媒介素养这一概念可以追溯到20世纪上半叶，利维斯和汤普森（1933）倡导通过教育学生来促进高雅文化，以对抗印刷媒介时代日益增长的流行文化。媒介素养从美国和欧洲开始流行，并逐步蔓延至世界各国，成为诸多领域研究者共同关注的话题。20世纪90年代，以陈力丹（1994）和卜卫（1997）为首，我国学者开启研究媒介素养教育的序幕。

从我国的媒介素养概况来看，基本上没有大规模的媒介素养课程开设。除了本科教育中新闻传播学相关专业的课程会涉及媒介素养之外，再无媒介素养的专业课程设置。在当今的媒介化社会，数字技术和媒体在个人一生的学习、福祉、日常生活和参与中发挥着核心作用。媒介素养实际上已经成为当下社会公众所必须具备的素养之一，如何使用媒介获取信息、如何判断信息真伪、如何传播信息等都成为媒介素养的重要内容。个人只有具备一定的媒介素养，才能更好地适应信息爆炸与信息碎片化的媒介环境。目前，公众媒介素养的需求与媒介素养教育的缺乏形成了矛盾，面对灾害信息传播语境中，公众越来越多地参与到信息传播的现实情况，媒介素养教育已然迫在眉睫。

媒介素养教育要根据不同年龄段人群的特点因人而异。成年人在日常生活中使用媒体和数字技术的频率、多样性和水平似乎有所不同。就媒体素养而言，成年人不能归纳为具有相似习惯和技能的同质群体。家庭因素仍然是媒体素养能力的关键驱动力，尤其是有孩子的家庭因素，因为父母需要对媒体和数字技术有一定的看法。媒体素养的其他推动因素包括数字技术和内容的先进设计、成人教育机会、强大的自我效能感、支持的社交网络以及涉及使用数字技术的工作。媒体素养的主要障碍是年龄、社会经济地位、性别、

残疾、种族和语言水平低下。年龄并不是影响数字素养技能的唯一因素，年青一代和老一代之间在可用性相关技能方面的差距似乎随着时间的推移而缩小，但在与创造力和批评相关的技能方面的差距似乎在扩大。老一辈人的生活经历，最近使用技术的经验增长以及使用环境也会影响他们的技能和态度。大部分老年人缺乏批判性媒体素养，即理解、分析和评估媒体内容的能力。应该采取各种媒体素养教育方法用于支持老年人使用、理解和创建媒体内容和通信。例如，固定长度的讲师指导课程、以学习者为中心的一对一辅导、点对点教学、由年轻得多的人辅导年长者的代际方法，基于老年人创造性内容制作过程的创造性教学法，以及采用混合学习和在线学习方法用于提高老年人的媒体素养。此外，支持老年人作为数字技术和媒体的用户的自我效能感以及他们的社会支持网络已证明对他们的学习很重要。

总而言之，媒介素养的教育方式要多元化，除了标准的教科书外，也要让大众参与到灾害信息生产的过程中，让他们直观感性地接触到灾害信息生产传播的全过程，帮助大众更好地认识媒介、理解媒介、了解灾害信息传播。要强化大众的传媒知识普及教育，就必须透过媒体组织的专业设备及专业人才，让民众积极主动地投入，在了解传媒知识的过程中，拉近与传媒的关系，从而提高传播效果。

（二）培养公众的媒介使用能力

应该培养公众对媒体的有效使用能力，不断拓宽灾害信息传播语境下的信息获取渠道。在互联网信息爆炸的今天，自媒体既是个体自我表达的平台，也是人们获取信息、拓宽视野的重要渠道。在灾害事件中，政府、媒体、公众三方之间的互动交流，进一步传播扩散了信息。在突发灾害发生过程中，如果民众能够通过多种途径获得有用信息，以更好地了解事态发展，可以避免由于对事件有关的信息掌握不全面而导致谣言扩散。具体而言，灾害信息传播语境中公众的媒介使用能力的培养应主要集中在以下三个方面。

其一是培养公众获取信息的能力，使公众有能力通过媒体有效获取灾害信息。新媒体时代，人人都有可能是灾害信息的传播者，媒体的信息发布权力的垄断地位被打破，几乎每个人都可以利用手中的移动设备即时发布内容，且发布内容的呈现方式多种多样，如文字、图片、短视频等。个人在传播信息时，由于缺乏一定的信息过滤机制，且带有个人情绪、个人偏见等主观因素，导致信息质量良莠不齐。增强获取信息的能力，要扩大信息的获取途径，依靠单一的媒介和单一的途径，很可能导致重要信息缺失。需要平衡报纸、广播、电视等多种媒介的运用，并构建有效的沟通渠道。唯有建立自己的信息获取渠道，参考多元化的信息来源，才能更好地了解事实。

二是培养公众批判性解读灾害信息的能力，使其能够辨别信息。作为媒介使用的核心能力之一，"媒介批判能力具体是指将现有的媒介知识以及与'媒介'相关的经验结合起来，对媒介的运作、使用、更新和创造等过程和机制进行分析、反思和批判的素质结构"[①]。当下，传统意义的"把关概念"有了新的内涵。传统媒体所扮演的"把关人"地位和功能正在慢慢弱化，受众开始逐渐享有与传统媒体同等重要的地位，扮演起"把关人"的角色。对于公众而言，由于缺少新闻理论的系统学习，所以对于信息的选择和传播并没有形成较好的判断标准，难免会对虚假信息信以为真，并进行传播。这就要求同样扮演"把关人"角色的受众，加强自身能力的提升和专业素养的培养，具有相对成熟的批判性解读能力，积极批判、辩驳灾害传播中的错误信息。

三是培养公众传播信息的能力，使其能够积极参与媒介实践。当下，新媒体赋权公众，使其能够成为灾害信息的生产者和传播者，公众的参与意识得以凸显。而促进大众积极主动地使用媒介，也是新媒介参与文化的重要内容与目的之一。新媒体参与文化强调训练公众使用新媒体的技能，掌握文字、影像的加工技能，并能运用文字、音频和视频等多种形式进行创作。能够使用技术是最基本的能力，更重要的是通过使用技术，进行自我表达，成为信息的传播者。

（三）提高公众媒介参与度

新媒体信息具有迅速性、便捷性与无障碍性等特点，快速、海量、跨越时间与空间限制的信息传播使得把关难度不断增加。由于有些不良言论的迅速传播，在把关人做出反应前，就已经给社会造成不利的影响。这些都给公众对信息的"把关"带来了挑战。新媒体因其传播方式的交互性和多元性，

---

① 沈大伟，吴晓庆.新媒体语境下大学生媒介素养培育机制研究 [J].青少年学刊，2005,(6):59-64.

使得人人都能发声。新媒体技术的发达使得普通公众也有机会参与讨论，他们都能通过网络空间自由地表达意见、阐发观点。需要注意的是，虽然新媒体赋权公众发声，进一步拓展了信息发布、传播的渠道，但是正因为网络的自由性、匿名性特点，使得当前媒介环境下各种信息鱼龙混杂，真假难辨。虚假信息与谣言成为破坏社会稳定的不和谐因素之一。

诚然，新媒介的发展给公众"发声"创造了一个良好的外在条件，也为人们表达观点提供了一个方便的交流舞台，但是在互联网上，各种信息资讯纷繁复杂，人们还是需要理智地看待各种信息。特别是在灾害信息传播中，公众积极主动地参与是必不可少的，可以在舆论引导上发挥积极作用，为抵制网络谣言传播做出积极的贡献。需要注意的是，公众的媒介参与并不是简单的点赞、评论和转发。公众高质量的媒介参与需要个体要时刻关注媒介参与所产生的后果。例如，公众在转发网络消息时，要具备筛选、判断、质疑所获取信息的能力。公众发现虚假、与事实不符、未经证实的消息时，能够及时标注或辟谣，为净化网络环境出一份力，这对灾害信息传播而言具有正面推动作用。此外，提升公众的媒介参与度，可以让相关部门和媒体了解公众对灾害事件、防灾减灾的信息需求，从而让政府和传媒了解其宣传方式是否存在不当之处，这样才能更好地发现问题，并及时有效地处理问题。

（四）深化公众对灾害的认识，培养公众理性表达能力

在我国，灾害种类多、发生频率高，对经济社会发展造成了巨大影响。灾害的发生具有偶然性和突发性等特点，公众对其认识不足是其面临风险的原因之一。在现实情况中，我国公众对于灾害认识尚不够深入、理性表达能力尚不高等诸多问题已成为影响我国减灾和应急管理工作进程，进而影响到建构灾害信息传播情境下的社会责任体系的主要因素。所以只有通过不断深化公众对灾害知识及信息的了解，才能在一定程度上提高人们对于各种风险及其不确定性与复杂性的理解水平以及应对能力。同时，还必须看到，我国公众面对众多风险及其不确定性时所表现出来的诸多非理性行为也已经严重地影响了政府及其相关部门应对各类危机和应对社会风险时的效率。因此，加强对公众理性表达能力培养也显得尤为重要。

一方面，应深化公众对灾害的认识。当下媒介环境呈现出碎片化、信息

爆炸式增长的特征。因此，从海量信息中获取有价值的真实信息非常重要。认知是一个包括接收信息、编码、解码一系列内容的复杂过程。这与媒介素养所强调的"以各种形式获取、分析、评估和交流信息的能力"的内涵是一致的。现代社会，发展往往伴随着潜在的危机，而灾害就是危机来源之一。灾害往往会带来一定的风险。德国社会学家乌尔里希·贝克的"风险社会"理论，基于实现经济发展和技术进步，认为"风险可以被界定为系统地处理现代化自身引致的危险和不安全感的方式"[①]，明确表明现代危机与风险的复杂性和系统性。因此，培养公众对于危机事件的理性认知至关重要。一是要为公众提供一个开放活跃的有关灾害信息的讨论环境。一个包容开放的信息环境有利于促进公众不断思考，从而增强公众对于灾害的认知能力，拥有更强抵御灾害风险的能力。二是要尽量避免信息偏差，积极引导公众正确认识灾害事件。当人们面对灾害时，个体的认知往往会受到所获得信息的影响，进而提高或降低人们对灾害风险的认知水平。因此，减少信息偏差，全面客观了解灾害发生过程及影响非常重要。三是要提高人们对灾害事件的认知效率。谣言是影响灾害事件认知效率的重要因素之一。当灾害事件发生时，主流媒体应该快速响应，及时、准确、全面地报道灾害事件，向公众预警，并普及专业知识，从而帮助公众提升认知能力，降低公众的恐慌情绪。

另一方面，应培养公众的理性表达能力。公众在积极参与媒介实践的同时，存在一定的非理性表达以及表达能力不足的情况。例如，对政府相关部门工作的不满、对灾区群众的敌意情绪、对网络其他用户的谩骂及言语攻击等。网络所具有的匿名性特征为这种非理性的情绪宣泄与言语表达提供了条件。此外，在进行非理性表达与宣泄的同时，也有可能进一步加速不实信息的传播，间接扩大谣言信息的影响力。灾害信息传播语境下公众的理论表达能力的培养路径如下：一是要确立公众理性表达的逻辑基础。当下，公众精神层面的需求不断提高。各类新媒体平台庞杂的信息场可能影响公众独立思考的能力。如果无法有效引导舆论，在灾害信息传播情境下，则有可能导致社会思想混乱、缺乏共识。应该坚持以人为本，不断优化舆论引导方式，培养和塑造公众的理性舆论表达。二是要积极构建公众理性表达的引导模式。

---

① 乌尔里希·贝克.风险社会[M].南京：南京大学出版社,2004:18-19.

舆论引导应秉持顺势而为的理念，使得公众产生自觉、自愿的心理接受舆论引导者的信息、观点与意见，从而产生积极的态度，形成理性表达的行为倾向。有效的舆论引导需要媒体和相关部门由指挥者变为共同参与者，只有这样才能有效培养公众的理性表达能力。三是要形成公众理性表达的有效机制。从灾害信息传播语境来看，当下的媒介环境为人们的意见表达提供了空间与环境。海量信息会给个体心理带来或积极或消极的心理暗示。而积极的心理暗示是人们建构可能自我的有效途径。积极正向的心理暗示，会通过潜意识的大门，将意识的存储转换成意识的信念，继而使人们在一定的知识经验和文化背景中形成选择性的有意注意，通过对片面感知觉的判断与分析，生成人的整体知觉，使行为具有积极的倾向性，最终生成理性行为[①]。

综上所述，灾害信息传播语境下公众的理论表达能力的培养路径，需要在"确立逻辑基础—建构引导模式—形成有效机制"的框架下进行具体实践。通过对社会大众进行积极心理暗示，增强其理性表达的自觉，让大众在舆论表达领域中构建"积极的可能自我"，进而提高大众对灾害的认识水平，形成正确的认识方式。

---

① 李明德,杨琳,李沙,史惠斌.新媒体时代公众舆论理性表达的影响因素、社会价值和实现路径分析 [J]. 情报杂志,2017,36(09):146–152.

参考文献

一、专著

1.中文专著

[1] 高昊.日本灾害事件中的媒介功能：以20世纪以来日本重大地震为例[M].北京:社会科学文献
     出版社,2020.

[2] 国家质量监督检验检疫总局, 中国国家标准化管理委员会.自然灾害分类与代码[M].北京:中国
     标准出版社,2012.

[3] 何晓群. 现代统计分析方法与应用·第3版[M]. 北京:中国人民大学出版社, 2012.

[4] 凯尔纳. 媒体奇观——当代美国社会文化透视[M]. 史安斌,译. 北京：商务印书馆，2006.

[5] 克劳德·贝特朗. 媒体职业道德规范与责任体系[M]. 宋建新,译. 北京：清华大学出版社，
     2003.

[6] 雷跃捷,薛宝琴.舆论引导新论[M].北京:社会科学文献出版社,2018.

[7] 刘军.社会网络分析导论[M].北京:社会科学文献出版社,2004:75.

[8] 刘雪松,王晓琼.汶川地震的启示——灾害伦理学[M].北京:科学出版社,2009.

[9] 尼尔·波兹曼.娱乐至死[M]. 章燕,吴燕莛,译. 桂林：广西师范大学出版社,2009.

[10] 钱俊君,艾有福.保天心以立人极——灾害的伦理救助[M].海口:海南出版社,2006.

[11] 美国新闻自由委员会. 一个自由而负责的新闻界[M].展江,等译. 北京:中国人民大学出版社,2004.

[12] 王子平.灾害社会学[M].长沙:湖南人民出版社,1998.

[13] 王勇,黄雄华,蔡国永.信息论与编码[M].北京:清华大学出版社,2013.

[14] 韦尔伯·施拉姆,等. 报刊的四种理论[M]. 中国人民大学新闻系,译. 北京:新华出版社,1980.

[15] 乌尔里希·贝克,著. 风险社会[M].何博闻,译.南京:译林出版社,2004.

[16] 杨达源,闾国年.自然灾害学[M].北京:测绘出版社,1993.

[17] 朱清秀.新冠肺炎疫情冲击下的日本与东亚：变局与深化合作的可能性[M].北京:中国社会科
     学出版社,2020.

[18] 周利敏.西方灾害社会学新论[M].北京:社会科学文献出版社,2015.

[19] 蒋瑛.突发事件舆情导控:风险治理的视域[M].北京：社会科学文献出版社,2020.

2. 外文专著

[1] Allport, G. W., & Postman, L.（1947）. The psychology of rumor.New York:Henry Holt.

[2] Andersson, W. A., Kennedy, P. A., & Ressler, E.（2007）. Handbook of disaster research（Vol. 643）. H. Rodríguez, E. L. Quarantelli, & R. R. Dynes（Eds.）. New York: Springer.

[3] Arora, N.（2022）. Misinformation, Fake News and Rumor Detection. In Principles of Social Networking（pp. 307–324）. Springer, Singapore.

[4] Barton, A. H.（1969）. Communities in Disaster: A Sociological Analysis of Collective Stress Situations, Ward Lock Educational. Garden City, New York.

[5] Beck U.（2006）. Cosmopolitan Vision. Cambridge: Polity Press.

[6] Brouillette, J. R.（1966）. A tornado warning system: Its functioning on Palm Sunday in Indiana.

[7] Wright, C. R.（1959）. Mass communication: A sociological perspective .New York:Random House.

[8] Cottle, S.（2012）. Mediatized disasters in the global age: On the ritualization of catastrophe.

[9] Couldry, N., & Hepp, A.（2018）. The mediated construction of reality. John Wiley & Sons.

[10] McQuail, D.（2010）. McQuail's mass communication theory. Sage publications.

[11] DiFonzo, N., & Bordia, P.（2007）. Rumor psychology: Social and organizational approaches. American Psychological Association.

[12] Erikson, K.（1976）. Everything in its path. Simon and Schuster.

[13] Holsti, O. R.（1969）. Content analysis for the social sciences and humanities. Reading. MA: Addison–Wesley（content analysis）.

[14] Knoke, D., & Yang, S.（2019）. Social network analysis. SAGE publications.

[15] McQuail, D.（2005）. McQuail's Mass Communication Theory. Vistaar Publications.

[16] Nielsen, R., Fletcher, R., Newman, N., Brennen, J., & Howard, P.（2020）. Navigating the "infodemic": How people in six countries access and rate news and information about coronavirus. Reuters Institute for the Study of Journalism.

[17] Prince, S. H.（1920）. Catastrophe and social change: Based upon a sociological study of the Halifax disaster（No. 212–214）. Columbia University.

[18] Shibutani, T.（1966）. Improvised News: A Sociological Study of Rumor. Indianapolis and New York: The Bobbs–Merrill Company. Inc.

[19] Wasserman, S., & Faust, K.（1994）. Social network analysis: Methods and applications.

[20] Schramm, W.（1957）. Responsibility in mass communication. Harper.

[21] Porter, W. E.（1982）. Men, women, messages, and media: Understanding human communication. Harper & Row.

[22] 立岩陽一郎.コロナの時代を生きるためのファクトチェック.講談社,2020.12.

[23] 浦野正樹.災害研究の成立と展開, 災害社会学入門.東京:弘文堂,2007.

[24] 田中淳, 吉井博明.災害情報論入門.東京:弘文堂,2008.

[25]　野田隆.災害と社会学システム.東京:恒星社厚生閣,1997.

[26]　竹内郁郎.マスコミュニケーションの社会理論.東京大学出版会,1990.

二、论文

1.中文论文

[1]　包圆圆.新冠疫情下网络直播行业社会责任治理研究[J].中国广播电视学刊,2020（07）:92-95.

[2]　卜风贤.灾害分类体系研究[J].灾害学,1996（01）:6-10.

[3]　蔡梦虹.技术化时代信息传播失范与媒介伦理建构[J].青年记者,2019（32）:22-24.

[4]　操瑞青.全媒体时代广播的社会责任承担[J].中国广播,2014（06）:25-28.

[5]　曾凡斌.关联网络议程设置的概念、研究与未来发展[J].新闻界,2018（05）:30-37.

[6]　曾繁旭,黄广生.网络意见领袖社区的构成、联动及其政策影响:以微博为例[J].开放时代,2012
　　（4）:17.

[7]　曾内圣,蔡薇,吴晗.基于马克思主义传播观的媒介伦理失范现象及对策研究[J].中国新通信,
　　2021,23（08）:134-136.

[8]　曾睿,万力勇,国桂环.微博在教育知识管理中的应用模型研究[J].中国远程教育,2011（08）:29-32.

[9]　陈静,袁勤俭.国内外政务微博研究述评[J].情报科学,2014（6）:156-161.

[10]　陈娟,刘燕平,邓胜利.政府辟谣信息的用户评论及其情感倾向的影响因素研究[J].情报科学,
　　2017（12）:61-65.

[11]　陈力丹,王敏.2017年中国新闻传播学研究的十个新鲜话题[J].当代传播,2018,198（01）:
　　9-14.

[12]　陈力丹.日本媒体的灾难报道让我们反省[J].青年记者,2011（10）:41-42.

[13]　陈力丹.自由主义理论和社会责任论[J].当代传播,2003（03）:4-5.

[14]　陈明欣.信息化的负面效应与媒体社会责任的强化[J].编辑之友,2004（03）:67-70.

[15]　陈鹏.岂因祸福避趋之——兼论电视媒介的社会责任[J].传媒,2010,129（04）:37-39.

[16]　陈文.论重大灾害事件中的网络谣言传播及法律应对——以新型冠状病毒肺炎疫情为例[J].
　　北方法学,2020,14（05）:80-90.

[17]　陈文胜.嵌入与引领:智能算法时代的主流价值观构建[J].学术界,2021,274（03）:88-97.

[18]　陈晓美,高铖,关心惠.网络舆情观点提取的LDA主题模型方法[J].图书情报工作,2015,59
　　（21）:21-26.

[19]　陈晓洋.发挥主流媒体应对突发公共灾害事件的积极作用——以总台新冠肺炎疫情报道为
　　例[J].电视研究,2020（03）:38-40.

[20]　程晔,张殿元.波特图式视域下的媒体社会责任再考——中日灾害报道比较研究[J].当代传播,
　　2013（06）:49-51+64.

[21]　储节旺,朱玲玲.基于大数据分析的突发事件网络舆情预警研究[J].情报理论与实践,2017,40
　　（08）:61-66.

[22] 戴宇辰.媒介化研究:一种新的传播研究范式[J].安徽大学学报（哲学社会科学版）,2018,42（02）:147-156.

[23] 单斌,李芳.基于LDA话题演化研究方法综述[J].中文信息学报,2010,24（06）:43-49+68.

[24] 邓建国.美国灾害和危机新闻报道中新媒体的应用[J].国际新闻界,2008（04）:86-90.

[25] 邓滢,汪明.网络新媒体时代的舆情风险特征——以雾霾天气的社会涟漪效应为例[J].中国软科学,2014（08）:61-69.

[26] 邓喆,孟庆国,黄子懿,康卓栋,刘相君."和声共振"：政务微博在重大疫情防控中的舆论引导协同研究[J].情报科学,2020,38（08）:79-87.

[27] 翟冉冉,纪雪梅,王芳.基于政务微博内容分析的突发公共事件回应方式研究[J].情报科学,2020（5）:49-57.

[28] 丁和根.对舆论引导主体引导能力的多维观照[J].当代传播,2009（03）:9-12.

[29] 董向慧."后真相时代"网络舆情与舆论转化机制探析——互动仪式链理论视角下的研究[J].理论与改革,2019,229（05）:50-60.

[30] 敦欣卉,张云秋,杨铠西.基于微博的细粒度情感分析[J].数据分析与知识发现,2017,1（07）:61-72.

[31] 樊昌志,夏赞君.重新审视和厘清媒介"社会责任"——解读《一个自由而负责的新闻界》[J].新闻记者,2006（12）:79-81.

[32] 方凌智,沈煌南.技术和文明的变迁——元宇宙的概念研究[J].产业经济评论,2022,48（01）:5-19.

[33] 方兴东,严峰,钟祥铭.大众传播的终结与数字传播的崛起——从大教堂到大集市的传播范式转变历程考察[J].现代传播（中国传媒大学学报）,2020,42（07）:132-146.

[34] 付莹,侯欣洁.抖音短视频用户使用意愿的影响因素研究[C].科教望潮·2020 Remix教育大会论文集,2020:61-71.

[35] 高冲.浅谈我国灾害应急救援体制的法律制度构建[J].消防科学与技术,2011,30（03）:246-249.

[36] 高昊,郑毅.日本灾害信息传播应急机制及对我国的启示[J].山东社会科学,2020,296（04）:38-43.

[37] 高红玲,金鸿浩.网络舆论引导的"范式危机"与方法创新——兼论舆论引导的简单化、科学化与系统化[J].新闻记者,2017（10）:72-81.

[38] 高萍,于汐.中美日地震应急管理现状分析与研究[J].自然灾害学报,2013,22（04）:50-57.

[39] 高梓菁.日本地方公共卫生应急管理体系及新冠肺炎疫情的应对——以北海道疫情应对为例[J].东北亚学刊,2020（03）:131-146+152.

[40] 关鹏,王曰芬.科技情报分析中LDA主题模型最优主题数确定方法研究[J].现代图书情报技术,2016（09）:42-50.

[41] 郭明飞,许科龙波."后真相时代"的价值共识困境与消解路径[J].思想政治教育研究,2021,37（01）:54-61.

[42] 郭涛.探析网络知识社群中意见领袖的转型——以"罗辑思维"为例[J].传媒论坛,2020（6）:2.

[43] 郭小安,王木君.网络民粹事件中的情感动员策略及效果——基于2002—2015年191个网络事件的内容分析[J].新闻界,2016（7）：52-58.

[44] 郭怡雷.智媒时代我国灾害报道的问题及应对[J].青年记者,2018（05）:27-28.

[45] 郝苗苗,徐秀娟,于红,赵小薇,许真珍.基于中文微博的情绪分类与预测算法[J].计算机应用,2018,38（S2）:89-96.

[46] 何建华,张民.突发性灾害报道与媒体责任——中国与南亚国家广播电视论坛综述[J].新闻记者,2009（08）:57-60.

[47] 何增科.中国公民社会组织发展的制度性障碍分析[J].中共宁波市委党校学报,2006,28（6）:8.

[48] 贺艳花.突发事件网络舆情议题流变方向分析[J].中国报业,2015（12）:24-25.

[49] 侯艳辉,孟帆,王家坤,管敏,张昊.后真相时代考虑信息熵的网民观点演化与舆情研判引导研究[J].情报杂志,2022,41（07）:116-123+150.

[50] 侯永斌.浅谈电视媒体的社会责任[J].新闻传播,2015,251（02）:90.

[51] 胡吉明,陈果.基于动态LDA主题模型的内容主题挖掘与演化[J].图书情报工作,2014,58（02）:138-142.

[52] 胡晶晶.浅析我国突发公共事件中的网络舆论[J].新闻世界,2011（01）:64-65.

[53] 胡舜文,吴晓晖.城市台在重大自然灾害事件中的担当作为——以台州广播电视台台风"利奇马"报道为例[J].中国广播电视学刊,2019（12）:18-19+25.

[54] 胡杨涓,刘熙明,胡志方.政务新媒体的辟谣话语策略研究[J].中国记者,2019（06）:61-64.

[55] 黄崇福.自然灾害基本定义的探讨[J].自然灾害学报,2009,18（05）:41-50.

[56] 黄河,刘琳琳.试析政府微博的内容主题与发布方式——基于"广东省公安厅"与"平安北京"微博的内容分析[J].现代传播（中国传媒大学学报）,2012（3）:122-126.

[57] 黄月琴."心灵鸡汤"与灾难叙事的情感规驯——传媒的社交网络实践批判[J].武汉大学学报（人文科学版）,2016,69（05）:114-118.

[58] 纪雪梅,翟冉冉,王芳.突发公共事件政务微博回应方式对公众评论情感的影响研究[J].情报理论与实践,2020.

[59] 江作苏,黄欣欣.第三种现实:"后真相时代"的媒介伦理悖论[J].当代传播,2017（04）:52-53+96.

[60] 姜琳琳,孙宇.超越媒介:探究新阶段媒介融合问题的三重视野[J].当代传播,2022,223（02）:58-61.

[61] 蒋璀玢,魏晓文."后真相"引发的价值共识困境与应对[J].思想教育研究,2018（12）:56-60.

[62] 蒋俏蕾,程杨.第三层次议程设置:萨德事件中媒体与公众的议程网络[J].国际新闻界,2018,40（09）:85-100.

[63] 蒋俏蕾,刘入豪,邱乾.技术赋权下老年人媒介生活的新特征——以老年人智能手机使用为例[J].新闻与写作,2021,441（03）:5-13.

[64] 蒋晓丽,王亿本.《纽约时报》对他国灾难报道的话语分析——基于最近四次地震报道的思考[J].国际新闻界,2011,33（09）:65-70.

[65] 蒋瑛.风险治理视域的突发事件舆情风险生成分析[J].新媒体研究,2018（16）:1-5.

[66] 焦宝.从"延伸"到"具身":身体视角下个体传播论的思理尝试[J].山东社会科学, 2022,327（11）:76-85.

[67] 兰月新.突发事件微博舆情扩散规律模型研究[J].情报科学,2013（3）:31-34.

[68] 雷晓艳.事实核查的国际实践:逻辑依据、主导模式和中国启示[J].新闻界,2018（12）:12-17+57.

[69] 李春雷,陈华.自然灾害情境下青年群体的风险感知与媒介信任——基于对台风"山竹"的实证研究[J].现代传播（中国传媒大学学报）,2020,42（03）:47-51.

[70] 李春雷,马思泳.社交媒体对青年群体灾害信息泛娱乐化传播的影响研究——基于台风"山竹"的实地调研[J].现代传播（中国传媒大学学报）,2021,43（05）:138-144.

[71] 李德顺,孙美堂,陈阳,李世伟,韩功华,阴昭晖."后真相"问题笔谈[J].中国政法大学学报, 2020,78（04）:106-130.

[72] 李凤萍,喻国明.健康传播中社会结构性因素和信息渠道对知沟的交互作用研究——以对癌症信息的认知为例[J].湖南师范大学社会科学学报,2019,48（04）:143-150.

[73] 李格琴.英国应急安全管理体制机制评析[J].国际安全研究,2013,31（02）:124-135+159.

[74] 李红艳,曹文露.浅析社会变迁中大众媒介的社会责任——以《中国农民工》中农民工电视形象塑造为例[J].电视研究,2011,258（05）:48-50.

[75] 李华.失范参与式新闻的传播路径及启示[J].青年记者,2020（14）:28-29.

[76] 李继东,王移芝.基于扩展词典与语义规则的中文微博情感分析[J].计算机与现代化,2018（02）:89-95.

[77] 李建生,余学庆,王明航,李素云,王至婉.中医治疗老年社区获得性肺炎的研究策略与实践[J].中华中医药杂志,2012,27（03）:657-663.

[78] 李建伟,付盛凯.框架理论视角下中央与地方媒体自然灾害报道对比分析——以《人民日报》《河南日报》对河南特大暴雨报道为例[J].新闻爱好者,2022（08）:25-27.

[79] 李明德,杨琳,李沙,史惠斌.新媒体时代公众舆论理性表达的影响因素、社会价值和实现路径分析[J].情报杂志,2017,36（09）:146-152.

[80] 李倩倩,姜景,李瑛,刘怡君.我国政务微博转发规模分类预测[J].情报杂志,2018,37（01）:95-99.

[81] 李巧群.准社会互动视角下微博意见领袖与粉丝关系研究[J].图书馆学研究,2015（3）:9.

[82] 李向红.党媒新媒体在灾害性报道中的责任与担当[J].中国报业,2021,524（19）:30-32.

[83] 李艳平,郭继华.微博在突发性灾害事件中的传播价值分析[J].湖北社会科学,2014（4）:196-198.

[84] 李永善.灾害系统与灾害学探讨[J].灾害学,1986（01）:7-11.

[85] 李永忠,蔡佳.基于LDA的国内电子政务研究主题演化及可视化分析[J].现代情报,2017,37（04）:158-164.

[86] 李宇.互联网时代突发事件网络舆论引导的路径与方法[J].行政管理改革,2014（02）:47-52.

[87] 李玉恒,武文豪,刘彦随.近百年全球重大灾害演化及对人类社会弹性能力建设的启示[J].中国科学院院刊,2020,35（03）:345-352.

[88] 廖继红.灾难报道媒体道德"失范"及对策——以5·12大地震抗震救灾报道为例[J].中国广播,2008（09）:32-33.

[89] 林萍,黄卫东.基于LDA模型的网络舆情事件话题演化分析[J].情报杂志,2013,32（12）:26-30.

[90] 刘超,黄明艳,陈光,高嘉良,王阶.冠心病中医证候研究进展[J].中国中医药信息杂志,2020,27（05）:137-141.

[91] 刘飞锋.是什么在遮蔽常识——媒体灾害报道"五失"现象析[J].青年记者,2012（27）:9-11.

[92] 刘华.灾难性事件中微博传播研究——以舟曲特大山洪泥石流灾害为例[J].现代传播（中国传媒大学学报）,2011（04）:89-92.

[93] 刘明.海洋灾害应急管理的国际经验及对我国的启示[J].生态经济,2013,271（09）:172-175.

[94] 刘鹏,王坤."后真相"时代网络空间主流意识形态安全面临的挑战与应对[J].福建论坛（人文社会科学版）,2022（04）:35-43.

[95] 刘平.社会抚慰、社会组织与社会动员:广播电台在地震灾害中发挥的特殊功能与启示——以成都人民广播电台为例[J].新闻界,2008（04）:124-126.

[96] 刘文蓉.灾难报道新闻伦理问题初探[J].青年记者,2011（24）:55-57.

[97] 刘晓娟,王晨琳.基于政务微博的信息公开与舆情研究——以新冠肺炎病例信息为例[J].情报理论与实践，2020.

[98] 刘晓岚,刘颖,徐占品.媒介整合:构建灾害信息传播新平台[J].新闻爱好者,2010（09）:41-42.

[99] 刘行芳,刘修兵,韩灵丽.新媒体背景下的舆论极化及其防范[J].中州学刊,2013（08）:172-176.

[100] 刘雪松,王晓琼.灾害伦理文化对灾害管理制度的评价研究[J].自然灾害学报,2009,18（06）:9-13.

[101] 刘彦君,吴玉辉,赵芳,刘如,李荣.面向突发公共事件舆论引导的应急科普机制构建的路径选择——基于多元主体共同参与视角的分析[J].情报杂志,2017,36（03）:74-78+85.

[102] 刘颖悟,汪丽.媒介融合的四大影响[J].传媒,2012（09）:72-74.

[103] 刘志明,刘鲁.基于机器学习的中文微博情感分类实证研究[J].计算机工程与应用，2012,48（1）:1-4.

[104] 刘志明,刘鲁.微博网络舆情中的意见领袖识别及分析[J].系统工程,2011,29（6）:9.

[105] 刘中刚.双面信息对辟谣效果的影响及辟谣者可信度的调节作用[J].新闻与传播研究,2017,24（11）:49-63+127.

[106] 龙小农,陈林茜.媒体融合的本质与驱动范式的选择[J].现代出版,2021,134（04）:39-47.

[107] 罗强强,孔祥瑜.后真相时代民族地区网络舆情及治理路径研究[J].西北民族研究,2022（02）:63-71.

[108] 罗贤春,庞进京,袁冰洁.媒介环境变迁中的政务信息传播模式演进[J].图书馆学研究,2017（02）:95-101.

[109] 吕雪锋,陈思宇.自然灾害网络舆情信息分析与管理技术综述[J].地理与地理信息科学,2016,32（04）:49–56.

[110] 马文波,刘贺.从媒介伦理的视角谈大众传播媒介的社会影响与社会责任[J].电影文学,2012（20）:11–12.

[111] 马莹雪,赵吉昌.自然灾害期间微博平台的舆情特征及演变——以台风和暴雨数据为例[J].数据分析与知识发现,2021,5（06）:66–79.

[112] 毛佳昕,刘奕群,张敏,马少平.基于用户行为的微博用户社会影响力分析[J].计算机学报,2014,37（04）:791–800.

[113] 梅鹏超,张冀,何勇伶."信息疫情"现象分析:生成逻辑、伴生危害和防治策略[J].电视研究,2020（05）:6–10.

[114] 齐珉,齐文华,苏桂武.基于新浪微博的2017年四川九寨沟7.0级地震舆情情感分析[J].华北地震科学,2020,38（01）:57–63.

[115] 钱珺,文飞.泛娱乐化时代媒介社会责任的重塑——以《职来职往》为例[J].现代传播（中国传媒大学学报）,2012,34（08）:80–83.

[116] 强月新,孙志鹏.政治沟通视野下政务微博辟谣效果研究[J].新闻大学,2020（10）:1–15+118.

[117] 屈振辉.论灾害伦理研究中的若干基本问题[J].重庆邮电大学学报（社会科学版）,2009,21（01）:75–78.

[118] 群严.中国特色的灾害伦理文化[J].科学决策,2007（06）:16–17.

[119] 任巨伟,杨亮,吴晓芳,林原,林鸿飞.基于情感常识的微博事件公众情感趋势预测[J].中文信息学报,2017,31（02）:169–178.

[120] 邵柏,黄佳礼,马赛.美英两国公共卫生突发事件预警与应对[J].中国国境卫生检疫杂志,2004（S1）:47–49.

[121] 沈大伟,吴晓庆.新媒体语境下大学生媒介素养培育机制研究[J].青少年学刊,2005（6）:59–64.

[122] 师曾志,仁增卓玛.生命传播与老龄化社会健康认知[J].现代传播（中国传媒大学学报）,2019,41（02）:20–24.

[123] 施春华.利用大众传媒的舆论导向功能——加强思想政治教育工作中不容忽视的课题[J].江西行政学院学报,2006,8（S2）:129–131.

[124] 史培军.再论灾害研究的理论与实践[J].自然灾害学报,1996（04）:8–19.

[125] 孙佳路.全媒体时代媒体践行社会责任的路径探析[J].传媒,2022（18）:88–90.

[126] 孙培杰.媒体失范的表现及对策[J].青年记者,2012（29）:4–5.

[127] 孙玮,张小林.突发自然灾害事件中网络舆论的表达与引导——以东日本地震海啸事件为例[J].学术探索,2011（06）:115–118.

[128] 谭春辉,熊梦媛.基于LDA模型的国内外数据挖掘研究热点主题演化对比分析[J].情报科学,2021,39（04）:174–185.

[129] 唐庆文,陈璇.传播失范与媒介伦理的表现方式及其解决之道[J].媒体时代,2011（12）:38–41.

[130] 唐远清.汶川地震报道中的新闻伦理反思[J].当代传播,2008（04）:47-48.

[131] 田浩.公共卫生突发事件情报体系研究——对英国模式的反思[J].中国卫生法制,2021,29（03）:62-68+79.

[132] 田维钢,刘倩.自媒体短视频内容监管的内涵要求、逻辑生成与实现路径[J].当代传播,2022,227（06）:90-94+107.

[133] 田野.论灾害救助的道德[J].吉首大学学报（社会科学版）,2021,42（05）:69-75.

[134] 童兵.保障"四权"和新闻媒体的社会责任——十七大报告学习笔记[J].新闻记者,2008（02）:4-6.

[135] 童兵.媒介化社会新闻传媒的使用与管理[J].新闻爱好者,2012,417（21）:1-3.

[136] 童天玄.新媒体时代下媒体失范现象研究[J].新闻前哨,2017（07）:20-23.

[137] 汪文妃,徐豪杰,杨文珍,吴新丽.中文分词算法研究综述[J].成组技术与生产现代化,2018,35（03）:1-8.

[138] 王冰,李磊.微信平台疫情谣言传播的成因、特点和治理[J].青年记者,2020（08）:37-38.

[139] 王朝阳,魏杰杰.移动短视频新闻用户认知效果的比较实验研究[J].新闻与传播评论,2021,74（01）:13-25.

[140] 王晗啸,王姗姗,李凤春.灾害性事件中政务微博与媒体议程互动关系研究[J].情报科学,2020,38（07）:140-146.

[141] 王洪亮,周海炜.突发自然灾害事件微博舆情蔓延规律与控制研究[J].情报杂志,2013,32（09）:23-28.

[142] 王卉.中国新闻传媒伦理失范成因与对策[J].西南民族大学学报（人文社会科学版）,2009,30（11）:128-132.

[143] 王娟.论社会责任视角下的媒介公信力[J].中共长春市委党校学报,2006（06）:35-37.

[144] 王君超,叶雨阳.西方媒体的"事实核查"制度及其借鉴意义[J].新闻记者,2015,390（08）:21-26.

[145] 王璐.微博时代下政府辟谣之道——基于对2011年微博谣言的调查分析[J].新闻界,2012（13）:46-51.

[146] 王敏.重大灾难事件中"暖新闻"伦理失范研究——以"新冠"肺炎相关报道为例[J].今传媒,2020,28（05）:16-18.

[147] 王名.走向公民社会——我国社会组织发展的历史及趋势[J].吉林大学社会科学学报,2009,49（3）:8.

[148] 王娜,陈会敏.泛在网络中信息过载危害及原因的调查分析[J].情报理论与实践,2014,37（11）:20-25.

[149] 王诗宗,宋程成.独立抑或自主:中国社会组织特征问题重思[J].中国社会科学,2013（5）:17.

[150] 王松.重大灾害事件中的媒介动员[J].青年记者,2020（26）:19-20.

[151] 王小章,冯婷.集体主义时代和个体化时代的集体行动[J].中国乡村发现,2021（2014-5）:45-51.

[152] 王之元,毛婷婷,蔡小敏.社交网络环境下突发气象灾害舆情信息的传播演化研究[J].情报探索,2018（09）:83-89.

[153] 王志永.危机传播、新媒体定位与舆论引导[J].重庆社会科学,2014（04）:110-114.

[154] 韦嘉.对于自然灾害,媒体应该做些什么?——关于"北京7·21特大自然灾害"新闻报道的思考[J].新闻与写作,2012（12）:50-52.

[155] 韦路,李贞芳.新旧媒体知识沟效果之比较研究[J].浙江大学学报（人文社会科学版）,2009,39（05）:56-65.

[156] 魏瑞斌.社会网络分析在关键词网络分析中的实证研究[J].情报杂志,2009,28（09）:46-49.

[157] 吴杰胜,陆奎.基于多部情感词典和规则集的中文微博情感分析研究[J].计算机应用与软件,2019,36（09）:93-99.

[158] 吴小坤.热搜的底层逻辑与社会责任调适[J].人民论坛,2020（28）:107-109.

[159] 向玉琼.从媒体演进看政策过程中的信息生产[J].学海,2019（01）:163-170.

[160] 项赠.后真相时代网络空间的伦理失范与秩序重建[J].社会科学,2022（02）:70-76.

[161] 肖飞.公共危机事件中政务微博的舆情信息工作理念与策略探析——以雅安地震为例[J].图书情报工作,2014（1）:44-47.

[162] 肖江,丁星,何荣杰.基于领域情感词典的中文微博情感分析[J].电子设计工程,2015,23（12）:18-21.

[163] 辛吉武,许向春,陈明.国外发达国家气象灾害防御机制现状及启示[J].中国软科学,2010（S1）:162-171+192.

[164] 熊光清.疫情对英国公共卫生体系提出新挑战[J].人民论坛,2020（10）:24-26.

[165] 徐琳宏,林鸿飞,潘宇,等.情感词汇本体的构造[J].情报学报,2008,27（2）:6.

[166] 徐琳宏,林鸿飞,潘宇,任惠,陈建美.情感语料库的构建和分析[J].情报学报,2008（01）:117-121.

[167] 徐琳宏,林鸿飞,杨志豪.基于语义理解的文本倾向性识别机制[J].中文信息学报,2007,21（1）:96-100.

[168] 徐占品,迟晓明.灾害谣言传播的社会心理[J].青年记者,2021,702（10）:42-43.

[169] 徐占品,刘聪伟,朱宏.灾害信息传播中的媒介融合[J].新闻爱好者,2015（06）:34-39.

[170] 徐占品,刘聪伟.电视媒介灾害信息传播考察[J].重庆社会科学,2014（10）:89-96.

[171] 徐占品,刘利永.新媒体时代灾害信息的传播特点——以北京7·21特大暴雨山洪泥石流灾害为例[J].新闻界,2013（05）:48-53.

[172] 许永.阶层分化与媒介责任[J].南开学报,2006（02）:63-68.

[173] 严峰,刘磊.社交媒体中个人情绪的社会化传播及其非理性探析——从"江歌案"引发的舆论高潮说起[J].当代传播,2018（03）:79-81.

[174] 严三九,刘峰.试论新媒体时代的传媒伦理失范现象、原因和对策[J].新闻记者,2014（03）:25-29.

[175] 严三九,王虎.危机事件中的信息公开与媒体报道策略分析——以5·12汶川特大地震灾害报道为例[J].新闻记者,2008（06）:15-20.

[176] 严晓青.媒介社会责任研究:现状、困境与展望[J].当代传播,2010（02）:38-41.

[177] 杨洸.数字时代舆论极化的症结、成因与反思[J].新闻界,2021（03）:4-10+27.

[178] 杨亮,林原,林鸿飞.基于情感分布的微博热点事件发现[J].中文信息学报,2012,26（01）:84-90+109.

[179] 姚乐野,孟群.重特大自然灾害舆情演化机理：构成要素、运行逻辑与动力因素[J].情报资料工作,2020,41（05）:49-57.

[180] 于建华,赵宇.网络直播的社会责任研究[J].中州学刊,2020（12）:167-172.

[181] 于美丽,车方远,高翔,陈卓,徐浩.中医辨证方法体系的历史沿革与现代发展[J].中医杂志,2016,57（12）:991-995.

[182] 于重重,操镭,尹蔚彬,张泽宇,郑雅.吕苏语口语标注语料的自动分词方法研究[J].计算机应用研究,2017,34（05）:1325-1328.

[183] 鱼震海.基于新媒体环境下网络媒体失范行为的分析研究[J].现代情报,2013,33（08）:172-174+177.

[184] 喻国明,耿晓梦."深度媒介化":媒介业的生态格局、价值重心与核心资源[J].新闻与传播研究,2021,28（12）:76-91+127-128.

[185] 喻国明.网络舆情治理的要素设计与操作关键[J].新闻与写作,2017（01）:10-13.

[186] 喻国明.微博价值:核心功能、延伸功能与附加功能[J].新闻与写作,2010（03）:61-63.

[187] 袁建文,李科研.关于样本量计算方法的比较研究[J].统计与决策,2013（01）:22-25.

[188] 袁志坚,李风.突发事件中媒体微博引导舆论的原则与方法[J].中国编辑,2013（05）:65-70.

[189] 张宝军,马玉玲,李仪.我国自然灾害分类的标准化[J].自然灾害学报,2013,22（05）:8-12.

[190] 张波,丁晓洋.乡村文化治理的公共性困境及其超越[J].理论探讨,2022（02）:83-90.

[191] 张琛,马祥元,周扬,郭仁忠.基于用户情感变化的新冠疫情舆情演变分析[J].地理信息科学学报,2020（1）:3-10.

[192] 张宏莹.浅析西方媒介问责机制[J].新闻战线,2012（12）:80-82.

[193] 张华."后真相"时代的中国新闻业[J].新闻大学,2017（03）:28-33+61+147-148.

[194] 张怀承.灾害伦理学论纲[J].伦理学研究,2013（06）:55-59.

[195] 张梅珍,曹欣怡.大众媒介参与生态环境治理的实现机制——以自然灾害报道为例[J].青年记者,2018（05）:25-26.

[196] 张楠.信息类突发公共事件论析[J].传媒观察,2010（08）:35-37.

[197] 张鹏,郭其云,陶钇希,夏一雪.重大灾害事故应急救援宣传保障机制探讨[J].消防科学与技术,2018,37（05）:710-713.

[198] 张涛.后真相时代深度伪造的法律风险及其规制[J].电子政务,2020,208（04）:91-101.

[199] 张希琳.自然灾害应急管理中政府决策质量的提升[J].领导科学,2012,511（26）:55-56.

[200] 张晓锋.论媒介化社会形成的三重逻辑[J].现代传播（中国传媒大学学报）,2010（07）:15-18.

[201] 张业安.青少年运动健康传播模式:理论框架、变量关系及效果评估[J].成都体育学院学报,

2018,44（02）:24-30.

[202] 张铮,李政华.中国特色应急管理制度体系构建:现实基础、存在问题与发展策略[J].管理世界,2022,38（01）:138-144.

[203] 张志安,晏齐宏.个体情绪社会情感集体意志——网络舆论的非理性及其因素研究[J].新闻记者,2016（11）:16-22.

[204] 张卓.网络舆情"次生灾害"的演化机制及其应对[J].人民论坛,2019（24）:218-219.

[205] 赵阿兴,马宗晋.自然灾害损失评估指标体系的研究[J].自然灾害学报,1993（03）:1-7.

[206] 赵璞.新闻伦理视角下的突发灾难报道——对内地和香港新闻人地震报道反思的再思考[J].青年记者,2009（17）:11-14.

[207] 赵倩倩,李媛媛,陈聪,胡亮亮,郭睿,王忆勤,钱鹏,燕海霞.中医药治疗原发性高血压的作用机制研究现状与展望[J].中华中医药杂志,2020,35（04）:1914-1916.

[208] 赵妍妍,秦兵,石秋慧,刘挺.大规模情感词典的构建及其在情感分类中的应用[J].中文信息学报,2017,31（02）:187-193.

[209] 郑亚楠.社会品质与媒介责任——增强舆论影响力之我见[J].现代传播,2002（05）:38-39.

[210] 郑盈盈.媒体融合构建台风报道新模式[J].中国记者,2016,509（05）:113-114.

[211] 周俊.试析新闻失范行为中的角色期望与角色领悟[J].国际新闻界,2008（12）:51-55.

[212] 周利敏.从经典灾害社会学、社会脆弱性到社会建构主义——西方灾害社会学研究的最新进展及比较启示[J].广州大学学报（社会科学版）,2012,11（06）:29-35.

[213] 周利敏.社会建构主义:西方灾害社会科学研究的新范式[J].国外社会科学,2015（01）:89-99.

[214] 周少四.危机传播中的媒介伦理[J].湖南社会科学,2016（05）:181-184.

[215] 周亚琼,邝凯丽.2015年媒体失范报道盘点及反思[J].青年记者,2016（03）:32-33.

[216] 周翼虎.媒体的转型动力学:新时期新闻媒介的社会责任[J].青年记者,2008（16）:14-17.

[217] 周煜,杨洁.疫情期间的谣言变迁与治理路径[J].当代传播,2020（05）:91-94.

[218] 朱莉.网络非理性情绪宣泄的舆论引导和管理[J].铜陵职业技术学院学报,2011,10（03）:43-45.

[219] 朱清河.媒介"社会责任"的解构与重构[J].新闻大学,2013（01）:16-22.

[220] 朱庆好.媒介形态变化及其文化意义迁移——兼评麦克卢汉的"媒介即讯息"观[J].新闻知识,2014（06）:18-19+22.

[221] 朱庆华,李亮.社会网络分析法及其在情报学中的应用[J].情报理论与实践,2008（02）:179-183+174.

[222] 朱辛未.灾害类事件新媒体直播报道探究——以央视新闻客户端抗洪报道为例[J].青年记者,2021（09）:34-35.

[223] 祝振强.融媒体时代主流媒体的社会责任担当[J].兰州大学学报（社会科学版）,2019,47（04）:17-21.

[224] 庄曦,王旭,刘百玉.滴滴司机移动社区中的关系结构及支持研究[J].新闻与传播研究,2019,26

（06）:36-58+127.

[225] 宗乾进,沈洪洲.社会化媒体在自然灾害中的运用——基于研究主题和研究方法两个层面的分析[J].信息资源管理学报,2016,6（02）:29-40.

[226] 左雄,官昌贵.突发自然灾害应急管理问题探讨[J].商业时代,2009, 441（02）:56-58.

[227] 罗蓓.九寨沟地震事件中"四川发布"信息发布效果研究[D].华中科技大学,2018.

[228] 孙兆琪.论微博意见领袖在网络群体性事件中的作用[D].西南政法大学,2013.

[229] 王磊.我国灾害新闻报道中的媒体失范现象探析[D].南京师范大学, 2010.

[230] 徐世亚.网络公共事件中的情感动员与意见表达[D].四川外国语大学,2018.

[231] 张清璐.《人民日报》建国以来洪涝灾害新闻叙事变迁[D].湖南大学,2018.

2. 外文论文

[1] Angerman, W. S. （2004）. Coming full circle with Boyd's OODA loop ideas: An analysis of innovation diffusion and evolution.

[2] Abd-Alrazaq, A., Alhuwail, D., Househ, M., Hamdi, M., & Shah, Z. （2020）. Top concerns of tweeters during the COVID-19 pandemic: infoveillance study. Journal of medical Internet research, 22（4）, e19016.

[3] Abu-Rish, E. Y., Elayeh, E. R., Mousa, L. A., Butanji, Y. K., & Albsoul-Younes, A. M. （2016）. Knowledge, awareness and practices towards seasonal influenza and its vaccine: implications for future vaccination campaigns in Jordan. Family practice, 33（6）, 690-697.

[4] Ajzen, I., Joyce, N., Sheikh, S., & Cote, N. G. （2011）. Knowledge and the prediction of behavior: The role of information accuracy in the theory of planned behavior. Basic and applied social psychology, 33（2）, 101-117.

[5] Alexander, D. E. （2014）. Social media in disaster risk reduction and crisis management. Science and engineering ethics, 20（3）, 717-733.

[6] Ali, I. （2020）. The COVID-19 pandemic: Making sense of rumor and fear: Op-ed. Medical anthropology, 39（5）, 376-379.

[7] Al-Saggaf, Y., & Simmons, P. （2015）. Social media in Saudi Arabia: Exploring its use during two natural disasters. Technological Forecasting and Social Change, 95, 3-15.

[8] Anderson, W. A. （1970）. Tsunami warning in Crescent City, California and Hilo, Hawaii. Human Ecology, 7, 116-124.

[9] Anduiza, E., Cristancho, C., & Sabucedo, J. M. （2014）. Mobilization through online social networks: the political protest of the indignados in Spain. Information, Communication & Society, 17（6）, 750-764.

[10] Attewell, P. （2001）. Comment: The first and second digital divides. Sociology of education, 74

（3），252–259.

[11]   Bai, H., & Yu, G.（2016）. A Weibo–based approach to disaster informatics: incidents monitor in post–disaster situation via Weibo text negative sentiment analysis. Natural Hazards, 83（2），1177–1196.

[12]   Barbieri, N., Bonchi, F., & Manco, G.（2013）. Topic–aware social influence propagation models. Knowledge and information systems, 37（3），555–584.

[13]   Barbieri, N., Manco, G., Ritacco, E., Carnuccio, M., & Bevacqua, A.（2013）. Probabilistic topic models for sequence data. Machine learning, 93（1），5–29.

[14]   Bekalu, M. A., & Eggermont, S.（2013）. Determinants of HIV/AIDS–related information needs and media use: beyond individual–level factors. Health communication, 28（6），624–636.

[15]   Bertot, J. C., Jaeger, P. T., & Hansen, D.（2012）. The impact of polices on government social media usage: Issues, challenges, and recommendations. Government information quarterly, 29（1），30–40.

[16]   Betsch, C., Schmid, P., Heinemeier, D., Korn, L., Holtmann, C., & Böhm, R.（2018）. Beyond confidence: Development of a measure assessing the 5C psychological antecedents of vaccination. PloS one, 13（12），e0208601.

[17]   Blei, D. M., Ng, A. Y., & Jordan, M. I.（2003）. Latent dirichlet allocation. Journal of machine Learning research, 3（Jan），993–1022.

[18]   Bonfadelli, H.（2002）. The Internet and knowledge gaps: A theoretical and empirical investigation. European Journal of communication, 17（1），65–84.

[19]   Borriello, A., Master, D., Pellegrini, A., & Rose, J. M.（2021）. Preferences for a COVID–19 vaccine in Australia. Vaccine, 39（3），473–479.

[20]   Boucher, J. C., Cornelson, K., Benham, J. L., Fullerton, M. M., Tang, T., Constantinescu, C., ... & Lang, R.（2021）. Analyzing social media to explore the attitudes and behaviors following the announcement of successful COVID–19 vaccine trials: infodemiology study. JMIR infodemiology, 1（1），e28800.

[21]   Carlin, R. E., Love, G. J., & Zechmeister, E. J.（2014）. Natural disaster and democratic legitimacy: The public opinion consequences of Chile's 2010 earthquake and tsunami. Political Research Quarterly, 67（1），3–15.

[22]   Carroll, A.B.（2000）.Ethical challenges for business in the new millennium:corporate social responsibility and models of managements morality.Business ethics quarterly,33–42.

[23]   Casciotti, D. M., Smith, K. C., Tsui, A., & Klassen, A. C.（2014）. Discussions of adolescent sexuality in news media coverage of the HPV vaccine. Journal of adolescence, 37（2），133–143.

[24]   Catalán–Matamoros, D., & Peñafiel–Saiz, C.（2019）. How is communication of vaccines in traditional media: a systematic review. Perspectives in public health, 139（1），34–43.

[25]   Chang, J. H., Kim, S. H., Kang, M. H., Shim, J. C., & Ma, D. H.（2018）. The gap in scientific knowledge and role of science communication in South Korea. Public Understanding of Science, 27

（5），578–593.

[26] Chan–Olmsted, S. M., Cho, M., & Lee, S. （2013）. User perceptions of social media: A comparative study of perceived characteristics and user profiles by social media. Online journal of communication and media technologies, 3（4），149–178.

[27] Wright, C. R. （1960）. Functional analysis and mass communication. Public opinion quarterly, 24（4），605–620.

[28] Chen, J., & Chen, Z. （2008）. Extended Bayesian information criteria for model selection with large model spaces. Biometrika, 95（3），759–771.

[29] Chen, S., Xiao, L., & Mao, J. （2021）. Persuasion strategies of misinformation–containing posts in the social media. Information Processing & Management, 58（5），102665.

[30] Chen, S., Zhou, L., Song, Y., Xu, Q., Wang, P., Wang, K., ... & Janies, D. （2021）. A novel machine learning framework for comparison of viral COVID–19–Related Sina Weibo and Twitter Posts: Workflow Development and Content Analysis. Journal of medical Internet research, 23（1），e24889.

[31] Chen, W., & Wellman, B. （2005）. Minding the cyber–gap: the Internet and social inequality. The Blackwell companion to social inequalities, 523–545.

[32] Cheng, M., Wang, S., Yan, X., Yang, T., Wang, W., Huang, Z., ... & Bogdan, P. （2021）. A COVID–19 rumor dataset. Frontiers in Psychology, 12, 644801.

[33] Chiarello, F., Bonaccorsi, A., & Fantoni, G. （2020）. Technical sentiment analysis. Measuring advantages and drawbacks of new products using social media. Computers in Industry, 123, 103299.

[34] Chou, W. Y. S., & Budenz, A. （2020）. Considering emotion in COVID–19 vaccine communication: addressing vaccine hesitancy and fostering vaccine confidence. Health communication, 35（14），1718–1722.

[35] Comfort, L., Wisner, B., Cutter, S., Pulwarty, R., Hewitt, K., Oliver–Smith, A., ... & Krimgold, F. （1999）. Reframing disaster policy: the global evolution of vulnerable communities. Global Environmental Change Part B: Environmental Hazards, 1（1），39–44.

[36] Coombs, W. T. （2007）. Protecting organization reputations during a crisis: The development and application of situational crisis communication theory. Corporate reputation review, 10（3），163–176.

[37] Davis, A. J. （2014）. Ethics needed for disasters: Before, during, and after. Health Emergency and Disaster Nursing, 1（1），11–18.

[38] De Figueiredo, A., Simas, C., Karafillakis, E., Paterson, P., & Larson, H. J. （2020）. Mapping global trends in vaccine confidence and investigating barriers to vaccine uptake: a large–scale retrospective temporal modelling study. The Lancet, 396（10255），898–908.

[39] Deng, W., & Yang, Y. （2021）. Cross–Platform Comparative Study of Public Concern on Social Media during the COVID–19 Pandemic: An Empirical Study Based on Twitter and Weibo. International journal of environmental research and public health, 18（12），6487.

[40] DiFonzo, N., & Bordia, P.（2007）. Rumor, gossip and urban legends. Diogenes, 54（1）, 19–35.

[41] Dirks, K. T., & Ferrin, D. L.（2001）. The role of trust in organizational settings. Organization science, 12（4）, 450–467.

[42] Du, L., Buntine, W., Jin, H., & Chen, C.（2012）. Sequential latent Dirichlet allocation. Knowledge and information systems, 31（3）, 475–503.

[43] Dubé, E., & MacDonald, N. E.（2020）. How can a global pandemic affect vaccine hesitancy? Expert review of vaccines, 19（10）, 899–901.

[44] Dunn, A. G., Surian, D., Leask, J., Dey, A., Mandl, K. D., & Coiera, E.（2017）. Mapping information exposure on social media to explain differences in HPV vaccine coverage in the United States. Vaccine, 35（23）, 3033–3040.

[45] Dutta–Bergman, M. J.（2004）. Primary sources of health information: Comparisons in the domain of health attitudes, health cognitions, and health behaviors. Health communication, 16（3）, 273–288.

[46] Dyda, A., Shah, Z., Surian, D., Martin, P., Coiera, E., Dey, A., ... & Dunn, A. G.（2019）. HPV vaccine coverage in Australia and associations with HPV vaccine information exposure among Australian Twitter users. Human vaccines & immunotherapeutics, 15（7–8）, 1488–1495.

[47] Dyer, T., Lang, M., & Stice–Lawrence, L.（2017）. The evolution of 10–K textual disclosure: Evidence from Latent Dirichlet Allocation. Journal of Accounting and Economics, 64（2–3）, 221–245.

[48] Eibensteiner, F., Ritschl, V., Nawaz, F. A., Fazel, S. S., Tsagkaris, C., Kulnik, S. T., ... & Atanasov, A. G.（2021）. People's willingness to vaccinate against COVID–19 despite their safety concerns: Twitter poll analysis. Journal of Medical Internet Research, 23（4）, e28973.

[49] Ekmann, P.（1973）. Universal facial expressions in emotion. Studia Psychologica, 15（2）, 140.

[50] Emad, B., Zakaria, M.（2021）. From social responsibility to social media responsibility: recommendations for integrating social media into organizations. 19th International Conference e–Society 2021, 329–333.

[51] Eveland Jr, W. P., & Scheufele, D. A.（2000）. Connecting news media use with gaps in knowledge and participation. Political communication, 17（3）, 215–237.

[52] Ewart, J., & McLean, H.（2019）. Best practice approaches for reporting disasters. Journalism, 20（12）, 1573–1592.

[53] Eysenbach, G.（2020）. How to fight an infodemic: the four pillars of infodemic management. Journal of medical Internet research, 22（6）, e21820.

[54] Guo, L., & McCombs, M.（2011, May）. Network agenda setting: A third level of media effects. In annual conference of the International Communication Association, Boston, MA.

[55] Havers, F., Sokolow, L., Shay, D. K., Farley, M. M., Monroe, M., Meek, J., ... & Fry, A. M.（2016）. Case–control study of vaccine effectiveness in preventing laboratory–confirmed influenza hospitalizations in older adults, United States, 2010–2011. Clinical Infectious Diseases, 63（10）, 1304–1311.

[56] Henrich, N., & Holmes, B. （2011）. What the public was saying about the H1N1 vaccine: perceptions and issues discussed in on-line comments during the 2009 H1N1 pandemic. PloS one, 6（4）, e18479.

[57] Hoffman, M., Bach, F., & Blei, D. （2010）. Online learning for latent dirichlet allocation. advances in neural information processing systems, 23.

[58] Hofmann, T. （2001）. Unsupervised learning by probabilistic latent semantic analysis. Machine learning, 42（1）, 177-196.

[59] Holmes, E. A., O'Connor, R. C., Perry, V. H., Tracey, I., Wessely, S., Arseneault, L., ... & Bullmore, E. （2020）. Multidisciplinary research priorities for the COVID-19 pandemic: a call for action for mental health science. The Lancet Psychiatry, 7（6）, 547-560.

[60] Hosmane B S. Improved likelihood ratio tests and pearson chi-square tests for independence in two dimensional contingency tables. Communications in Statistics, 1986, 15（6）:1875-1888.

[61] Hossain, M. M., Tasnim, S., Sultana, A., Faizah, F., Mazumder, H., Zou, L., ... & Ma, P. （2020）. Epidemiology of mental health problems in COVID-19: a review. F1000Research, 9.

[62] Hou, Z., Du, F., Zhou, X., Jiang, H., Martin, S., Larson, H., & Lin, L. （2020）. Cross-country comparison of public awareness, rumors, and behavioral responses to the COVID-19 epidemic: infodemiology study. Journal of medical Internet research, 22（8）, e21143.

[63] Houston, J. B., Schraedley, M. K., Worley, M. E., Reed, K., & Saidi, J. （2019）. Disaster journalism: fostering citizen and community disaster mitigation, preparedness, response, recovery, and resilience across the disaster cycle. Disasters, 43（3）, 591-611.

[64] Hughes, A. L., & Palen, L. （2012）. The evolving role of the public information officer: An examination of social media in emergency management. Journal of homeland security and emergency management, 9（1）.

[65] Huh, Y.H. （2008）. Social Responsibility of the Media: The Italian Media under Berlusconi.

[66] Huo, L. A., Huang, P., & Fang, X. （2011）. An interplay model for authorities' actions and rumor spreading in emergency event. Physica A: Statistical mechanics and its applications, 390（20）, 3267-3274.

[67] Islam, M. S., Sarkar, T., Khan, S. H., Kamal, A. H. M., Hasan, S. M., Kabir, A., ... & Seale, H. （2020）. COVID-19-related infodemic and its impact on public health: A global social media analysis. The American journal of tropical medicine and hygiene, 103（4）, 1621.

[68] Jarreau, P. B., & Porter, L. （2018）. Science in the social media age: profiles of science blog readers. Journalism & Mass Communication Quarterly, 95（1）, 142-168.

[69] Jelodar, H., Wang, Y., Yuan, C., Feng, X., Jiang, X., Li, Y., & Zhao, L. （2019）. Latent Dirichlet allocation （LDA） and topic modeling: models, applications, a survey. Multimedia Tools and Applications, 78（11）, 15169-15211.

[70] Jiang, H., Zhou, R., Zhang, L., Wang, H., & Zhang, Y. （2019）. Sentence level topic models for

associated topics extraction. World Wide Web, 22（6）, 2545–2560.

[71] Joye, S.（2014）. Media and disasters: Demarcating an emerging and interdisciplinary area of research. Sociology Compass, 8（8）, 993–1003.

[72] Jung, J. Y., Qiu, J. L., & Kim, Y. C.（2001）. Internet connectedness and inequality: Beyond the "divide". Communication research, 28（4）, 507–535.

[73] Kaity, M., & Balakrishnan, V.（2020）. Sentiment lexicons and non–English languages: a survey. Knowledge and Information Systems, 62（12）, 4445–4480.

[74] Karami, A., & Anderson, M.（2020）. Social media and COVID–19: Characterizing anti–quarantine comments on Twitter. Proceedings of the Association for Information Science and Technology, 57（1）, e349.

[75] Karami, A., Zhu, M., Goldschmidt, B., Boyajieff, H. R., & Najafabadi, M. M.（2021）. COVID–19 vaccine and social media in the US: Exploring emotions and discussions on Twitter. Vaccines, 9（10）, 1059.

[76] Karlsson, L. C., Soveri, A., Lewandowsky, S., Karlsson, L., Karlsson, H., Nolvi, S., ... & Antfolk, J.（2021）. Fearing the disease or the vaccine: The case of COVID–19. Personality and individual differences, 172, 110590.

[77] Kassarjian, H. H.（1977）. Content analysis in consumer research. Journal of consumer research, 4（1）, 8–18.

[78] Kim, H., Han, J. Y., & Seo, Y.（2020）. Effects of Facebook comments on attitude toward vaccines: the roles of perceived distributions of public opinion and perceived vaccine efficacy. Journal of Health Communication, 25（2）, 159–169.

[79] Kim, J., & Jung, M.（2017）. Associations between media use and health information–seeking behavior on vaccinations in South Korea. BMC public health, 17（1）, 1–9.

[80] Kim, S., Sung, K. H., Ji, Y., Xing, C., & Qu, J. G.（2021）. Online firestorms in social media: Comparative research between China Weibo and USA Twitter. Public Relations Review, 47（1）, 102010.

[81] Kiousis, S., Kim, J. Y., Ragas, M., Wheat, G., Kochhar, S., Svensson, E., & Miles, M.（2015）. Exploring new frontiers of agenda building during the 2012 US presidential election pre–convention period: Examining linkages across three levels. Journalism Studies, 16（3）, 363–382.

[82] Knapp, R. H.（1944）. A psychology of rumor. Public opinion quarterly, 8（1）, 22–37.

[83] Kreps, G. A.（1980）. Research needs and policy issues on mass media disaster reporting. In Disasters and the mass media（pp. 35–74）.

[84] Kreps, G. A.（1984）. Sociological inquiry and disaster research. Annual review of sociology, 309–330.

[85] Kwak, N.（1999）. Revisiting the knowledge gap hypothesis: Education, motivation, and media use. Communication Research, 26（4）, 385–413.

[86] Kwok, S. W. H., Vadde, S. K., & Wang, G. （2021）. Tweet topics and sentiments relating to COVID-19 vaccination among Australian Twitter users: machine learning analysis. Journal of medical Internet research, 23（5）, e26953.

[87] Lachlan, K. A., Spence, P. R., Lin, X., Najarian, K., & Del Greco, M. （2016）. Social media and crisis management: CERC, search strategies, and Twitter content. Computers in Human Behavior, 54, 647-652.

[88] Lai, C. H., Chib, A., & Ling, R. （2018）. Digital disparities and vulnerability: mobile phone use, information behaviour, and disaster preparedness in Southeast Asia. Disasters, 42（4）, 734-760.

[89] Lamb, S., Walton, D., Mora, K., & Thomas, J. （2012）. Effect of authoritative information and message characteristics on evacuation and shadow evacuation in a simulated flood event. Natural hazards review, 13（4）, 272-282.

[90] Larson, J. F. （1980）. A review of the state of the art in mass media disaster reporting. Disasters and the mass media, 75-126.

[91] Lecouturier, J., Rodgers, H., Murtagh, M. J., White, M., Ford, G. A., & Thomson, R. G. （2010）. Systematic review of mass media interventions designed to improve public recognition of stroke symptoms, emergency response and early treatment. BMC public health, 10（1）, 1-10.

[92] Lee, C. G., Sung, J., Kim, J. K., et al. （2016）. Corporate social responsibility of the media: Instrument development and validation. Information development, 32（3）, 554-565.

[93] Lee, G., & Kwak, Y. H. （2012）. An open government maturity model for social media-based public engagement. Government information quarterly, 29（4）, 492-503.

[94] Leng, A., Maitland, E., Wang, S., Nicholas, S., Liu, R., & Wang, J. （2021）. Individual preferences for COVID-19 vaccination in China. vaccine, 39（2）, 247-254.

[95] Li, Changzhou & Guo, Junyu & Lu, Yao & Wu, Junfeng & Zhang, Yongrui & Xia, Zhongzhou & Wang, Tianchen & Yu, Dantian & Chen, Xurui & Liu, Peidong. （2018）. LDA Meets Word2Vec: A Novel Model for Academic Abstract Clustering. WWW'18: Companion Proceedings of the The Web Conference 2018. 1699-1706.

[96] Li, W., Jin, B., & Quan, Y. （2020）. Review of research on text sentiment analysis based on deep learning. Open Access Library Journal, 7（3）, 1-8.

[97] Li, Z., Zhang, Q., Du, X., Ma, Y., & Wang, S. （2021）. Social media rumor refutation effectiveness: Evaluation, modelling and enhancement. Information Processing & Management, 58（1）, 102420.

[98] Lim, J. S. （2019）. The effectiveness of refutation with logic vs. indignation in restoring the credibility of and trust in a government organization: A heuristic-systematic model of crisis communication processing. Journal of Contingencies and Crisis Management, 27（2）, 157-167.

[99] Liu, B. F., Fraustino, J. D., & Jin, Y. （2016）. Social media use during disasters: How information form and source influence intended behavioral responses. Communication Research, 43（5）, 626-646.

[100] Liu, W., Xu, W. W., & Tsai, J. Y. J. （2020）. Developing a multi-level organization-public dialogic communication framework to assess social media-mediated disaster communication and engagement outcomes. Public relations review, 46（4）, 101949.

[101] Loomba, S., de Figueiredo, A., Piatek, S. J., de Graaf, K., & Larson, H. J. （2021）. Measuring the impact of COVID-19 vaccine misinformation on vaccination intent in the UK and USA. Nature human behaviour, 5（3）, 337-348.

[102] Lowrey, W., Evans, W., Gower, K. K., Robinson, J. A., Ginter, P. M., McCormick, L. C., & Abdolrasulnia, M. （2007）. Effective media communication of disasters: pressing problems and recommendations. BMC Public Health, 7（1）, 1-8.

[103] Lurie, N., Saville, M., Hatchett, R., & Halton, J. （2020）. Developing COVID-19 vaccines at pandemic speed. New England journal of medicine, 382（21）, 1969-1973.

[104] Lyu, J. C., Han, E. L., & Luli, G. K. （2021）. Topics and Sentiments in COVID-19 Vaccine-related Discussion on Twitter. Journal of Medical Internet Research.

[105] Lyu, J. C., Le Han, E., & Luli, G. K. （2021）. COVID-19 vaccine-related discussion on Twitter: topic modeling and sentiment analysis. Journal of medical Internet research, 23（6）, e24435.

[106] Ma, N., Liu, Y., & Li, L. （2022）. Link prediction in supernetwork: Risk perception of emergencies. Journal of Information Science, 48（3）, 374-392.

[107] Martin - Shields, C. P. （2019）. When information becomes action: drivers of individuals' trust in broadcast versus peer-to-peer information in disaster response. Disasters, 43（3）, 612-633.

[108] Mayer, R. C., Davis, J. H., & Schoorman, F. D. （1995）. An integrative model of organizational trust. Academy of Management Review, 20,709-734.

[109] McCombes, M., Lopez-Escobar, E., & Llamas, J. P. （2000）. Setting the agenda of attributes in the 1996 Spanish general election. Journal of communication, 50（2）, 77-92.

[110] McCombs, M. E., & Shaw, D. L. （1972）. The agenda-setting function of mass media. Public opinion quarterly, 36（2）, 176-187.

[111] Meadows, C. Z., Tang, L., & Liu, W. （2019）. Twitter message types, health beliefs, and vaccine attitudes during the 2015 measles outbreak in California. American journal of infection control, 47（11）, 1314-1318.

[112] Mengfei, T., & Jiancheng, W. （2015）. A Research on Rumorsrefuting Effects of Government Micro-blog in Emergency Based on The Case Study of Shanghai Bund Stampede Incident. Journal of Intelligence, 34（8）, 36-98.

[113] Merton, R., & Nisbet, R.A. （1962）. Contemporary social problems : an introduction to the sociology of deviant behavior and social disorganization. American Sociological Review, 27, 116.

[114] Mohammad, S. M., & Turney, P. D. （2013）. Crowdsourcing a word-emotion association lexicon. Computational intelligence, 29（3）, 436-465.

[115] Nisbet, E. K., Zelenski, J. M., & Murphy, S. A. （2009）. The nature relatedness scale: Linking

individuals' connection with nature to environmental concern and behavior. Environment and behavior, 41（5）, 715–740.

[116] Nisbet, M. C., & Scheufele, D. A. （2004）. Political talk as a catalyst for online citizenship. Journalism & mass communication quarterly, 81（4）, 877–896.

[117] Nuzhath, T., Tasnim, S., Sanjwal, R. K., Trisha, N. F., Rahman, M., Mahmud, S. F., ... & Hossain, M. M. （2020）. COVID–19 vaccination hesitancy, misinformation and conspiracy theories on social media: A content analysis of Twitter data.

[118] Nyhan, B., Reifler, J., & Richey, S. （2012）. The role of social networks in influenza vaccine attitudes and intentions among college students in the Southeastern United States. Journal of Adolescent Health, 51（3）, 302–304.

[119] Paek, H. J., & Hove, T. （2019）. Effective strategies for responding to rumors about risks: the case of radiation–contaminated food in South Korea. Public Relations Review, 45（3）, 101762.

[120] Paek, H. J., & Hove, T. （2019）. Mediating and moderating roles of trust in government in effective risk rumor management: A test case of radiation–contaminated seafood in South Korea. Risk Analysis, 39（12）, 2653–2667.

[121] Palttala, P., Boano, C., Lund, R., & Vos, M. （2012）. Communication gaps in disaster management: Perceptions by experts from governmental and non - governmental organizations. Journal of contingencies and crisis management, 20（1）, 2–12.

[122] Pan, S. L., & Zhang, S. （2020）. From fighting COVID–19 pandemic to tackling sustainable development goals: An opportunity for responsible information systems research. International Journal of Information Management, 55, 102196.

[123] Panagiotopoulos, P., Barnett, J., Bigdeli, A. Z., & Sams, S. （2016）. Social media in emergency management: Twitter as a tool for communicating risks to the public. Technological Forecasting and Social Change, 111, 86–96.

[124] Pang, N., & Ng, J. （2016）. Twittering the Little India Riot: Audience responses, information behavior and the use of emotive cues. Computers in Human Behavior, 54, 607–619.

[125] Perez–Lugo, M. （2004）. Media uses in disaster situations: A new focus on the impact phase. Sociological inquiry, 74（2）, 210–225.

[126] Peterson, J. J. （1999）. Regression analysis of count data.

[127] Phengsuwan, J., Shah, T., Thekkummal, N. B., Wen, Z., Sun, R., Pullarkatt, D., ... & Ranjan, R. （2021）. Use of social media data in disaster management: a survey. Future Internet, 13（2）, 46.

[128] Prilutski, M. A. （2010）. A brief look at effective health communication strategies in Ghana. Elon J Undergrad Res Commun, 1, 51–58.

[129] Quarantelli, E. L. （1984）. Inventory of the Disaster Field Studies in the Social and Behavioral Sciences, 1919–1979.

[130] Quarantelli, E. L. （1987）. The social science study of disasters and mass communications.

[131] Quarantelli, E. L., & Perry, R. W. （2005）. A social science research agenda for the disasters of the 21st century: Theoretical, methodological and empirical issues and their professional implementation. What is a disaster, 325, 396.

[132] Quinn, S. C., Kumar, S., Freimuth, V. S., Kidwell, K., & Musa, D. （2009）. Public willingness to take a vaccine or drug under Emergency Use Authorization during the 2009 H1N1 pandemic. Biosecurity and bioterrorism: biodefense strategy, practice, and science, 7（3）, 275–290.

[133] Rasiwasia, N., & Vasconcelos, N. （2013）. Latent dirichlet allocation models for image classification. IEEE transactions on pattern analysis and machine intelligence, 35（11）, 2665–2679.

[134] Rattien, S. （1990）. The role of the media in hazard mitigation and disaster management. Disasters, 14（1）, 36–45.

[135] Reuter, C., Ludwig, T., Kaufhold, M. A., & Spielhofer, T. （2016）. Emergency services' attitudes towards social media: A quantitative and qualitative survey across Europe. International Journal of Human–Computer Studies, 95, 96–111.

[136] Rosenthal, U. （2005）. Future disasters, future definitions. In What is a Disaster? （pp. 165–178）. Routledge.

[137] Rosnow, R. L. （1991）. Inside rumor: A personal journey. American Psychologist, 46（5）, 484–496.

[138] Sakamoto, Y., Ishiguro, M., & Kitagawa, G. （1986）. Akaike information criterion statistics. Dordrecht, The Netherlands: D. Reidel, 81（10.5555）, 26853.

[139] Schlæger, J., & Jiang, M. （2014）. Official microblogging and social management by local governments in China. China Information, 28（2）, 189–213.

[140] Schoch–Spana, M., Brunson, E. K., Long, R., Ruth, A., Ravi, S. J., Trotochaud, M., ... & White, A. （2021）. The public's role in COVID–19 vaccination: Human–centered recommendations to enhance pandemic vaccine awareness, access, and acceptance in the United States. Vaccine, 39（40）, 6004–6012.

[141] Schoorman, F. D., Mayer, R. C., & Davis, J. H. （2007）. An integrative model of organizational trust: Past, present, and future. Academy of Management review, 32（2）, 344–354.

[142] Scott, J. （1988）. Trend report social network analysis. Sociology, 109–127.

[143] Sethi, S. P. （2003）. Globalization and the good corporation: A need for proactive co–existence. Journal of Business Ethics, 43（1）, 21–31.

[144] Sharp, E. B. （1984）. Consequences of local government under the klieg lights. Communication Research, 11（4）, 497–517.

[145] Smith, G. S., Houmanfar, R., & Denny, M. （2012）. Impact of rule accuracy on productivity and rumor in an organizational analog. Journal of Organizational Behavior Management, 32（1）, 3–25.

[146] Solman, P., & Henderson, L. （2019）. Flood disasters in the United Kingdom and India: A critical discourse analysis of media reporting. Journalism, 20（12）, 1648–1664.

[147] Sommerfeldt, E. J. （2015）. Disasters and information source repertoires: Information seeking and information sufficiency in postearthquake Haiti. Journal of Applied Communication Research, 43（1）, 1–22.

[148] Song, L., & Chang, T. Y. （2012）. Do resources of network members help in help seeking? Social capital and health information search. Social Networks, 34（4）, 658–669.

[149] Song, W., & Zhu, Y. W. （2019）. Chinese medicines in diabetic retinopathy therapies. Chinese journal of integrative medicine, 25（4）, 316–320.

[150] Soumya, D. （2011）. Social responsibility of media and indian democracy. Global Media Journal, 216422046.

[151] Spialek, M. L., & Houston, J. B. （2019）. The influence of citizen disaster communication on perceptions of neighborhood belonging and community resilience. Journal of Applied Communication Research, 47（1）, 1–23.

[152] Stallings, R. （1967）. A description and analysis of the warning systems in the topeka, kansas tornado of june 8, 1966. Ohio State Univ Columbus Disaster Research Center.

[153] Stella, M., Restocchi, V., & De Deyne, S. （2020）. # lockdown: Network–enhanced emotional profiling in the time of COVID–19. Big Data and Cognitive Computing, 4（2）, 14.

[154] Stimson, J. A. （2018）. The dyad ratios algorithm for estimating latent public opinion: Estimation, testing, and comparison to other approaches. Bulletin of Sociological Methodology/Bulletin de Méthodologie Sociologique, 137（1）, 201–218.

[155] Storm, B. C., Stone, S. M., & Benjamin, A. S. （2017）. Using the Internet to access information inflates future use of the Internet to access other information. Memory, 25（6）, 717–723.

[156] Su, Y., Xue, J., Liu, X., Wu, P., Chen, J., Chen, C., ... & Zhu, T. （2020）. Examining the impact of COVID–19 lockdown in Wuhan and Lombardy: a psycholinguistic analysis on Weibo and Twitter. International journal of environmental research and public health, 17（12）, 4552.

[157] Sugimoto, C. R., Li, D., Russell, T. G., Finlay, S. C., & Ding, Y. （2011）. The shifting sands of disciplinary development: Analyzing North American Library and Information Science dissertations using latent Dirichlet allocation. Journal of the American Society for Information Science and Technology, 62（1）, 185–204.

[158] Sutton, J., Spiro, E., Butts, C., Fitzhugh, S., Johnson, B., & Greczek, M. （2013）. Tweeting the spill: Online informal communications, social networks, and conversational microstructures during the Deepwater Horizon oilspill. International Journal of Information Systems for Crisis Response and Management （IJISCRAM）, 5（1）, 58–76.

[159] Tabacchi, G., Costantino, C., Cracchiolo, M., Ferro, A., Marchese, V., Napoli, G., ... & ESCULAPIO working group. （2017）. Information sources and knowledge on vaccination in a population from

southern Italy: The ESCULAPIO project. Human vaccines & immunotherapeutics, 13（2）, 339–345.

[160] Tambuscio, M., Oliveira, D. F., Ciampaglia, G. L., & Ruffo, G. （2018）. Network segregation in a model of misinformation and fact–checking. Journal of Computational Social Science, 1（2）, 261–275.

[161] Tangcharoensathien, V., Calleja, N., Nguyen, T., Purnat, T., D'Agostino, M., Garcia–Saiso, S., ... & Briand, S. （2020）. Framework for managing the COVID–19 infodemic: methods and results of an online, crowdsourced WHO technical consultation. Journal of medical Internet research, 22（6）, e19659.

[162] Taras, R. （2015）. Hurricanes as mediatized disasters: Latin American framing of the US response to Katrina. the minnesota review, 2015（84）, 69–82.

[163] Tasnim, S., Hossain, M. M., & Mazumder, H. （2020）. Impact of rumors and misinformation on COVID–19 in social media. Journal of preventive medicine and public health, 53（3）; 171–174.

[164] Thunström, L., Ashworth, M., Finnoff, D., & Newbold, S. C. （2021）. Hesitancy toward a COVID–19 vaccine. Ecohealth, 18（1）, 44–60.

[165] Tichenor PJ, Donohue GA, Olien CN. Mass media flow and differential growth in knowledge. Public Opin Q. 1970,34（2）:159–70.

[166] Tichenor, P. J., Donohue, G. A., & Olien, C. N. （1970）. Mass media flow and differential growth in knowledge. Public opinion quarterly, 34（2）, 159–170.

[167] Tierney, K. J. （2007）. From the margins to the mainstream? Disaster research at the crossroads. Annu. Rev. Sociol., 33, 503–525.

[168] Till, B. D., & Priluck, R. L. （2000）. Stimulus generalization in classical conditioning: An initial investigation and extension. Psychology & Marketing, 17（1）, 55–72.

[169] Tomeny, T. S., Vargo, C. J., & El–Toukhy, S. （2017）. Geographic and demographic correlates of autism–related anti–vaccine beliefs on Twitter, 2009–15. Social science & medicine, 191, 168–175.

[170] Tomlinson, E. C., & Mryer, R. C. （2009）. The role of causal attribution dimensions in trust repair. Academy of management review, 34（1）, 85–104.

[171] Tripathy, R. M., Bagchi, A., & Mehta, S. （2013）. Towards combating rumors in social networks: Models and metrics. Intelligent Data Analysis, 17（1）, 149–175.

[172] Ullman, D. G. （2007）. " OO–OO–OO!" the sound of a broken OODA loop. CrossTalk–The Journal of Defense Software Engineering, 22–25.

[173] Utz, Sonja; Schultz, Friederike; Glocka, Sandra （2013）. Crisis communication online: How medium, crisis type and emotions affected public reactions in the Fukushima Daiichi nuclear disaster. Public Relations Review, 39（1）, 40–46.

[174] Van Dijk, J., & Hacker, K. （2003）. The digital divide as a complex and dynamic phenomenon. The information society, 19（4）, 315–326.

[175] Vidanapathirana, J., Abramson, M. J., Forbes, A., & Fairley, C. （2005）. Mass media interventions for promoting HIV testing. Cochrane Database of Systematic Reviews, （3）.

[176] Viswanath, K., & Finnegan Jr, J. R. （1996）. The knowledge gap hypothesis: Twenty-five years later. Annals of the International Communication Association, 19（1）, 187–228.

[177] Wang, B., & Zhuang, J. （2018）. Rumor response, debunking response, and decision makings of misinformed Twitter users during disasters. Natural Hazards, 93（3）, 1145–1162.

[178] Wang, J. （1997）. Clinical epidemiology. National Medical Journal of China-Beijing-, 77, 930–932.

[179] Wang, K., Wong, E. L. Y., Ho, K. F., Cheung, A. W. L., Chan, E. Y. Y., Yeoh, E. K., & Wong, S. Y. S. （2020）. Intention of nurses to accept coronavirus disease 2019 vaccination and change of intention to accept seasonal influenza vaccination during the coronavirus disease 2019 pandemic: A cross-sectional survey. Vaccine, 38（45）, 7049–7056.

[180] Wang, Y. I., Naumann, U., Wright, S. T., & Warton, D. I. （2012）. mvabund-an R package for model-based analysis of multivariate abundance data. Methods in Ecology and Evolution, 3（3）, 471–474.

[181] Ward, J. K., Alleaume, C., Peretti-Watel, P., Seror, V., Cortaredona, S., Launay, O., ... & Ward, J. （2020）. The French public's attitudes to a future COVID-19 vaccine: The politicization of a public health issue. Social science & medicine, 265, 113414.

[182] Waterloo, S. F., Baumgartner, S. E., Peter, J., & Valkenburg, P. M. （2018）. Norms of online expressions of emotion: Comparing Facebook, Twitter, Instagram, and WhatsApp. New media & society, 20（5）, 1813–1831.

[183] Weinberg, S. B., Weiman, L., Mond, C. J., Thon, L. J., Haegel, R., Regan, E. A., Kuehn, B., & Shorr, M. B. （1980）. Anatomy of a rumor: A field study of rumor dissemination in a university setting. Journal of Applied Communication Research, 8（2）, 156–160.

[184] Wendy Macias, Karen Hilyard, Vicki Freimuth （2009）. Blog Functions as Risk and Crisis Communication During Hurricane Katrina. , 15（1）, 1–31.

[185] Whiting, A., & Williams, D. （2013）. Why people use social media: a uses and gratifications approach. Qualitative market research: an international journal, 16（4）, 362–369.

[186] Wilson, S. L., & Wiysonge, C. （2020）. Social media and vaccine hesitancy. BMJ global health, 5（10）, e004206.

[187] Wu, W., Lyu, H., & Luo, J. （2021）. Characterizing discourse about covid-19 vaccines: A reddit version of the pandemic story. Health Data Science, 2021.

[188] Xiong, C. L. （2021）. Opportunities, challenges, and countermeasures of healthy transmission in COVID-19 outbreak. Public Commun Sci Technol, 13（03）, 73–76.

[189] Xu, J., Zhang, M., & Ni, J. （2016）. A coupled model for government communication and rumor spreading in emergencies. Advances in Difference Equations, 2016（1）, 208.

[190] Xue, J., Chen, J., Hu, R., Chen, C., Zheng, C., Su, Y., & Zhu, T. （2020）. Twitter discussions and emotions about the COVID-19 pandemic: Machine learning approach. Journal of medical Internet research, 22（11）, e20550.

[191] Yamey, G., Schäferhoff, M., Hatchett, R., Pate, M., Zhao, F., & McDade, K. K. （2020）. Ensuring global access to COVID-19 vaccines. The Lancet, 395（10234）, 1405-1406.

[192] Yang, S., Huang, G., & Cai, B. （2019）. Discovering topic representative terms for short text clustering. IEEE Access, 7, 92037-92047.

[193] Yaqub, O., Castle-Clarke, S., Sevdalis, N., & Chataway, J. （2014）. Attitudes to vaccination: a critical review. Social science & medicine, 112, 1-11.

[194] Yu, M., Li, Z., Yu, Z., He, J., & Zhou, J. （2021）. Communication related health crisis on social media: a case of COVID-19 outbreak. Current issues in tourism, 24（19）, 2699-2705.

[195] Yulianto, E., Yusanta, D. A., Utari, P., & Satyawan, I. A. （2021）. Community adaptation and action during the emergency response phase: Case study of natural disasters in Palu, Indonesia. International journal of disaster risk reduction, 65, 102557.

[196] Zeng, R., & Zhu, D. （2019）. A model and simulation of the emotional contagion of netizens in the process of rumor refutation. Scientific reports, 9（1）, 1-15.

[197] Zhang, L., Wei, J., & Boncella, R. J. （2020）. Emotional communication analysis of emergency microblog based on the evolution life cycle of public opinion. Information discovery and delivery, 48 （3）, 151-163.

[198] Zhao, Y., Cheng, S., Yu, X., & Xu, H. （2020）. Chinese public's attention to the COVID-19 epidemic on social media: observational descriptive study. Journal of medical Internet research, 22 （5）, e18825.

[199] Zhu, Y. Y., & Sun, J. （2015）. Recommender system: Up to now. Journal of frontiers of computer science and technology, 9（5）, 513-525.

[200] Zimet G. D. （1992）. Reliability of AIDS knowledge scales: conceptual issues. AIDS education and prevention : official publication of the International Society for AIDS Education, 4（4）, 338-344.

[201] 大畑裕嗣、三上俊治.関東大震災下の「朝鮮人」報道と論調（上）.東京大学新聞研究所紀要35.1986:36-37.

[202] 秋元律郎.現代のエスプリ181号都市と災害.東京:至文堂,1982:222-226.

[203] 박남희 황연정 안용철 위기경보수준 관리를 위한 요소 도출 한국재난정보학회 정기학술대회 논문집259면.2019.

三、会议论文

[1] Doan, S., Vo, B. K. H., & Collier, N. （2011, November）. An analysis of Twitter messages in the

2011 Tohoku Earthquake. In International conference on electronic healthcare （pp. 58–66）. Springer, Berlin, Heidelberg.

[2] E. L. Quarantelli.Sociology and social psychology of disasters: implications for third world and developing countries.the 9th World Civil Defense Conference in Rabat, Morocco.1980.

[3] Hong, Y., Kwak, H., Baek, Y., & Moon, S. （2013, May）. Tower of Babel: A crowdsourcing game building sentiment lexicons for resource–scarce languages. In Proceedings of the 22nd International Conference on World Wide Web （pp. 549–556）.

[4] LU L. An empirical study on the knowledge gap hypothesis in cancer transmission between urban and rural areas in China, Tsinghua University International Center for Communication. Proceedings of the fifth China Health Communication Conference 2010;21.

[5] Majid, G. M., & Pal, A. （2020, March）. Conspiracy and Rumor Correction: Analysis of Social Media Users' Comments. In 2020 3rd International Conference on Information and Computer Technologies （ICICT）（pp. 331–335）. IEEE.

[6] National Research Council （US）, Committee on Disasters, the Mass Media Staff, National.

[7] Olteanu, A., Vieweg, S., & Castillo, C. （2015, February）. What to expect when the unexpected happens: Social media communications across crises. In Proceedings of the 18th ACM conference on computer supported cooperative work & social computing （pp. 994–1009）.

[8] Research Council （US）. Committee on Disasters, & the Mass Media. （1980）. Disasters and the Mass Media: Proceedings of the Committee on Disasters and the Mass Media Workshop, February 1979. National Academy of Sciences.

[9] Riccardini, F., & Fazio, M. （2002, August）. Measuring the digital divide. In IAOS Conference on Official Statistics and the New Economy （Vol. 27, p. 29）.

[10] Sarcevic, A., Palen, L., White, J., Starbird, K., Bagdouri, M., & Anderson, K. （2012, February）. "Beacons of hope" in decentralized coordination: learning from on–the–ground medical twitterers during the 2010 Haiti earthquake. In Proceedings of the ACM 2012 conference on computer supported cooperative work （pp. 47–56）.

[11] Sutton, J. N. （2010, May）. Twittering Tennessee: Distributed networks and collaboration following a technological disaster. In ISCRAM.

[12] Sutton, J. N., Palen, L., & Shklovski, I. （2008）. Backchannels on the front lines: Emergency uses of social media in the 2007 Southern California Wildfires.

[13] Wang, M., Liu, M., Feng, S., Wang, D., & Zhang, Y. （2014, December）. A novel calibrated label ranking based method for multiple emotions detection in Chinese microblogs. In CCF International Conference on Natural Language Processing and Chinese Computing （pp. 238–250）. Springer, Berlin, Heidelberg.

[14] Wang, Z., Chong, C. S., Lan, L., Yang, Y., Ho, S. B., & Tong, J. C. （2016, December）. Fine-grained sentiment analysis of social media with emotion sensing. In 2016 Future Technologies

Conference（FTC）（pp. 1361–1364）. IEEE.

四、网络资料

[1] 北京日报客户端.（2021, March 12）.微博用户报告：月活用户5.11亿 年轻化明显.微博_新浪财经_新浪网. Retrieved from http://finance.sina.com.cn/roll/2021–03–12/doc–ikkntiak9413463.shtml.

[2] 关于推荐在中西医结合救治新型冠状病毒感染的肺炎中使用"清肺排毒汤"的通知.（n.d.）. Retrieved from http://yzs.satcm.gov.cn/zhengcewenjian/2020–02–07/12876.html?from=singlemessage&isappinstalled=0.

[3] 联合国减少灾害风险办公室.灾害给人类造成的代价:过去20年的概况（2000—2019年）.（n.d.）. Retrieved from https://www.undrr.org/news/drrday–un–report–charts–huge–rise–climate–disasters.

[4] 西昌市"3·30"森林火灾事件调查结果公布.（n.d.）. Retrieved from https://www.lsz.gov.cn/hdjl/hygq/shrd/202012/t20201221_1788476.html.

[5] 人民日报.人民至上 生命至上——今年以来我国防汛救灾工作综述[EB/OL]. [2023–1–29]. https://baijiahao.baidu.com/s?id=1677787280730051444&wfr=spider&for=pc.

[6] Agency, U. K. H. S.（2022, April 1）. New guidance sets out how to live safely with COVID–19. GOV.UK. Retrieved from https://www.gov.uk/government/news/new–guidance–sets–out–how–to–live–safely–with–covid–19.

[7] Agency, U. K. H. S.（2022, December 5）. NHS COVID–19 app: What the App does. Retrieved from https://www.gov.uk/government/publications/nhs–COVID–19–app–user–guide/nhs–covid–19–app–what–the–app–does.

[8] Agency, U. K. H. S.（2022, December 9）. NHS COVID–19 app: User guide. GOV.UK. Retrieved from https://www.gov.uk/government/publications/nhs–COVID–19–app–user–guide.

[9] Asne statement of Principles – University of New Mexico.（n.d.）. Retrieved from https://www.unm.edu/~pubboard/ASNE%20Statement%20of%20Principles.pdf.

[10] Assistant Secretary for Public Affairs（ASPA）.（2021, September 22）. About HHS. HHS.gov. Retrieved from https://www.hhs.gov/about/index.html.

[11] Assistant Secretary for Public Affairs（ASPA）.（2022, January 31）. Guidelines on the provision of information to the news media. HHS.gov. Retrieved from https://www.hhs.gov/about/news/news–media–guidelines/index.html.

[12] BBC.（n.d.）. Coronavirus（COVID–19）–advice for international BBC Staff – Health & Safety. BBC News. Retrieved from https://www.bbc.com/safety/resources/safetynews/coronavirusinternational.

[13] BBC.（n.d.）. Coronavirus（COVID–19）–advice for international BBC Staff – Health & Safety. BBC News. Retrieved from https://www.bbc.com/safety/resources/safetynews/coronavirusinternational.

[14] BBC.（n.d.）. Coronavirus: Living with covid and managing risks in the Workplace – Health & Safety. BBC News. Retrieved from https://www.bbc.co.uk/safety/resources/aztopics/livingwithcoronavirus/.

[15] BBC.（n.d.）. Gateway. BBC Staff Portal. Retrieved from https://staff.bbc.com/.

[16] BBC.（n.d.）. Learn more about what we do – about the BBC. BBC News. Retrieved from https://www.bbc.co.uk/aboutthebbc/.

[17] Building a model for collaborating to combat misinformation crises. Full Fact.（n.d.）. Retrieved from https://fullfact.org/blog/2020/sep/building–model–collaborating–combat–misinformation–crises/.

[18] By.（2018, January 5）. Ethical journalism. The New York Times. Retrieved from https://www.nytimes.com/editorial–standards/ethical–journalism.html.

[19] CCTV.com English – News, China Faces, Dream Chasers, Panview_英语频道_央视网（cctv.com）.（n.d.）. Retrieved from https://english.cctv.com/.

[20] China approves first self–developed COVID–19 vaccine. Xinhua.（n.d.）. Retrieved March 31, 2021, from http://www.xinhuanet.com/english/2020–12/31/c_139632053.htm.

[21] China Internet Network Information Center. The 47th China Statistical Report on Internet Development.（n.d.）. Retrieved August 10, 2021, from www.cac.gov.cn. http://www.cac.gov.cn/2021–02/03/c_1613923423079314.htm.

[22] Coming to terms with community disaster – university of Delaware.（n.d.）. Retrieved from https://udspace.udel.edu/handle/19716/137.

[23] Coronavirus act 2020.（n.d.）. Retrieved from https://www.legislation.gov.uk/ukpga/2020/7/contents/enacted/data.htm?view=plain.

[24] Coronavirus action plan: A guide to what you can expect across the UK. GOV.UK.（n.d.）. Retrieved January 22, 2023, from https://www.gov.uk/government/publications/coronavirus–action–plan/coronavirus–action–plan–a–guide–to–what–you–can–expect–across–the–uk.

[25] Coronavirus action plan: A guide to what you can expect across the UK. GOV.UK.（n.d.）. Retrieved January 29, 2023, from https://www.gov.uk/government/publications/coronavirus–action–plan/coronavirus–action–plan–a–guide–to–what–you–can–expect–across–the–uk.

[26] Coronavirusfacts Alliance. Poynter.（2022, March 10）. Retrieved from https://www.poynter.org/coronavirusfactsalliance/.

[27] COVID–19 Dashboard by the Center for Systems Science and Engineering（CSSE）at Johns Hopkins University（JHU）. ArcGIS dashboards.（n.d.）. Retrieved from https://www.arcgis.com/apps/opsdashboard/index.html#/bda7594740fd40299423467b48e9ecf62020.6.29.

[28] COVID–19 vaccination programme. GOV.UK.（n.d.）. Retrieved from https://www.gov.uk/government/collections/covid–19–vaccination–programme.

[29] Divominer. Examples of Research Using the DiVoMiner®Platform. DiVoMiner®知识库.（n.d.）.

Retrieved from https://me.divominer.cn/community.

[30] Ethics policy. Poynter. （2019, September 30）. Retrieved from https://www.poynter.org/poynter-institute-code-ethics/.

[31] Fact-checkers' safety. Poynter. （2022, August 25）. Retrieved from https://www.poynter.org/ifcn/fact-checkers-safety/.

[32] Folder: "United states strategic bombing survey: The effects of the atomic bombs on Hiroshima and Nagasaki". "United States Strategic Bombing Survey: The Effects of the Atomic Bombs on Hiroshima and Nagasaki" | Harry S. Truman. （n.d.）. Retrieved from https://www.trumanlibrary.gov/library/research-files/united-states-strategic-bombing-survey-effects-atomic-bombs-hiroshima-and.

[33] Framework for information incidents. Full Fact. （n.d.）. Retrieved from https://fullfact.org/about/policy/incidentframework/report/.

[34] Framework for information incidents. Full Fact. （n.d.）. Retrieved from https://fullfact.org/about/policy/incidentframework/report/.

[35] Funding. Full Fact. （n.d.）. Retrieved from https://fullfact.org/about/funding/.

[36] Google. （n.d.）. Signed and stamped bylaws of ifcn.pdf. Google Drive. Retrieved from https://drive.google.com/file/d/1_WdXPQ9Ln0uLFzgNI3uYjKJ0xKDhCUKU/view.

[37] GOV.UK. （2017, January 24）. About Us. GOV.UK. Retrieved from https://www.gov.uk/government/organisations/medicines-and-healthcare-products-regulatory-agency/about.

[38] Guidance for temporary reassignment of state and local personnel during a public health emergency. ASPR. （n.d.）. Retrieved from https://www.phe.gov/Preparedness/legal/pahpa/section201/Pages/default.aspx.

[39] How we fact check. Full Fact. （n.d.）. Retrieved from https://fullfact.org/about/how-we-fact-check/.

[40] IFCN grant opportunities. Poynter. （2022, September 15）. Retrieved from https://www.poynter.org/ifcn/grants-ifcn/.

[41] Join the Youth Preparedness Council. FEMA.gov. （n.d.）. Retrieved from https://www.fema.gov/.

[42] Living safely with respiratory infections, including COVID-19. GOV.UK. （n.d.）. Retrieved from https://www.gov.uk/guidance/living-safely-with-respiratory-infections-including-covid-19.

[43] Mission. Mission | Homeland Security. （n.d.）. Retrieved from https://www.dhs.gov/mission.

[44] More targeted action in local areas to curb the spread of coronavirus. GOV.UK. （n.d.）. Retrieved from https://www.gov.uk/government/news/more-targeted-action-in-local-areas-to-curb-the-spread-of-coronavirus.

[45] The municipal health commission of Nanjing. Notification of novel coronavirus positive in Nanjing Lukou International Airport. （n.d.）. Retrieved July 20, 2021, from http://wjw.nanjing.gov.cn/njswshjhsywyh/202107/t20210721_3080544.html.

[46] National Health Commission of the People's Republic of China. The diagnosis and treatment protocols for novel coronavirus pneumonia （the 6th trial edition）. （n.d.）. Retrieved from http:// www.gov.cn/zhengce/zhengceku/2020-02/19/content_5480948.htm.

[47] National health commission of the PRC. COVID-19 vaccination status. （n.d.）. Retrieved from http://www.nhc.gov.cn/xcs/yqfkdt/.

[48] National Health Commission of the PRC. Transcript of the Press Conference of the Joint Prevention and Control Mechanism of the State Council on 11th June 2021. （n.d.）. Retrieved from http:// www.nhc.gov.cn/xcs/yqfkdt/.

[49] National Incident Management System. FEMA.gov. （n.d.）. Retrieved from https://www.fema.gov/ emergency-managers/nims.

[50] Neonatal resuscitation program. （n.d.）. Retrieved from https://www.aap.org/en/learning/neonatal-resuscitation-program/.

[51] Nearly 4,400 adverse events reported in U.S. after receiving pfizer-biontech COVID-19 vaccine. Xinhua. （n.d.）. Retrieved January 29, 2023, from http://www.xinhuanet.com/english/2021-01/07/ c_139646858.htm.

[52] NHS COVID-19 app: Your data and privacy. GOV.UK. （n.d.）. Retrieved from https://www.gov. uk/guidance/nhs-covid-19-app-your-data-and-privacy.

[53] NPR. （2019, February 11）. These are the standards of our journalism. NPR. Retrieved from https://www.npr.org/ethics/.

[54] Office, C. （2021, June 15）. Privacy notice for Covid Taskforce Social Media Analysis. GOV.UK. Retrieved from https://www.gov.uk/government/publications/privacy-notice-for-covid-taskforce-social-media-analysis.

[55] Office, C. （2022, May 6）. COVID-19 response: Living with COVID-19. GOV.UK. Retrieved from https://www.gov.uk/government/publications/covid-19-response-living-with-covid-19.

[56] Olanoff, D. （2012, November 2）. Twitter releases numbers related to Hurricane Sandy: More than 20m tweets sent during its peak. TechCrunch. Retrieved from https://techcrunch.com/2012/11/02/ twitter-releases-numbers-related-to-hurricane-sandy-more-than-20m-tweets-sent-between-october-27th-and-november-1st/.

[57] Pandemic influenza plan – centers for disease control and prevention. （n.d.）. Retrieved from https://www.cdc.gov/flu/pdf/professionals/hhspandemicinfluenzaplan.pdf.

[58] Policy. Full Fact. （n.d.）. Retrieved from https://fullfact.org/about/policy/.

[59] Public health england. GOV.UK. （n.d.）. Retrieved from https://www.gov.uk/government/ organisations/public-health-england.

[60] Public law 109-417 109th Congress an act. GovInfo. （2022, March 1）. Retrieved from https:// www.govinfo.gov/content/pkg/PLAW-109publ417/pdf/PLAW-109publ417.

[61] Public readiness and emergency preparedness （PREP）act. Public Readiness and Emergency

Preparedness Act. (n.d.). Retrieved from https://aspr.hhs.gov/legal/PREPact/Pages/default.aspx.

[62] Reducing the spread of respiratory infections, including COVID-19, in the Workplace. GOV. UK. (n.d.). Retrieved from https://www.gov.uk/guidance/reducing-the-spread-of-respiratory-infections-including-COVID-19-in-the-workplace.

[63] Report of the WHO-China Joint Mission on Coronavirus Disease 2019 (COVID-19). World Health Organization. (n.d.). Retrieved July 28, 2021, from https://www.who.int/docs/default-source/coronaviruse/who-china-joint-mission-on-covid-19-final-report.

[64] Slick. (n.d.). Slick. IFCN code of Principles. Retrieved from https://www.ifcncodeofprinciples. poynter.org/know-more/code-of-principles-1st-year-a-report.

[65] Smalley, S., & Dyakon, T. (2022, July 8). International Fact-Checking Network. Poynter. Retrieved from https://www.poynter.org/ifcn/.

[66] Tencent News. Portuguese medical worker died two days after taking Pfizer vaccine. (n.d.). Retrieved from https://new.qq.com/rain/a/20210104A0B1MU00/.

[67] Thepaper.cn. Local cases increased 71+15! The chain of transmission can be read in one picture. (n.d.). Retrieved from https://www.thepaper.cn/newsDetail_forward_13885578.

[68] Training Ifcn. Poynter. (2021, October 5). Retrieved from https://www.poynter.org/ifcn/training-ifcn/.

[69] Using the framework. Full Fact. (n.d.). Retrieved from https://fullfact.org/about/policy/incidentframework/how-to/.

[70] Weibo Hot Search Engine. Most of the Confirmed Cases Had been Vaccinated. (n.d.). Retrieved July 23, 2021, from http://www.zhaoyizhe.com/info/60fa2bc46c6f9728e2a396b2.html.

[71] Weibo Hot Search Engine. Most of the Confirmed Cases Had been Vaccinated. (n.d.). Retrieved July 23, 2021, from http://www.zhaoyizhe.com/info/60fa2bc46c6f9728e2a396b2.html.

[72] Who we are. Full Fact. (n.d.). Retrieved January 22, 2023, from https://fullfact.org/about/.

[73] World Health Organization. (n.d.). Coronavirus disease (COVID-19): Herd immunity, Lockdowns and COVID-19. World Health Organization. Retrieved March 21, 2021, from https://www.who.int/news-room/questions-and-answers/item/herd-immunity-lockdowns-and-COVID-19.

[74] World Health Organization. (n.d.). Ten health issues WHO will tackle this year. World Health Organization. Retrieved March 21, 2021, from https://www.who.int/news-room/spotlight/ten-threats-to-global-health-in-2019/.

[75] World Health Organization. (n.d.). Weekly Epidemiological Update – 23 February 2021. World Health Organization. Retrieved March 22, 2021, from https://www.who.int/publications/m/item/weekly-epidemiological-update-23-February-2021.

[76] World Health Organization. (n.d.). WHO director-general's opening remarks at the COVID-19 media briefing– 12 July 2022. World Health Organization. Retrieved March 31, 2021, from https://

www.who.int/director-general/speeches/detail/who-director-general-s-opening-remarks-at-the-COVID-19-media-briefing-12-July-2022.

[77] World Health Organization. (n.d.). Who director-general's opening remarks at the media briefing on COVID-19-11 March 2020. World Health Organization. Retrieved from https://www.who.int/director-general/speeches/detail/who-director-general-s-opening-remarks-at-the-media-briefing-on-COVID-19-11-March-2020.

[78] Yangtse.com. How about the confirmed cases in this outbreak? What are the treatment measures? Here are the responses from Jiangsu Medical experts. (n.d.). Retrieved July 23, 2021, from https://www.yangtse.com/content/1243485.html.

[79] 2020年3月24日 "新型コロナウイルス危機をともに克服しよう". (n.d.).Retrieved from https://www.nhk.or.jp/info/otherpress/pdf/2019/20200324.pdf.

[80] Disinformation 対策フォーラムの中間とりまとめについて. (n.d.). Retrieved from https://www.pressnet.or.jp/statement/20210330.pdf.

[81] FIJのレーティング基準.FIJ｜ファクトチェック・イニシアティブ. (n.d.).Retrieved from https://fij.info/introduction/rating.

[82] 「NHKの災害報道」の現状と課題について. (n.d.). Retrieved January 29, 2023, from https://www.bousai.go.jp/kaigirep/chousakai/kyoyu/4/pdf/04-02shiryo05-nhk.pdf.

[83] NHK 放送ガイドライン2020. (n.d.). Retrieved from https://www.nhk.or.jp/pr/keiei/bc-guideline/.

[84] NHK広報局. 新型コロナウイルス感染拡大防止に向けた対策（イベント等）の延伸について. (n.d.). Retrieved from https://www.nhk.or.jp/info/otherpress/pdf/2020/20200427.pdf.

[85] よりよい放送のために. 一般社団法人 日本民間放送連盟. (n.d.). Retrieved from https://j-ba.or.jp/category/references/jba101959.

[86] ファクトチェックの定義など.FIJ｜ファクトチェック・イニシアティブ. (n.d.). Retrieved from https://fij.info/introduction/basic.

[87] ホーム｜厚生労働省.厚生労働省. (n.d.). Retrieved from https://www.mhlw.go.jp/index.html.

[88] 保健所設置数・推移. (n.d.). Retrieved from http://www.phcd.jp/03/HCsuii/.

[89] 内閣法. (n.d.). Retrieved from https://elaws.e-gov.go.jp/document?lawid=322AC0000000005.

[90] 厚生労働省について. 厚生労働省. (n.d.). Retrieved from https://www.mhlw.go.jp/kouseiroudoushou/index.html.

[91] 厚生労働省健康危機管理基本指針. ホーム｜厚生労働省. (n.d.). Retrieved from https://www.mhlw.go.jp/general/seido/kousei/kenkou/sisin/index.html.

[92] 地域保健法. (n.d.). Retrieved from https://elaws.e-gov.go.jp/document?lawid=322AC0000000101.

[93] 地方厚生（支）局所在地一覧. 厚生労働省. (n.d.). Retrieved from https://www.mhlw.go.jp/kouseiroudoushou/shozaiannai/chihoukouseikyoku.html.

[94] 報道資料. 2020年5月11日 NHK広報局.（n.d.）. Retrieved from https://www.nhk.or.jp/info/otherpress/pdf/2020/20200511_2.pdf.

[95] 報道資料. 緊急事態宣言解除に伴う取材・制作の対応について.（n.d.）. Retrieved from https://www.nhk.or.jp/info/otherpress/pdf/2020/20200526.pdf.

[96] 感染症の予防及び感染症の患者に対する医療に関する法律.（n.d.）. Retrieved from https://elaws.e-gov.go.jp/document?lawid=410AC0000000114.

[97] 新型インフルエンザ等対策特別措置法.（n.d.）. Retrieved from https://elaws.e-gov.go.jp/document?lawid=424AC0000000031.

[98] 新型コロナウイルス感染拡大防止に向けた対策の延伸について.（n.d.）. Retrieved from https://www.nhk.or.jp/info/otherpress/pdf/2019/20200306.pdf.

[99] 新型コロナウイルス感染拡大防止に向けた対策（イベント等）の延伸について.（n.d.）. Retrieved from https://www.nhk.or.jp/info/otherpress/pdf/2020/20200407_2.pdf.

[100] 新型コロナウイルス感染拡大防止に向けた対策について.（n.d.）. Retrieved January 29, 2023, from https://www.nhk.or.jp/info/otherpress/pdf/2019/20200225.pdf.

[101] 新型コロナウイルス感染症対策本部の設置について.（n.d.）.Retrieved January 29, 2023, from https://www.kantei.go.jp/jp/singi/novel_coronavirus/th_siryou/konkyo.pdf.

[102] 新型コロナウイルス緊急事態宣言.（n.d.）.Retrieved January 29, 2023, from https://www.pref.hokkaido.lg.jp/fs/5/5/6/6/3/0/6/_/020228haifu-01.pdf.

[103] 日本放送協会.新型コロナウイルス感染拡大防止ガイドライン.（n.d.）. Retrieved from https://www.nhk.or.jp/info/otherpress/pdf/2021/20210915.pdf.

[104] 日本放送協会.新型コロナウイルス感染拡大防止ガイドライン.（n.d.）. Retrieved from https://www.nhk.or.jp/info/otherpress/pdf/2022/20221212.pdf.

[105] 緊急事態宣言解除に伴う対応（イベント等）について.（n.d.）. Retrieved from https://www.nhk.or.jp/info/otherpress/pdf/2020/20200529.pdf.

[106] ＜コロナ禍のメディア接触調査＞情報の信頼性は新聞が首位　新聞広告への関心高まる　広告委員会. 一般社団法人 日本新聞協会.（n.d.）. Retrieved from https://www.pressnet.or.jp/news/headline/220324_14614.html.

五、法律条文、研究报告等

[1] [日]《灾害对策基本法》.

[2] [日]《放送法》.

[3] [日]《中央防灾会议·防灾基本计划》.

[4] 光明网.第50次《中国互联网络发展状况统计报告》发布[N]. 光明日报, 2022-9-1（10）.

[5] 黄璐. 湖北省启动重大突发公共卫生事件Ⅰ级响应[N]. 湖北日报, 2020-1-24（1）.

[6] 人民网舆情数据中心.《2019年政务指数·微博影响力报告》发布[EB/OL]. [2023-1-29]. https://www.sohu.com/a/367459128_114731.

[7]   中国气象局. 国家预警信息发布中心权威发布2020年汛期预警大数据报告[EB/OL]. [2023-1-
29]. https://baijiahao.baidu.com/s?id=1679408155232042831&wfr=spider&for=pc.

[8]   Trustdata. 2020年Q1中国移动互联网行业发展分析报告[EB/OL]. [2023-1-29]. https://weibo.
com/ttarticle/p/show?id=2309404822432732020979.

后　记

本书是国家社会科学基金青年项目《新媒介环境下灾害信息传播与媒体社会责任》的最终成果。

从2011年攻读博士学位时起，我便开始关注"媒介信息传播与灾害"的议题。2013年，我获得日本国际交流基金日本研究项目的支持，赴日本早稻田大学专门从事日本灾害信息传播研究，并完成博士学位论文写作。在这段时间里，我主要聚焦的是日本灾害信息传播领域。通过对日本该领域的研究，我深知灾害事件中信息传播的重要性，并由此生发系统对我国灾害信息传播研究的愿望。所幸，2017年，我获得国家社科基金青年项目的立项，得以延续这一领域的研究，并开始聚焦我国灾害信息传播与媒介社会责任的议题。

十几年的研究经历告诉我，想要做好这一领域的研究绝非易事。首先，研究需要建立在灾害事件基础之上，并且媒体、公众等往往更多关注灾害应急时期，对于日常的防灾仍关注得较少。其次，在新媒介环境下灾害事件中的信息传播较为复杂，传播主体的多元化、传播速度和范围的扩大化，以及信息真实性的难以核实，都给灾害研究带来了挑战。此外，灾害事件的不可预测性和多样性要求研究者具备跨学科的知识背景。因此，本课题的研究对于正式转行进入高校从事专职研究的我而言，既是一个挑战，又是一个提升研究能力的机会。

在研究期间，全球范围内暴发了新冠肺炎疫情。根据广义的灾害定义，疫情被视为一种公共卫生灾害。因此，本课题在自然灾害的基础上，增加了对新冠疫情引发的公共卫生危机的关注。疫情中的信息传播、社会行为和危机管理更具有代表性和典型性，尤其是疫情期间的社交媒体信息传播实践，为本课题提供了分析公众行为、传播趋势和应对策略的重要数据来源，为灾害信息传播研究带来了新的视角和深入的洞察。

　　本课题能够顺利结项，当归功于南京师范大学新闻与传播学院这个大家庭的全力支持和鼓励。课题的立项恰逢我加盟南师大新传院，可以说，课题的研究过程伴随着我在南师大的成长。在此，特别感谢南师大新传院为我提供了良好的学术氛围和坚实的支持。我还要特别感谢上海师范大学影视传媒学院的副教授李丽娜博士，课题研究期间，她耐心地与我进行各种学术讨论，并为课题研究提供了大量宝贵的意见。同时，我也要感谢已毕业的硕士研究生汪汉、郭迪帆、赵庆婷、殷慧敏等同学，他们为本课题的顺利开展做出了重要贡献。也期望他们在未来的科研道路上能够"青出于蓝而胜于蓝"。

　　由于灾害信息传播的复杂性和挑战性，尽管在研究中课题组已经尽力全面考虑，但是仍然存在一些不足之处。如：未能深入探讨传统媒体与新媒体之间的相互作用和影响；对于灾害信息传播过程中的多元主体和复杂动态的研究不够深入；等等。这些不足为我在未来继续深入探索灾害信息传播领域提供了空间和可能性。因此，课题的结项对于我而言，又是一个新的起点。

　　在此书出版之际，我的耳畔又回想起当年攻读硕士研究生时，导师雷跃捷教授"板凳要坐十年冷，文章不写半句空"的教诲。这些年从事科研的经历，也告诉我坚持的不易。不管如何，我仍将继续前行。

高　昊

2023年12月

南京师范大学·随园